탄소중립

지구와 화해하는 기술

탄소중립
지구와 화해하는 기술

초판발행 2021년 6월 25일
초판 2쇄 2021년 7월 27일
초판 3쇄 2021년 10월 29일
초판 4쇄 2022년 10월 21일
지 은 이 김용환, 김진영, 방인철, 서용원, 윤의성, 이명인, 임한권
발 행 인 김성배
펴 낸 곳 도서출판 씨아이알
등록번호 제2-3285호
등 록 일 2001년 3월 19일
주 소 (04626) 서울특별시 중구 필동로8길 43(예장동 1-151)
전화번호 02-2275-8603(대표)
팩스번호 02-2265-9394
홈페이지 www.circom.co.kr
이 메 일 cir03@circom.co.kr
I S B N 979-11-5610-983-9 93450
정 가 22,000원

탄소중립

지구와 화해하는 기술

김용환, 김진영, 방인철, 서용원, 윤의성, 이명인, 임한권 지음

UNIST 씨아이알

발간사

지난 2020년 7월 1일, 일산 킨텍스에서 제1차 수소경제위원회가 개최되었습니다. 국무총리를 위원장으로 하고, 8명의 국무위원과 11명의 민간위원으로 구성된 수소경제위원회는 우리나라의 수소경제 전환 촉진을 위한 범정부 수소경제 컨트롤타워를 마련하고, 그린 뉴딜을 포함한 한국형 뉴딜 정책수립에 박차를 가하기 위해서 발족되었습니다.

이날 저 또한 민간위원 중 한 명으로 위촉되어 수소경제위원회 위원으로서 활동을 시작했습니다. 최근까지 주로 통신, 인공지능 등 IT 분야를 연구해 왔던 제가 위원으로 위촉된 것은 UNIST에서 수소 관련 연구를 활발하게 수행 중이라는 평판 덕분이었다고 생각됩니다. 이 위원회에서 민간위원들은 회의 개최 며칠 전 간사 부처인 산업통상자원부에서 보내준 자료를 검토한 후 의견서를 작성해서 제출하고, 회의장에서는 1~2회 자신의 의견을 발표하게 됩니다. 저는 UNIST 에너지화학공학과 송현곤 학과장의 도움을 받으며 의견서를 작성했는데, 이러한 활동을 통해 수소경제에 관해 많은 것을 보고 배울 수 있었습니다.

청정에너지로 각광받는 수소의 생산, 유통, 활용에 대한 방안과 산업 생태계 조성 등에 관해 공부하는 과정에서 저는 수소경제가 결국 '탄소중립'이라는 거대한 명제와 맞닿아 있다는 것을 깨닫게 되었습니다. 수소경제는 결국 탄소배출 넷제로(Net Zero) 달성을 목표로 하는 '탄소중립경제'의 일부라는 사실을 말입니다.

신기후체제의 원년인 2021년 현재, 탄소중립은 전 세계의 화두로 떠올랐습니다. 탄소중립을 어떻게 실현할 것인지에 대한 수많은 의견들이 등장했고, 자신만의 논리로 세계를 설득하려고 하고 있습니다. 과학기술 분야에서도 마찬가지입니다. 탄소중립으로 가는 길은 과학기술의 경연장이 되었습니다. 전 세계가 함께 맞닥뜨린 문제를 해결하기 위해 도전하는 기술들이 매일같이 치열한 경쟁을 벌이고 있습니다.

예를 들어, 청정 수소 생산 분야에서는 '블루 수소'와 '그린 수소'가 경쟁하고 있습니다. 블루 수소는 천연가스 등에서 수소를 추출하되, 이때 발생하는 이산화탄소를 모두 포집할 경우 얻을 수 있는 수소를 가리킵니다. 그런데 블루 수소 생산에 필수적인 '탄소 포집 및 활용' 기술은 아직도 개발 단계에 머물러 있습니다. 이 기술의 중요성을 인식한 일론 머스크(테슬라 창업자)는 최근 총 상금 1억 달러 규모의 기술 경연대회를 개최하기도 했습니다.

또 하나의 청정 수소인 그린 수소는 풍력과 태양광 등의 신재생에너지를 이용한 수전해(물 전기분해)를 통해 얻을 수 있는 수소를 지칭합니다. 생산 과정에서 탄소 배출은 없지만, 아직 수전해 기술의 에너지 효율이 높지 않아 이를 향상시키기 위한 연구개발이 활발하게 진행되고 있습니다.

청정 수소를 대량으로 생산할 경우 블루 수소와 그린 수소 중 어느 방식이 더 경제적일지, 또 기술적으로 용이하게 실현될 수 있을지는 앞으로 벌어질 경쟁을 지켜봐야 합니다. 둘 중 한 방식이 지배적으로 떠오를 수도 있고, 두 방식이 공존할 수도 있을 것입니다.

현재 수소 생산을 비롯한 모든 분야에서 탄소중립을 실현할 기술들이 전 세계적으로 등장하고 있습니다. 제철, 시멘트, 석유화학, 건설 등 탄소 배출이 많은 분야에서의 연구도 매우 활발합니다. 탄소 배출을 획기적으로 줄일 수 있는 기술이 있다면 해당 산업계의 구세주가 될 수 있습니다.

제조업 중심국가인 우리나라의 경우 이러한 탄소중립 기술의 중요성이 더욱 높습니다. 향후 탄소중립 사회에서 기업들의 생존을 좌우하는 것은 탄소중립 제조 기술의 확보가 될 것입니다. 이것이 바로 최고의 탄소중립 기술을 선제적으로 확보해야 하는 이유입니다.

이러한 큰 변화 앞에 걱정이 앞서는 것도 사실입니다만, 다행인 것은 우리에게도 탄소중립을 실현할 우수한 후보 기술들이 많다는 것입니다. 특히 이곳 UNIST의 여러 연구실에서는 선도적인 친환경 에너지, 탄소 포집 연구가 활발하게 이루어지고 있습니다.

《탄소중립, 지구와 화해하는 기술》은 기후위기의 심각성과 더불어, 탄소중립과 관련하여 UNIST가 진행해 온 우수한 연구들을 소개하고 설명하기 위해 기획된 책입니다.

이 책에서는 기후 위기에 대한 일반론에서 시작해서 탄소를 배출하지 않는 친환경 에너지 관련 연구를 소개합니다. 수소 에너지, 태양광 에너지, 차세대 원자력 에너지가 그 주인공입니다. 이들 미래 에너지를 살펴본 후에는 탄소 선순환을 위한 다양한 연구개발 현황도 다룹니다.

이 책은 탄소중립을 실현하기 위한 로드맵을 제시하지는 않습니다. 다만, 다음 세대를 위한 우리 세대의 가장 큰 과업 중 하나인 '탄소중립'을 위해 과학기술이 어떤 방향으로 가야 하는지, 그 과정에서 UNIST가 보유한 기술들이 어떤 역할을 할 수 있을지 살펴보는 이정표가 될 수 있을 것으로 생각합니다.

독자 여러분께서 이 책을 통해 탄소중립 기술에 대해 흥미를 느끼고, 이해를 넓히는 계기로 삼을 수 있길 기원합니다. 또한, 이 책이 우리나라의 탄소중립 로드맵을 세우는 데 일조할 수 있길 바랍니다. 감사합니다.

—— UNIST 총장 이용훈

서언

탄소중립과 미래, 그리고 UNIST

역사학자 유발 하라리는 《사피엔스Sapiens》라는 책을 통해 약 7만 년 전 그다지 중요하지 않은 동물이었던 호모 사피엔스가 어떻게 인지혁명, 농업혁명, 과학혁명을 거쳐 문명을 이룩해 왔는지에 대해 설명하고, 현재도 진행 중인 과학혁명이 가져올 근미래 인류와 사회를 예언했습니다.

다만, 제가 섬뜩하게 느꼈던 것은 아름다운 진보로만 생각되었던 이러한 혁명이 꼭 긍정적인 유산만 남긴 것은 아니라는 것과 그 과정에서 누구도 부정적인 결과를 예측할 수 없었다는 사실이었습니다.

행복의 총량은 늘어나지 않았고 고통의 총량은 줄어들지 않았으며, 능력은 신의 경지에까지 점차 다다르고 있음에도 우리는 아직도 무엇이 되고 싶고 무엇을 원하는지 모른다는 그의 말처럼 사피엔스는 참으로 무책임한 존재가 아닐 수 없습니다.

방대한 그의 저서 어디에도 고도화된 문명의 이면에서 가장 큰 이슈로 회자되는 지구온난화로 인한 생명의 위기 이야기는 찾아볼 수 없습니다. 물론 그조차 몰랐을 수도 있고, 혹은 오늘날 오존층 회복을 위해 노력하며 각종 합의를 끌어내는 것과 같이 지구온난화 문제 역시 사피엔스가 능히 극복할 수 있으리라 여겼을 수도 있겠지요. 그러나 탄소의 과다 배출로 인한 급격한 온도 상승 및 기후 변화는 지금도 빠르게 진행되고 있고, 무엇이 되었든 당장 행동에 나서지 않는다면 우리는 너무 늦어버릴지도 모릅니다. 어쩌면 사피엔스의 예정된 미래는 종의 종말이라는 비극일지도 모르겠습니다.

탄소중립. 배출한 탄소와 흡수한 탄소의 양을 맞춰 실질적인 탄소 배출량을 0으로 만들자는 뜻으로, 지난 2015년 파리에서 전 세계가 2050년까지 달성하기로 약속한 첫 단계 목표입니다. 과학기술인의 입장에서 볼 때, 탄소중립은 나노기술이나 생명공학과 같은 여타 과학기술 분야와 구별되는 특징을 갖고 있습니다.

먼저 지금까지 과학기술이 자원을 고갈시키고 환경을 파괴하는 방향으로 발전해 왔다면, 탄소중립은 과학기술이 자원의 선순환을 도모하고 환경을 보호하는 방향으로 나아가야 함을 의미합니다. 산업혁명 이후로 과학혁명은 하나같이 환경과 생명을 파괴해 왔고, 환경은 단순히 자원 또는 재료의 역할로만 소모되어 왔으나 앞으로는 달라져야 할 것입니다.

탄소중립이 여타 과학기술 분야와 구별되는 또 다른 특징은 관련 규제와 정책이라는 요소가 기술개발의 방향과 속도를 설정하고 제어한다는 점입니다. 이제까지 대부분의 과학기술은 그 자체의 발전 법칙에 따라 개발되어 왔으며, 전쟁이 일어났던 시기를 제외하고는 과학기술계에 대한 외부의 직접적인 규제는 미미한 수준이었습니다.

그러나 2050년 탄소중립 달성이 중대 목표로 설정되고 이를 강제하기 위한 탄소배출권 거래, 탄소국경세 도입 등 다양한 정책과 규제가 채택 또는 예정되면서, 탄소중립과 관련한 과학기술의 방향과 내용을 직접적으로 제어할 수 있게 되었습니다. 이것은 한마디로 과학기술인이 앞으로 과학기술뿐만 아니라 환경과 정책(규제)도 잘 알아야 한다는 뜻으로, 이제까지 없었던 새로운 과학기술 인재상과 패러다임의 전환이 요구됨을 의미합니다.

UNIST는 과학기술인의 모임이자 미래 과학기술 인재를 키워내는 요람으로서 탄소중립과 관련하여 무한한 책임감을 느끼고 있습니다. 우리가 탄소중립융합원 설립을 통해 새로운 과학기술 인재를 키우고자 하는 이유 또한 이러한 책임감의 연장선상에 있습니다. 만

약 탄소중립에 실패할 경우 – 설사 사피엔스 종의 종말에까지 이르지는 않더라도 – 전 세계적으로 홍수, 폭염, 사막화 등 환경 재앙이 극심해지고 삶의 질은 끝없이 하락할 것입니다. 국가 간 경쟁의 측면에서도 기술 선도국과 격차가 더욱 벌어지고 다양한 기술과 정책의 장벽에 막혀 기술 후진국의 경제직, 사회적 고통 역시 거질 것입니다.

특히 대한민국은 탄소 배출이 많은 철강, 석유화학, 건설, 화석연료 발전의 비중이 높아 더 큰 도전에 직면해 있습니다. 탄소중립 달성에 실패한다면 각종 제조 산업의 경쟁력이 저하되고 고용과 수출이 급감할 것입니다. 또한, 물가는 상승하고 복지는 퇴보할 것이며 사회집단 간 갈등 심화로 이후 세대의 미래는 암울해질 것입니다.

이러한 국가적, 전 세계적 위기에 직면하여 UNIST는 탄소중립을 위해 무엇을 할 것인가, 또 무엇을 해야 하는가를 고민해 보게 됩니다. 그 첫걸음으로 교수들의 지혜를 모아 탄소중립과 관련한 과학기술 연구 분야를 소개하고 각 분야의 기술개발 현황을 설명하고자 했습니다.

구체적으로 탄소중립을 달성하기 위한 과학기술 분야 핵심 연구주제로서 화석 에너지를 대체할 친환경 에너지 분야의 연구개발과 함께, 직접적으로 탄소를 줄이기 위한 탄소 선순환 분야의 연구개발을 소개했습니다. 친환경 에너지로서 수소 에너지, 태양광 에너지,

차세대 원자력 에너지 분야와 직접 탄소를 제거하는 탄소 선순환 분야의 핵심기술, 주요 이슈, UNIST의 연구현황을 설명하고 현실적인 대안을 제안하고자 했습니다.

제1장에서는 기후 변화로 인한 위기와 대응을 다루었습니다. 인위적인 온실가스 증가로 인해 발생하는 전 지구적인 위기와 함께 신기후체제로 일컫는 국제사회의 합의와 대응을 소개하고, 탄소중립 추진 과정에서 재편되는 새로운 국제 경제질서를 전망했습니다. 특히 우리나라의 온실가스 배출 현황 및 탄소 관련 주요 정책을 소개하고, 탄소중립이 가져올 우리 경제 및 사회의 미래를 분석했습니다.

제2장에서는 수소 에너지와 관련한 연구개발을 소개했습니다. 수소 에너지 개발의 핵심기술로서 수소 생산, 저장, 활용을 설명하는 한편, 현 단계에서 활발히 진행되고 있는 그레이Gray 수소 개발과 대비되는 친환경 그린Green 수소(청정 수소) 연구개발의 장점 및 현황을 자세히 다루었습니다. 특히 UNIST가 지닌 그린 수소 개발 기술 현황에 대한 소개와 함께 수소 에너지 사회로 진입하기 위한 현실적 대안을 제안했습니다.

제3장에서는 태양광 에너지와 관련한 연구개발을 소개했습니다. 오랜 역사를 지닌 실리콘 태양전지와 최근 각광받고 있는 페로브스카이트 태양전지, 두 개의 태양전지를 적층한 탠덤 태양전지를 각각 소개하고 서로의 장단점을 비교하는 한편, 각 태양전지의 효율 한계

를 극복하기 위한 연구개발 경쟁과 노력을 다루었습니다. 또한, 발전 효율 측면에서 세계 정상급 태양전지를 개발하고 있는 UNIST의 역량 및 기술 현황과 더불어 이를 국가 주요 에너지원으로 활용하기 위한 대안을 설명했습니다.

제4장에서는 차세대 원자력 에너지와 관련한 연구개발을 소개했습니다. 후쿠시마와 같은 극한 자연재난으로 인한 사고로 대중의 염려가 커진 기존 대형원전에 대한 논의보다는 차세대 원자력 에너지인 인공 태양 핵융합 에너지와 안전사고 위험을 획기적으로 줄인 혁신형 소형모듈형원자로SMR에 대한 연구개발을 소개하는 데 중점을 두었습니다. 특히 높은 안전성과 경제성, 신재생 에너지보다 낮은 탄소 배출량을 모두 확보할 수 있는 소형모듈형원자로 개발을 위한 UNIST의 노력과 현실적인 대안을 설명했습니다.

제5장에서는 나쁜 탄소를 좋은 탄소로 바꾸는 탄소 선순환의 개념을 알리고 이를 증진하기 위한 연구개발을 소개했습니다. 대기나 해양으로부터 직접 탄소를 포집하고 전환하는 기술, 독성 기체 형태의 나쁜 탄소를 유용한 생화학 제품 형태의 좋은 탄소로 거듭나게 하는 기술, 버려진 폐플라스틱 등 탄소 함유 폐자원을 유용한 자원으로 변환하는 기술 등을 다루었습니다. 그밖에 UNIST가 진행하고 있는 다양한 형태의 탄소 선순환 연구개발 현황을 소개하고 미래를 전망했습니다.

처음 책자를 만들어보자는 제안이 있었을 때, 우리는 여러 가지 이유로 주저했습니다. 그러나 우리 UNIST 교수들의 작은 노력이 탄소중립에 대한 우리 사회의 여론을 환기하고 지속 발전이 가능한 지구를 만드는 – 최소한 이러한 노력을 함께 기울이자고 호소할 수 있는 – 시발점이 될 수 있다는 점에서 서로를 격려하며 집필을 마무리 했습니다. 집필에 참여한 UNIST 교수들은 우리 사회의 일원이자 수혜자로서, 또한 인재 육성과 기술 개발에 매진하는 전문가로서, 탄소중립의 중요성, 이와 관련한 과학기술 분야의 현황, 그리고 탄소중립에 기여하기 위한 노력에 대해 말씀드리고자 했습니다.

독자들이 이 책을 읽으며 탄소중립에 대해 좀 더 알게 되고 한 번쯤 더 생각해 보게 되기를 기원합니다. 최대한 대중적이고 쉽게 쓰고자 노력했으나 아쉬움이 있는 것이 사실입니다. 하지만 우리는 끊임없이 노력할 것입니다. 굳이 유발 하라리의 말을 빌리지 않더라도 우리 앞에는 천국과 지옥이라는 문이 있으며 – 아이러니하게도 이런 선택의 기로에 놓이게 된 것 또한 과학기술 때문이지만 – 어떤 문을 열고 미래로 나아가게 될지가 과학기술에 달려 있음을 잘 알고 있기 때문입니다.

—— UNIST 공과대학장 김성엽

목
차

CHAPTER 2

수소 에너지

CHAPTER 3

태양광 에너지

CHAPTER 4

차세대 원자력 에너지

CHAPTER 5

탄소 선순환

- 기후변화와 위기
- 신경제질서
- 국내 탄소배출 현황 및 전망
- 우리 경제 · 사회 미래 전망

CHAPTER 1

기후위기와 탄소중립

| 이명인 |

Carbon Neutral

기후변화와 위기

기후변화에서 기후위기로

인류가 살고 있는 지구의 평균기온은 15℃ 내외를 유지하고 있다. 이러한 상태를 유지하는 데 결정적인 역할을 하는 것은 지구를 둘러싸고 있는 대기, 그중에서도 미량의 온실가스다. 온실가스는 태양으로부터 오는 에너지를 가둬 빠져나가지 못하게 하는 온실과도 같은 역할을 한다. 이를 온실효과라고 한다. 온실가스가 없다면 지구는 평균기온이 영하 18℃ 가까이 떨어져 얼음으로 뒤덮인 행성이 될 것이다. 그러나 온실가스의 영향 이외에도 지구의 평균기온은 태양에너지나 공전궤도, 자전축의 변화 등 외부 요인과 지각 변동 및 화산활동 등 내부 요인에 따라 끊임없이 변화해 왔다. 지구가 탄생한 이래 지금보다 훨씬 온도가 높았던 시기도 있었고, 빙하기와 같이 현재보다 훨씬 혹독하게 추웠던 시기도 있었다. 과거 지구가 5억 년간 지나온 모습을 살펴보면 오히려 지금보다 전반적으로 온난했으며, 극지방의 얼음이 완전히 사라졌던 시기가 오히려 더 길었다.

그렇다면 지구온난화를 넘어 지금의 기후를 기후위기 수준으로 보는 이유는 무엇일까? 과학자들은 인류가 자연적인 온실효과를 인위적으로 증폭시키고 있다고 여긴다. 이로 인해 현재 기후는 자연적인 변동의 범위를 넘어 과거에 비해 매우 빠른 기온 상승을 보이고 있다.

온실효과에 가장 큰 영향을 미치는 것은 대기 중 4~6%를 차지하는 수증기이지만, 수증기는 대기권에 머무는 시간이 1주일 이내로 짧다. 반면에 이산화탄소는 대기를 구성하는 다양한 기체 분자 100만 개당 400개 정도에 불과하지만, 한번 대기 중으로 방출되면 화학적으로 안정적인 상태를 유지하여 수년 이상 대기 중에 머물며 온실효과를 증폭시킬 수 있다. 산업혁명 이후 인간 활동과 화석연료 사용이 증가하면서 대기 중에는 온실가스가 끊임없이 축적되어 왔으며, 이로 인해 지구의 기온은 인위적으로 증가해 왔다.[1] 대기 중 이산화탄소는 결과적으로 육상 식물이나 해양에 흡수된다. 그러나 대규모 산림 벌채나 경작지 증가, 도시 건설과 같은 인간 활동이 흡수 능력을 떨어트려 대기 중 이산화탄소가 계속 축적되게 하는 결과를 초래하고 있다.

지구 평균기온은 산업화 이전(1850~1900년) 대비 현재(2006~2015년) 약 0.87℃ 상승한 것으로 추정된다. 최신 연구결과에 의하면 이러한 기온 상승은 대부분 인간 활동에 기인하며, 태양에너지나 화산 활동과 같은 자연적인 원인에 의한 기온 변화는 1890년부터 2010년까지 120년간 0.1℃ 이내로 나타나 무시할 만한 수준으로 추정된다.[2] 더욱 우려되는 것은 최근 들어 지구온난화가 가속화하면서 지구 평균기온이 10년마다 0.2℃씩 가파르게 상승하고 있다는 사실이다. 현재와 같은 추세라면 2030년부터 2052년까지 전 지구 평균기온은 산업화 이전 대비 1.5℃를 초과하여 상승할 것으로 전망된다. 당장 이산화탄소 배출을 줄이고 2055년까지 탄소배출 중립을 실현해야 지구 평균기온 상승을 1.5℃ 이내로 억제할 수 있다.

다음 그래프에서 보듯 2017년 지구 평균기온은 인간 활동에 의해 이전 대비 1.0℃ 이상 상승했으며, 이런 속도라면 2040년경에는 1.5℃ 이상 상승할 것으로 전망된다.

지난 100년간 기온 상승 경향을 살펴보면 대부분의 육상 지역에서 지구 평균보다 높은 온난화 추세가 나타나고 있으며, 이미 특정 지역에서는 1.5℃ 이상 기온이 상승했다. 기상청[3]에 따르면 한반도 기온 상승폭은 지구 전체 평균의 2배 수준으로, 지구 평균기온이 0.85℃ 상승(1880~2012년)한 반면 비슷한 시기(1912~2017년)에 한반도 평균기온은 약 1.8℃ 올랐다. 우리나라의 경우 2010년대(2011~2017년)

■ 인간 활동에 의한 지구 평균기온 변화

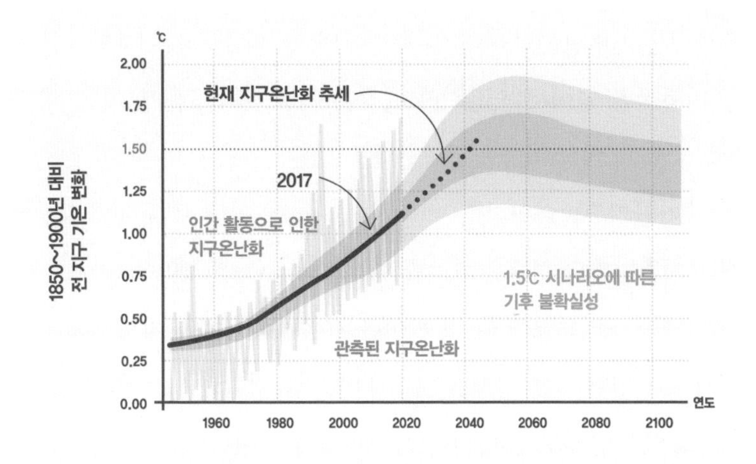

인간 활동에 의한 지구 평균기온은 2017년경 산업혁명 이전 대비 1.0℃ 이상 상승했으며, 지금과 같은 속도라면 2040년경 1.5℃ 상승할 것으로 전망됨. 당장 이산화탄소 배출을 줄이고 2055년까지 탄소배출 중립을 실현할 경우 지구 평균기온의 상승을 1.5℃ 이내로 억제할 수 있음. 회색 선은 관측 기온의 변화, 파란 선과 파란 채색 영역은 인위적 요인에 의한 기온 상승 경향을, 녹색 채색 영역은 지구 평균기온 상승을 1.5℃로 억제할 경우 나타날 수 있는 기온 상승 범위를 나타냄.

출처: IPCC(2018)[4]

연평균기온은 13.0℃로, 이전(1980년대 12.2℃, 1990년대 12.6℃, 2000년대 12.8℃)과 비교할 때 기온 상승 경향이 지속적이고도 뚜렷하게 나타나고 있다. 세계 인구의 1/5 이상이 거주하는 지역에서는 일부 계절에 기온이 1.5℃ 이상 상승하는 경향이 이미 나타나고 있다.

지구의 평균기온이 1.5℃를 넘어 2℃까지 상승하면 어떤 문제가 발생할까? 실내 온도는 당장 0.5℃ 높아진다고 해서 크게 문제가 되지 않는다. 하지만 지구 평균기온이 1.5℃에서 0.5℃ 더 상승하면 인류와 자연 생태계에 매우 심각한 위험을 초래할 수 있다. 전 지구 기온상승은 기후변화의 단지 한 측면이며, 전 지구적으로 자연적인 기후 변동폭을 넘어서는 강력하고 잦은 폭풍, 폭염, 한파, 가뭄, 홍수 등의 극단적 기상 현상을 동반한다.

국가간기후변화협의체IPCC: International Panel on Climate Change에서는 기후변화의 영향을 고려할 때 노출exposure과 취약성vulnerability의 개념을 도입하고 있다. 노출이란 기후변화에 따른 자연재해에 잠재적으로 영향 받는 상태를 나타내며, 취약성이란 노출된 상태에서 적응능력의 한계로 인해 피해 받는 정도를 의미한다.

다음에 나올 표는 기후예측 모델들의 예측을 근거로 지구온난화가 1.5℃ 혹은 2℃에 다다랐을 때 예상되는 기후변화 지표별 노출 인구와 취약성 인구를 산정한 결과이다. 대부분의 지역에서 평균기온 상승과 폭염 발생이 예상되며, 호우 및 가뭄이 증가할 것으로 예상된다. 지구 평균기온이 2℃까지 상승하면 1.5℃ 상승하는 경우에 비해 폭염에 노출되는 인구는 거의 2배로 늘어날 것으로 예측되고, 거주지 감소나 농작물 변화의 경우 7배에서 10배까지 증가할 것으로 전망된다. 기온 상승 경향은 육상에서 더 크게 나타나며, 빈곤계층과 사회적 약자에게 더 큰 영향을 미칠 수 있다. 아시아와 아프리카 인구가 전체 노출인구의 85~95%, 취약인구의 91~98%를 차지할 것으로 전망되며, 특히 이 중 절반 이상이 남아시아 지역(파키스탄, 인도, 중

■ **지구 평균기온 1.5℃, 2℃ 상승에 따른 노출 및 취약 인구 비교**

(단위: 백만 명)

지표	1.5℃		2℃	
	노출	취약	노출	취약
물부족	3,340	496	3,658	586
폭염	3,960	1,187	5,986	1,581
전력생산에 대한 수자원 위협	334	30	385	38
농작물 변화	35	8	362	81
거주지 감소	91	10	680	102

출처: IPCC(2018)[5]

국)에 속할 것으로 예상된다.

기후변화가 심화되면 자연계에 광범위한 변화를 초래한다. 다음 표는「지구온난화 1.5℃ 특별보고서」에서 제시한 대로 지구 평균기온이 1.5℃와 2℃로 상승하는 것이 미치는 주요 영향을 비교한 것이다.

지구 평균기온이 1.5℃ 상승하면 자연계와 인간사회에 대한 위험도 또한 높아지며, 2℃ 이상 상승하면 비가역적인 기후변화에 따라 돌이킬 수 없을 정도의 피해가 예상된다. 기후예측 모델들의 전망치는 지구 평균기온이 현재 상태에서 1.5℃ 상승하는 것과 2.0℃ 상승하는 것을 비교할 때, 지역적 기후특성의 변화에 확연한 차이가 있음

■ 지구 평균기온 1.5℃와 2℃ 상승에 따른 자연계 및 인간계 위험 변화 비교

부문	요소	위험	1.5℃	2℃	1.5℃에서 2℃로 변화	신뢰도	비고
담수	강수, 기온, 눈 녹음	물부족	노출 인구 4% 증가	8% 증가	100% 증가	중간	2000년 대비
		홍수	노출 인구 100% 증가	170% 증가	70% 증가	중간	1976~2005년 대비
		가뭄	노출 인구 3.5억 명	4.1억 명	17% 증가	중간	극심한 대규모 가뭄
육상 생태계	온도, 강수	종 서식지 감소	곤충 6%, 척추동물 4% 식물 8%	곤충 18%, 척추동물 8%, 식물 16%	2~3배 증가	중간	서식 범위 감소 50% 이상
		생물군계 변화(지배종)	7%	13%	2배	중간	
		산불	높음	높음	위험 증가	중간	
해양	고수온 및 해양 산성화	산호초	70~90% 소멸	99% 소멸	감소율 가속화	매우 높음	
		이매패류 감소	높음	매우 높음	위험 증가	높음	
	폭풍강도 증가, 강수, 해수면 상승	해양 생태계 감소	높음	매우 높음	위험 증가	높음	
		범람, 해안시설물 파괴, 침수	높음	매우 높음	위험 증가	높음	
	해빙 감소	서식지 감소	높음	매우 높음	위험 증가	높음	

부문	요소	위험	1.5℃	2℃	1.5℃에서 2℃로 변화	신뢰도	비고
식량	열, 냉해, 온난화, 강수, 가뭄	생산량 변화	중간	높음	변화 증가		
	기온	온열질환	중간	중간/높음	위험 증가	매우 높음	
보건	대기질	오존 관련 사망	중간	중간/높음	위험 증가	높음	
	기온, 강수	영양 결핍	중간	중간/높음	위험 증가	높음	
관광업	기온	관광자원	중간/높음	높음	위험 증가	매우 높음	열대 및 아열대 해안관광지

출처: IPCC(2018)[6]

을 보여준다. 예를 들어, 2100년까지 전 지구 평균 해수면은 지구 평균기온이 1.5℃에서 2℃로 상승할 때 약 0.1m 더 높아질 것으로 전망된다. 2100년 이후에도 해수면 상승이 지속될 것을 고려할 때, 그 상승 규모와 속도는 미래의 온실가스 배출 정도에 따라 더욱 큰 차이를 보일 것이다. 해수면 상승 속도가 느려지면 도서국가나 저지대 해안지역에 적응 기회가 더 많아질 수 있다. 또한, 지구온난화가 생물종의 감소 및 멸종을 비롯하여 육지의 생물다양성과 생태계에 미치는 영향은 지구 평균기온이 2℃ 상승할 때보다 1.5℃ 상승할 때 줄어들 것으로 전망된다. 지구온난화를 2℃ 대비 1.5℃로 제한하면 육상, 담수 및 해안 생태계에 미치는 영향과 더불어, 인류에게 미치는 부정적인 영향도 상대적으로 줄일 수 있다.

또한, 지구온난화를 2℃ 대비 1.5℃로 억제하면 해양 온도 상승 및 해양 산성화를 완화할 수 있다. 최근 북극 해빙 및 온난한 수역의 산호초 생태계 변화에서 관찰할 수 있듯이, 지구온난화를 1.5℃로 억제하면 해양의 생물다양성, 어장, 생태계 및 이들이 인간에게 제공하는 기능과 서비스에 대한 위협이 줄어들 것으로 전망된다. 특히, 북극의 해빙이 여름에 모두 녹아 없어질 확률은 지구 평균기온이 온난화 2℃ 상승할 때보다 1.5℃ 상승할 때 현저하게 낮아진다. 지구 평균기온이 1.5℃ 상승할 때 여름철에 북극의 해빙이 모두 녹을 가능성은 100년에 한 번 정도로 생기는 반면, 지구 평균기온이 2℃ 상승하면 이러한 가능성이 적어도 10년에 한 번꼴로 높아진다.

2015년 유엔기후변화협약 당사국총회COP21에서 채택한 파리기후변화협약(이하, 파리협정)에서는 기후변화로 인한 피해를 저감하기 위해 2℃보다 충분히 낮은 수준인 1.5℃ 이내에서 지구온난화를 억제하는 목표를 제안했다. 극적으로 합의점을 찾은 파리협정Paris Agreement의 지구온난화 1.5℃ 목표는 이후 「지구온난화 1.5℃ 특별보고서」(2018) 발간으로 이어졌으며, 2018년 인천에서 열린 제48차 IPCC 총회에서 195개 회원국의 만장일치 승인으로 통과됨으로써 과학적 근거가 있음을 충분히 입증했다. 총회에서는 2100년까지 지구의 평균온도 상승폭을 1.5℃ 이하로 억제할 필요가 있음을 확인하고, 그 실현을 위해 전 세계가 노력하여 2030년까지 이산화탄소 배출량을 지금의 절반 이하로 낮출 필요가 있다고 발표했다.

국제사회에서는 이제 기후변화climate change라는 용어 대신 기후위기climate crisis라는 용어를 사용해야 한다는 목소리가 높아지고 있다. 지구의 기후가 변화하는 수준을 넘어 위기 상황으로 치닫고 있기 때문이다. 이는 우리가 직면한 위험을 좀 더 정확하게 표현해야 한다는 취지를 담고 있다.

기후변화, 어떻게 대응할 것인가?

그렇다면, 기후변화에 대응하기 위하여 국제사회는 온실가스를 얼마나 감축해야 할까?

IPCC는 지구 평균기온 상승을 1.5℃ 이내로 제한하기 위해서는 이산화탄소 배출량을 2030년까지 2010년 대비 최소 45% 이상 감축해야 하며, 2050년경에는 탄소중립을 달성해야 한다고 제시한다.

탄소중립이란 탄소를 배출한 만큼 흡수하는 대책을 세워 실질적인 배출량을 0으로 만드는 것이다. 인간 활동에 의한 온실가스 배출을 최대한 줄이고, 남은 온실가스는 산림 등을 이용하여 흡수하거나 혹은 이산화탄소 포집, 저장 및 활용 기술로 제거하여 탄소의 배출량과 탄소의 흡수량을 같게 해 탄소 '순 배출이 0'이 되게 한다는 뜻에서 '넷제로Net-Zero'라고도 부른다.

25쪽의 그래프에서 녹색 음영은 2055년 탄소중립을 목표로 탄소 배출량 저감을 즉시 시작할 경우에 나타날 수 있는 지구 평균기온의 상승 범위를 표시한 것이다. 여기에서 눈여겨보아야 할 것은 지금 당장 온실가스 순 배출량을 줄인다고 해도 향후 수십 년간은 지구 평균기온이 추가로 더 상승할 것이라는 부분이다. 이미 대기 중에 누적된 온실가스가 영향을 미치기 때문이다. 따라서 2055년경 탄소중립을 달성한다면 일시적으로 지구 평균기온이 1.5℃ 이상 상승하는 오버슛overshoot 상태가 될 수 있지만, 궁극적으로는 2100년까지 지구온난화 상승폭을 1.5℃ 이내로 제한할 수 있다.

지구온난화를 억제하기 위해서는 먼저 산업화 이전부터 누적된 전 지구의 인위적 탄소 총 배출량을 일정 수준 이하로 억제해야 한다. 「지구온난화 1.5℃ 특별보고서」에 따르면 산업화 이전부터 2017년 말까지 배출된 온실가스는 대략 2.2조 CO_2톤으로 추정된다. 현재 배출 수준은 연간 420억 CO_2톤으로, 전 지구 평균온도 상승을 1.5℃ 이내로 제한하기 위해 남은 잔여 배출 허용량은 4,200억 CO_2톤에서 최대 7,700억 CO_2톤 정도로 추정된다. 이러한 계산을 바탕으로 하면, 화석연료 사용 및 산업 공정과정에서 인위적으로 배출되는 이산화탄소 순 배출량을 2030년까지 2010년 대비 최소 45% 이상 감축하여

2050년경에 탄소중립에 도달해야 한다.

탄소중립에 도달하기 위해서는 이산화탄소 배출량 저감뿐만 아니라 이산화탄소 제거CDR: Carbon Dioxide Removal의 도입과 같은 다양한 정책이 필요하다. CDR이란 대기 중 이산화탄소를 인위적으로 제거하고, 이를 땅 속이나 해저에 영구적으로 저장하는 다양한 기술이나 방법을 말한다. 지구온난화를 1.5℃ 이내로 제한하는 시나리오는 화석연료 사용 및 산업 배출을 줄이는 것 이외에도 1,000억~1조 CO_2톤의 CDR 도입을 포함하고 있다.

대표적인 방법은 인공조림이나 산림복원과 같이 숲의 광합성에 의해 대기 중 이산화탄소 제거 효과를 촉진하는 방법afforestation이다. 온실가스의 대부분은 에너지 생산과 산업, 수송 과정 등에서 배출된다. 그러나 농업, 임업, 기타 토지 이용의 변화AFOLU: Agriculture, Forestry, and Other Land Use에 의한 인위적 효과 또한 전체 배출의 1/4을 차지해 상당한 기여를 하고 있다. 지속가능한 발전을 위하여 토지의 무분별한 난개발을 억제하고, 녹지를 확장하여 대기 중 이산화탄소의 흡수 기능을 강화하는 것은 기후변화의 자연적인 해법이 될 수 있다. 그러나 인공조림이나 산림복원이 대대적으로 이루어질 경우, 물 사용이 늘고 토지 부족이나 농업 생산의 감소 등과 같은 부작용이 생길 수도 있다.

또 다른 방법으로는 바이오 에너지 생산과 연소를 탄소 포집/저장과 결합한 기술BECCS: Bioenergy with Carbon Capture and Storage 등을 들 수 있다. BECCS는 목재나 작물을 직접 태우거나 액체 바이오 연료로 바꾸어서 에너지를 얻고, 이때 나오는 이산화탄소를 포집하여 땅속이나 해저에 저장하는 것을 말한다. 이 또한 에너지 작물이나 식량 작물 생산을 위한 대규모의 토지 사용과 물부족으로 이어진다면 환경적으로 부작용이 발생할 수도 있어서 적정한 수준으로 적용할 필요가 있다.

다음에 나올 그림은 「지구온난화 1.5℃ 특별보고서」에서 제시한 다양한 이산화탄소 저감 정책을 가정한 미래 시나리오(모델 경로)와 그에 따른 이산화탄소의 순 배출량 변화를 나타낸 것이다.

먼저 P1은 사회와 산업, 기술의 혁신으로 에너지 수요가 줄어드는 한편, 세계 전반적으로 생활 수준이 향상되는 시나리오다. 에너지 요구 규모가 줄어들면서 에너지 공급의 탄소 의존도가 빠르게 줄어드는 탈탄소화가 일어난다. 이 시나리오에서 CDR 기술은 인공조림이나 산림복원만을 고려하며, 2030년경 이후에는 AFOLU에 의한 배출이 음의 부호로 전환되어 탄소중립에 기여하게 된다.

P2는 지속가능성을 강조하여 생산과정에서 에너지 집약도(enegy intensity, 재화 생산에 필요한 에너지 사용량)와 더불어 선진국과 개도국의 경제적 격차가 줄어들고, 국가 간 협력이 활발하게 일어나는 시나리오다. 이 시나리오에서는 사람들의 소비 패턴이 지속가능하고 건강함을 추구하며, 저탄소 혁신 기술이 발달하고, BECCS를 제한적으로 수용해 토지 사용을 효율적으로 관리할 수 있다.

■ 1.5℃ 지구온난화의 네 가지 모델 경로[7]

1.5℃ 지구온난화와 관련된 네 가지 모델 경로에 따른 전 지구 이산화탄소 순 배출량. 이 네 가지 경로는 다양한 잠재적인 감축 접근 경로를 보여줌. 경제 및 인구 성장, 형평성과 지속가능성을 포함해 미래의 사회·경제적인 발전에 관한 가정뿐 아니라 에너지 및 토지이용 전망에서 상당한 차이가 나도록 선택됨

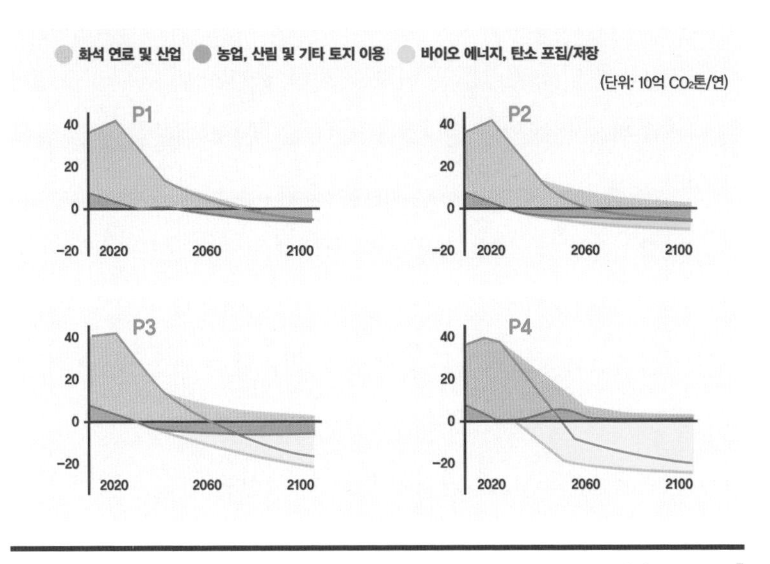

출처: IPCC(2018)[7]

P3은 사회 및 기술의 발전이 과거의 추세에 따라 미래에도 이어지는 중간적인 시나리오다. 생산 방식의 개선을 통해 에너지 생산이나 산업에서 배출되는 이산화탄소는 줄어드나, 사회에서 BECCS와 같은 CDR 기술을 보다 적극적으로 수용함으로써 에너지 생산이나 산업 공정에서 배출되는 이산화탄소 저감 정책을 상대적으로 적게

이행하는 경우다.

P4는 경제성장과 세계화로 육류 소비와 물류 수송량이 증가하고 온실가스 배출이 많아짐에 따라 미래 사회가 자원과 에너지를 더 많이 사용하게 되는 경우를 가정한다. CDR 또한 인공조림이나 산림복원 등의 자연적인 방식으로 적용하기보다는 BECCS 기술을 적극적 수용함으로써 탄소중립을 구현하는 시나리오다. 이 시나리오에서는 탄소중립을 통해 지구온난화를 1.5°C로 제한하더라도 높은 확률로 지구 평균기온 상승이 1.5°C를 초과하게 된다. 이때 지구 평균기온의 상승이 클수록 CDR 적용을 더 확대해야 한다. 하지만 이에 대한 사회적 수용 능력이 충분할지 불확실하기 때문에 이러한 시나리오가 지구온난화를 다시 1.5°C 미만으로 되돌릴 수 있을 것인가에 대해서는 많은 불확실성이 존재한다.

CDR 대신 성층권에 이산화황과 같은 가스를 살포하여 인공구름을 만들어 햇빛을 반사하거나, 우주에 태양 가리개를 설치하여 지구온난화를 제한하는 이른바 태양복사조절SRM: Solar Radiation Management 수단은 이론적으로는 효과가 있을 수 있다. 그러나 우리가 미처 예상하지 못하는 부정적인 효과가 있을 수도 있기 때문에 성공 여부에 대해서는 많은 과학적인 불확실성과 우려가 있다. IPCC에서는 어떠한 시나리오에서도 SRM 수단은 고려하지 않는다. 이는 안정적으로 기후변화에 대응하기 위해서는 배출량 저감이 필수적임을 시사한다.

이산화탄소 배출량의 주요 감축 수단은 에너지 수요의 감소와 전력생산의 저탄소화 혹은 탈탄소화가 된다. 지구온난화를 1.5℃로 제한하기 위해서는 2050년까지 전력의 70~85%를 재생 에너지로 전환하고, 화석연료 사용 비중을 대폭 축소해야 한다. 산업 분야에서는 수소 연료, 지속가능한 바이오 기반 원료 등을 활용하고, 탄소 포집/저장 및 활용과 같은 신기술을 통해 배출량을 2050년까지 2010년 대비 75~90% 감축해야 하며, 수송 분야에서는 저탄소 에너지원 비중을 35~65%로 높여야 한다.

이산화탄소 배출량 저감 이외에 비이산화탄소non-CO_2 배출량 저감도 중요하다. 아산화질소, 메탄, 블랙 카본 및 일부 불화계 가스, 오존 등은 이산화탄소와 같이 지구온난화에 기여한다. 인간 활동에 의한 비이산화탄소 배출은 농업 부문의 아산화질소와 메탄, 폐기물 부문의 메탄과 블랙 카본, 수소불화탄소류의 배출 등을 포함한다. 에너지 부문에서는 바이오 에너지 수요의 증가가 질소산화물 배출 증가로 이어질 수 있어 적절한 관리가 중요하다.

지구온난화를 1.5℃로 제한하기 위해서는 메탄과 블랙 카본을 포함한 비이산화탄소의 배출을 대폭 저감하여 2050년까지 2010년 대비 35% 이상 감축해야 한다. 그러나 비이산화탄소의 저감에는 지구를 냉각시키는 에어로졸들의 저감 또한 포함되므로, 20~30년 동안은 온실효과 완화 효과가 부분적으로 상쇄될 수 있다. 한편, 비이산화탄소 배출량의 저감은 기후변화 대응 측면 외에도 대기질 개선을 통해 보건 측면에서 직접적이고 즉각적인 편익을 제공할 수 있다.

신기후체제의 등장

앞서 살펴본 전 지구적인 기후변화 대응 방법을 실천으로 옮기기 위해서는 국제적인 공조가 필수적이다. 기후변화에 대한 국제적 대응의 시작은 1988년 세계기상기구WMO와 유엔환경계획UNEP이 국가간기후변화협의체IPCC를 설립한 것이다. 이후 현재까지 지구온난화를 저지하기 위한 전 지구적인 노력이 이어지고 있다.

1992년 국제사회는 리우 환경 정상회담에서 유엔기후변화협약UNFCCC을 채택하여 온실가스 배출저감 정책을 수립 및 시행하고 온실가스 통계 및 정책이행 등 국가보고서를 작성 및 제출하도록 했다. 1997년에는 교토의정서Kyoto Protocol를 채택, 이산화탄소(CO_2), 메탄(CH_4), 아산화질소(N_2O), 수소불화탄소(HFCs), 과불화탄소(PFCs), 육불화황(SF6)의 6가지 물질을 온실가스로 정의하고 국가별로 차등화한 감축 목표를 설정했다. 1996년 이후 IPCC 보고서(1996년 3차, 2007년 4차, 2014년 5차)에 따라 기후변화 대응 목표를 1.5℃로 강화할 필요성이 제기되었다.

지구 평균온도 상승을 2℃ 및 1.5℃로 제한하는 것에 관한 국제적 논의는 꽤 오랫동안 전개되어 왔으며 현재에 이르고 있다. 노벨경

■ 기후변화 대응 세계 흐름

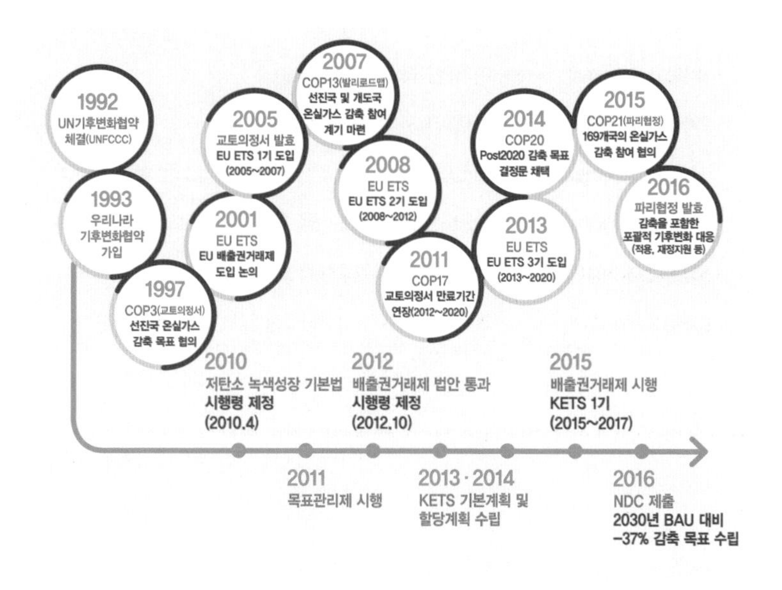

출처: WWF-Korea(2020) [8]

제학상을 수상한 미국의 경제학자 윌리엄 노드하우스(1941~)는 일찍이 1975년에 지구 평균온도 2℃ 상승 제한의 필요성을 최초로 제기했다. 이후 IPCC 보고서를 중심으로 주요 논의가 지속적으로 발전되어 오면서, 유엔 기후변화협약 당사국총회에서 이를 수용하기에 이르렀다. IPCC 보고서에서는 인위적인 온실가스 배출과 지구온난화의 관계가 매우 명확함을 강조하고, 궁극적으로 2100년까지 지구온난화 2℃ 제한을 최후의 보루로 간주했다. 또한, 이보다 현저히 위험

■ IPCC 보고서 발간과 기후변화 협상

- 1차보고서(1990년) ⟶ 기후변화협약 채택(1992년)
- 2차보고서(1995년) ⟶ 교토의정서 채택(1997년)
- 3차보고서(2001년) ⟶ 교토의정서 이행을 위한 마라케시 합의문 채택(2001년)
- 4차보고서(2007년) ⟶ Post-2012 체제 협상을 위해 발리로드맵 채택(2007년)
- 5차보고서(2014년) ⟶ Post-2020 신기후체제 파리협정 채택(2015년)
- 6차보고서(2022년) ⟶ 2023 전 지구적 이행점검에 앞서 최신 과학적 근거 제시 예정

출처: 외교부 기후환경과학외교국(2019)[9]

을 낮출 수 있는 지구온난화 1.5℃ 제한의 필요성을 제기했다. 이후 2018년에는 지구 평균온도 상승을 2℃가 아니라 1.5℃로 억제할 필요성을 확인하는 IPCC의 특별보고서가 발표되면서, 2010~2030년에 온실가스 45% 감축과 2050년에 탄소중립을 달성해야 하는 과학적 근거를 제시했다.

2015년 파리협정이 체결되면서 유엔기후변화협약 전 당사국은 기후변화에 대응하기 위한 제도적 기반을 마련했다. 파리협정은 2021년부터 지구온난화를 1.5℃ 이내로 제한하기 위해 탄소 배출량을 저감하고 2050년까지 탄소중립 달성을 목표로 하는데, 이를 '신기후체제Post-2020'라고 한다. 신기후체제에서는 각 국가의 여건이 다른

것을 감안해 매 5년 주기로 국가결정기여NDC: Nationally Determined Contribution를 스스로 정하고 주기적으로 이행하도록 규정하고 있다. NDC는 기존 교토의정서의 온실가스 배출량 감축 공약 대신 각 국가가 책임과 능력, 여건에 부합하는 감축 목표를 설정한 것이다. NDC의 목표는 구체적이며 5년 단위로 갱신된다. 또, 파리협정은 모든 당사국에 산업화 이전 대비 지구 평균온도 2℃ 이하 상승을 고려하고 1.5℃ 달성 노력을 담은 장기저탄소발전전략LEDS: Long-term low greenhouse gas Emission Development Strategies을 마련해 2020년까지 유엔기후변화협약에 제출할 것을 요구하고 있다. LEDS는 탈탄소화decarbonization, 기후복원력resilience, 비동조화decoupling와 관련된 것으로 기후 안전사회로의 지속가능 발전을 추구하는 기후변화 대응

■ NDC와 LEDS의 차이

	NDC	LEDS
목표 설정	당사국 의무	수립 권고
제출 의무	갱신 의무	권고
주요 내용	▸목표 설정 ▸하향식 접근(정부 주도) ▸저감잠재성(기술, 경제) 기준으로 접근	▸국제 공표 및 이행 ▸대전환 관점의 장기 국가전략 제시 ▸상·하향식 접근(사회적 공론화+정부) ▸지구온난화 2℃ 이하 반영(저감잠재성+비전)

출처: 이상엽(2020)[10]

국가전략이다.

LEDS는 국가별로 전략명과 그 내용으로 구성된다. 신기후체제와 국가별 여건을 동시에 반영한 온실가스 배출 경로를 분석해 2050년까지 달성해야 할 감축 목표 설정방식을 도출하고, 중·장기적인 국가 차원의 대책을 제시한다. 예를 들어 미국은 '심층 탈탄소화를 위한 반세기 전략'을 세우고 에너지 효율성 향상, 전력 부문의 탈탄소화 등 탈탄소화 정책을 강화하여 2050년까지의 비전 및 시나리오를 제시했다. 프랑스는 '프랑스의 국가 저탄소 전략'을 통해 국가 여건에 맞는 전략 및 시나리오에 따라 탄소발자국, R&D 사업, 교육 등 전략 이행을 위한 주요 기반을 정립했다.

이 외에도 각국은 IPCC 평가보고서 등을 기반으로 온실가스 배출량 감축 목표를 제시했다. 예를 들어 미국은 2050년까지 2005년 배출량 대비 80%, 프랑스는 2050년까지 1990년 배출량 대비 75% 감축 목표를 제시했다. 우리나라는 2020년 '2050 탄소중립'을 선언하고, 2020년 대비 2050년 배출량 30% 감축을 목표로 '지속가능한 녹색사회를 향한 2050 탄소중립 전략'을 제출했다.

■ 국가별 온실가스 감축 핵심전략

국가	전략명	2050 감축 목표	핵심전략
독일	2050 기후 행동 계획	1990년 배출량 대비 80~95% 감축	• 에너지 효율성 향상, 에너지 수요관리를 통한 소비 감축 및 재생 에너지 공급 비중 확대 등을 통한 에너지 부문의 현대화, 탈탄소화 • 에너지 효율화, 재생 에너지 확대, R&D 등을 통한 지속가능한 탄소중립 건물 구축 • 전기차 보급 확대, 자전거 및 대중교통 이용 활성화 등을 통한 교통부문의 탄소중립 추구 • 화석연료 대체, CCU/CCS 기술 확대, 에너지 효율성 향상 등을 통한 산업 부문의 배출 저감 • 생태세제 개혁, 환경에 부정적인 보조금 폐지, 교육 및 정보 공유 확대
프랑스	프랑스의 국가 저탄소 전략	1990년 배출량 대비 75% 감축	• 탄소발자국 저감 및 공공인식 증대, 에너지 소비세 강화 • 지속가능한 토지 관리 • 에너지 효율성 향상, 저탄소 에너지원으로의 전환을 통한 수송 부문의 배출량 저감 • 에너지 효율적인 저탄소 건물 건설, 에너지 효율 기술 보급을 통한 건물 부문의 배출 저감 • 에너지 효율성 향상 및 재생 에너지 보급 확대, CCS 도입 등을 통한 에너지 부문의 탈탄소화 • 폐기물 감량, 재이용, 재활용 등을 통한 순환경제로의 전환
미국	심층 탈탄소화를 위한 반세기 전략	2005년 배출량 대비 80% 감축	• 에너지 효율성 향상, 전력 부문의 탈탄소화, 수송 · 건물 · 산업 부문의 전력화와 저탄소 연료로의 전환, 청정에너지 혁신 지원 및 투자 확대, 탈탄소화 정책 강화 및 장애요소 제거 등을 통한 에너지 부문의 탈탄소화 • 산림 부문의 흡수원 증대 • 비이산화탄소(non-CO_2) 배출 저감

국가	전략명	2050 감축 목표	핵심전략
캐나다	캐나다의 반세기 장기 전략	2050년 배출량 대비 80% 감축	• 발전 부문의 탈탄소화 및 전력화 극대화, 에너지 효율성 향상 및 에너지 수요관리 강화, 건물 및 수송 부문의 전력화 및 저탄소 연료원으로의 대체 • 산림 및 토지 부문의 흡수원 적극 활용 • HFCs 등 비이산화탄소 배출 저감 • 저탄소 소비로의 행동 전환 • 기술혁신 도모
멕시코	멕시코의 기후변화 반세기 전략	2000년 배출량 대비 50% 감축	• 청정 에너지로의 전환 가속화 및 에너지 효율성 향상, 지속가능한 에너지 소비 촉진 • 효율적 교통체계 구축 • 폐기물 통합 관리 • 저탄소 탄소발자국 건물 건축 등을 통한 지속가능한 도시 건설 • 탄소흡수원 증대를 통한 지속가능한 농업 및 산림 추구 • 단기 체류성 오염물질 저감

출처: 이상엽, 전호철, 김이진(2017)[11]

■ 대한민국 2050 탄소중립 전략 부문별 핵심전략

부문	핵심전략
에너지	• 태양광과 풍력 등 청정 에너지를 핵심으로 재생 에너지 공급 • 재생 에너지의 안정적인 공급을 위한 에너지 저장 시스템, 수소를 활용한 연료전지 등 보조 발전원 활용 • 석탄발전 시설의 폐쇄 및 LNG 시설로의 전환
산업	• 철강, 시멘트, 석유화학과 같은 에너지 집약적 업종의 저탄소 전환, 에너지 효율 향상, 순환경제 강화 • 정보통신 기술을 결합한 고부가 산업 구조로의 전환 촉진 • 원료와 연료의 효율적 사용을 위한 폐자원의 재사용 확대
수송	• 수송 시스템을 미래 차(친환경+자율주행) 중심으로 재편 • 대중교통 활성화, 차량 공유서비스 이용 확대 등 교통 수요관리 및 지능형 교통시스템 구축 • 도로 중심의 물류체계를 저탄소 운송수단인 철도 · 해운으로 전환하는 물류체계 전환 정책(Modal Shift)
건물	• 신축 건물에 대한 제로 에너지 건축물을 단계적으로 의무화 • 건물 외벽에 부착 가능한 태양광 패널, 지열, 수열, 미활용(발전폐열, 소각폐열 등)의 에너지 활용으로 저탄소화 유도
폐기물	• 발생한 폐기물을 최대한 유용한 물질로 전환하거나 에너지로 재사용 • 재활용 불가능한 폐기물의 환경적 처리 방법 사용 • 탈플라스틱 사회로 전환
농축산물	• 정보통신기술을 접목한 스마트 농업을 통해 불필요한 투입재(에너지, 비료, 물 등) 사용을 최소화하고 자동화를 통해 농업, 축산, 수산의 생산성 확대 • 저탄소 농업기술의 보급과 교육
이산화탄소 흡수	• 산림경영의 혁신을 통해 산림의 노령화 문제 개선 및 목재제품 이용률 제고를 통해 탄소 저장량 확대 • 도시 숲 · 정원 등 생활권 녹지 조성, 훼손지 · 주요생태축의 산림복원, 유휴토지 조림 등을 통해 탄소 흡수원 확대

출처: 대한민국정부(2020)[12]

신경제질서

파리협정에 따라 출범한 신기후체제는 기후변화에 대한 지구촌 전체의 대응을 개별 국가의 자발적인 참여로 이루려고 하다 보니 얼핏 보면 느슨해 보인다.

그러나 앞으로 기후위기에 대한 대응이 기존 경제질서를 새롭게 재편하고 탄소중립에서 혁신을 이룩할 수 있는지 여부가 각 국가의 패권과 흥망성쇄를 결정할 수 있는 만큼, 총성 없는 무역 전쟁과 함께 새로운 경제질서가 곧 다가올 것이다.

탄소국경세 · RE100 · ESG

탄소국경세

유럽연합EU은 2020년 3월 '그린 딜Green Deal'이라는 기후법안을 채택했다. 그린 딜 법안은 에너지, 건축, 산업, 수송 분야 등의 청정에너지 전환을 통해 2050년까지 탄소중립 목표 달성과 최초의 탄소중립 대륙이라는 비전을 가지고 있다. 특히, 탄소국경세라는 제도를 포함한다는 점에서 탄소국경조정메커니즘CBAM: Carbon Border Adjustment Mechanism으로 불리기도 한다. 이는 온실가스 배출비용이 존재하는 지역에서 물품을 수입할 때 수출국의 탄소비용을 고려해 관세를 부과하는 제도를 말한다.

EU는 기후변화 대응 및 적응에 적극적으로 나서고 있다. 2019년부터 그린 딜을 추진해 왔으며, 2020년 3월에는 탄소국경세를 통해 2050년까지 탄소중립에 도달하겠다는 목표를 세웠다.

EU가 탄소국경세를 도입한 이유는 '오염자 부담 원칙'과 '탄소 누출 현상 방지'에서 찾을 수 있다. 오염자 부담 원칙은 탄소 배출로 인해 발생한 환경오염 비용은 오염을 일으킨 자가 직접 부담해야 한다는 원칙으로, 국내 그리고 국가 간의 환경 분쟁을 해결하는 데 적용할 수 있다. 이 원칙에 따르면 탄소 배출에 대한 비용을 부담하지 않은 국가에서 생산된 물품의 경우, 추후 다른 나라가 관세 형태로 부과해서라도 오염자 국가가 사회적 비용을 지불하도록 되어 있다.

탄소 누출 현상은 탄소 배출원의 이동을 말하며, 국가의 환경 규제는 기업의 생산비용 상승을 야기한다. 탄소국경세는 탄소 배출을 규제하는 A국가에 있는 기업이 생산비용을 줄이기 위해 탄소 배출을 규제하지 않는 다른 국가로 생산시설을 이전하는 것을 방지하기 위해 도입되었다. EU, 미국 등 선진국에서 탄소국경세를 도입하려고 하는 가장 큰 이유는 자국 산업 보호 때문이다. 정부가 탄소중립 실천을 위해 탄소 발생 규제를 강화하면 기업 입장에서는 생산 및 관리 비용이 상승하므로, 이를 피하기 위해 미국 혹은 EU 내 기업들이 탄소 규제가 엄격하지 않은 국가로 생산시설을 이전하려 들 수 있다. 실제로 유럽 국가에 있던 탄소 집약 산업 시설의 상당수가 환경 규제가 강화된 이후 다른 국가로 이전했다. 탄소국경세는 이런 리스크를 방어하는 데 목적이 있다.

미국의 경영 컨설팅 업체 보스턴 컨설팅 그룹은 EU의 탄소국경세 도입으로 인해 ▲ 원유 수송의 수익성이 20% 감소함에 따라 석유 수입 또한 감소하고, ▲ EU의 목재 펄프 수입이 65% 감소함에 따라 산림 파괴가 둔화되며, ▲ 자동차, 기계, 건설의 기본이 되는 철강에 산소 용광로를 사용하던 국가가 전기 용광로를 사용하는 국가로 대체됨에 따라 수출에 타격이 생기고, ▲ EU의 원유 수입원이 탄소발자국, 즉 원유를 생산할 때 온실가스, 특히 이산화탄소의 발생이 많은 러시아에서 탄소발자국이 적은 사우디아라비아로 대체될 것으로 전망했다.

그러나 탄소국경세는 이 제도의 도입에 따라 이득을 얻는 나라와 그렇지 못한 나라가 있다는 점에서 논란이 있다. 첫 번째로 EU가 탄소국경세를 도입하면 탄소 집약도가 높은 산업은 점차 사라질 것으로 전망된다. 이는 전 지구적 기후변화 측면에서는 긍정적이지만 탄소집약도가 높은 산업이 주로 후진국에서 이루어져 실질적으로 이득을 보는 것은 선진국이 될 수도 있다는 점에서 문제가 있다. 두 번째로 탄소 배출 규제가 아직 정립되지 않았거나 미흡한 나라는 주로 개발도상국인데, 이러한 탄소 감축의 기술적·법적 역량이 부족한 나라에 선진국이 관세로 또 다른 어려움을 주는 것이 정당한가라는 문제가 존재한다.

이러한 논란에도 불구하고 기후위기의 심각성을 인지한 많은 국가들은 탄소 배출 감축 등 환경 관련 규제를 강화하고 있다. 세계 최대 이산화탄소 배출 국가인 중국은 2060년 탄소중립을 이행하겠다고 선언했다. EU는 이산화탄소 감축 로드맵에 따라 유럽 내 철강사들에 2050년까지 2005년 대비 이산화탄소 배출량 80% 저감을 요구했다. 미국 대통령 조 바이든은 취임하자마자 공약대로 파리 기후변화협약에 가입했으며, 임기 100일 이내로 세계기후정상회의를 개최해 각국의 기후변화 대응 약속을 이끌어낼 것이라고 공표했다. 또한, EU와 동등한 수준으로 2050년 탄소중립을 발표했다. EU와 미국 바이든 행정부는 각각 2023년과 2025년 탄소국경세 도입을 예고했다. 우리나라는 재생 에너지의 확대와 전력 부문의 탄소비용 인상을 통

■ 주요 3개국에 대해 한국이 2023년 및 2030년에 지불해야 할 탄소국경세 전망치

(단위: 억 원)

	2023년	2030년
EU	2,900	7,100
미국	1,100	3,400
중국	2,100	8,200
합계	6,100	18,700

출처: EY(2020)[13]

해 저탄소 발전을 유도하는 방향으로 온실가스 감축 정책을 추진 중이다.

탄소국경세 도입에 따라 우리나라 산업계가 주요 수출국인 EU, 미국, 중국에 지불해야 하는 금액을 살펴보면, 탄소국경세 시행 연도인 2023년 3개국과 무역할 때는 한국 주요 수출업종에서 현재와 비교하여 총 6,100억 원의 추가 금액을 지불해야 할 것으로 예상된다. 2030년에는 그 금액이 훌쩍 뛰어 총 1조 8,700억 원을 추가로 지불해야 할 것으로 보인다.

RE100

RE100은 'Renewable Energy(재생 에너지) 100%'의 약자로, 2014년 영국 런던의 다국적 비영리기구인 '더 클라이밋 그룹The Climate

Group'에서 시작되었다. 기업이 사용하는 전력량의 100%를 2050년까지 풍력, 태양광 등 재생 에너지 전력으로 충당하겠다는 목표를 지닌 국제 캠페인이다. 민간 주도의 글로벌 환경 캠페인인 RE100은 세계의 모든 기업이 재생 에너지로 100% 전환한 전력을 사용하면 전 세계 탄소배출량을 15%까지 줄인 수 있다는 인식에서 출발했다. 여기서 재생 에너지는 석유화석연료를 대체하는 태양열, 태양광, 바이오, 풍력, 수력, 연료전지, 폐기물, 지열 등에서 발생하는 에너지를 말한다. 특히, RE100은 각 나라의 정부가 강제한 것이 아니라 글로벌 기업들의 자발적인 참여로 진행되는 일종의 캠페인이라는 점에서 의미가 깊다.

RE100을 달성하기 위한 방식으로는 태양광 발전 시설 등 설비를 직접 만들거나 재생 에너지 발전소에서 전기를 사서 쓰는 방식이 있다. RE100 가입을 위해 신청서를 제출하면 본부인 더 클라이밋 그룹에서 검토를 거친 후 가입을 최종 확정하며, 가입 후 1년 안에 이행계획을 제출하고 매년 이행상황을 점검받게 된다.

2021년 3월 기준 RE100에는 미국의 구글, 애플, GM, 핀란드의 이케아 등 전 세계 292개 기업이 가입해 있다. RE100의 가입 대상은 전 세계에 미치는 영향력이 큰 기업들이며, 가입 조건은 ▲ 상당한 브랜드파워, ▲ 다국적 기업, ▲ 연간 전력사용량 0.1 TWh 초과 등이다. 즉, 영향력 있는 기업들이 전 세계 재생 에너지 수요와 공급을 늘리는 데 협조하도록 하자는 취지다. 회사 단위로만 가입할 수 있으며

■ RE100 회원사의 공급망 관리 및 영향력 행사

RE100 참여 기업의 목표	RE100 참여 기업이 국내 기업에 미치는 영향
▶ 애플 2018년 기준 자사사업자의 재생 에너지 사용 비율 100% 달성 ▶ BMW 2050년까지 재생 에너지 조달 비율 100% 달성	▶ 애플 국내 협력업체 약 200개사에 영향 ▶ BMW 2018년 기준 국내 1차 협력업체 약 30개사에 영향 ▶ 폭스바겐 국내 배터리 부문 주요 대기업 등에 영향 ▶ GM 2018년 기준 국내 협력업체 32개사에 영향

출처: EY(2020)[14]

정유, 석유화학, 가스 등 화석연료와 직결된 사업을 하는 기업의 경우에는 자체 심사를 거쳐 가입 대상에서 제외된다.

우리나라의 산업통상자원부(이하, 산업부)는 기업 등 전기소비자가 재생 에너지 전기를 선택적으로 구매하여 사용할 수 있는 한국형 RE100(K-RE100)을 2021년부터 본격적으로 도입할 예정이다. 글로벌 RE100의 대상은 연간 전기사용량이 0.1 TWh 이상인 기업이지만, K-RE100에서는 전기사용량 수준과 무관하게 국내에서 재생 에너지를 구매하고자 하는 산업용 또는 일반용 전기소비자라면 에너지공단 등록을 거쳐 참여할 수 있다. 재생 에너지로 인정받을 수 있는 에너지원은 글로벌 RE100과 동일하게 태양광, 풍력, 수력, 해양 에너지, 지열 에너지, 바이오 에너지다. 국내에서는 재생 에너지 100% 사용 선언 없이도 참여가 가능하지만, 산업부에서는 참여자에게 글로벌 RE100 기준과 동일하게 2050년 100% 재생 에너지 사용을 권고하고 있다. 기업이 자체적으로 정하는 2050년 이전의 중간 목표는 참여자의 자율에 맡길 예정이다. 이러한 RE100의 참여를 독려하기 위해 정부에서는 참여기업에 재생 에너지 사용 시 온실가스 감축 실적으로 인정받을 수 있도록 지원하고 있다.

국내 기업 중에서는 처음으로 SK그룹 계열사 8곳(SK㈜, SK텔레콤, SK하이닉스, SKC, SK실트론, SK머티리얼즈, SK브로드밴드, SK아이이테크놀로지)이 2020년 11월 초 한국 RE100 위원회에 가입신청서를 제출했다. 이를 통해 SK그룹은 ESG(Environment 환경, Social 사회, Governance 지배구조) 실천 기업이라는 신뢰를 확보하는 데 성공했다.

또한, RE100을 선언한 독일의 폭스바겐과 BMW, 미국의 GM 등의 기업도 자사에 배터리를 납품하는 LG화학, SK이노베이션, 삼성SDI 등에 저탄소 동참을 요구하고 있어 글로벌 공급망에 뛰어들기 위해서는 ESG 경영이 필수적인 상황이다.

■ 국내 기업의 수출에 영향을 미치는 주요 글로벌 RE100 기업

기업명	주요 내용	관련 기업	탄소중립 목표
애플	▸ 17개국 71곳의 협력업체에 제품 생산 시 100% 재생 에너지 사용에 대한 서약 요구 • 국내 4개 기업 서약 • TSMC, 애플에 납품하기 위해 RE100 선언	국내 협력업체 약 200개 기업 (일자리 12만 5,000여 개)	전 밸류체인 2030년 탄소중립
BMW	▸ 부품업체 재생 에너지 사용 의무화 ▸ 국내 배터리 업종 대기업 일부는 내년부터 2031년까지 BMW가 생산할 전기차에 5세대 배터리 셀을 공급하는 29억 유로(한화 약 3조 9,000억 원) 규모의 계약 체결	2018년 기준 국내 1차 협력업체 약 30개 기업 (부품 총 구매량 15억 유로 추정)	
폭스바겐	▸ 전 협력사에 RE100을 의무적으로 요구, 2019년부터 기준점 미달 시 공급사에서 배제 • 국내 배터리 부문 대기업에 RE100 동참 유도	국내 배터리 부문 주요 대기업 등	전 밸류체인 2050년 탄소중립
GM	▸ 2040년까지 전 글로벌 사업장에 재생 에너지 100% 조달 목표 ▸ 2008~2018년 국내 협력사의 GM 글로벌 누적 수주액 113억 달러(한화 약 13조 5,000억 원 상당)	2018년 기준 국내 협력사 32개 기업 • 한국 GM 약 1만 명 고용 • 2019년 국내 시장 7만 6,471대 판매	

출처: EY(2020)[15]

ESG

ESG는 Environment(환경), Social(사회), Governance(지배구조)의 앞 글자를 따서 만든 단어로 친환경, 사회적 책임, 지배 구조 투명성을 의미하며, 2006년 '유엔책임투자원칙PRI: Principes for Responsible Investment' 협약을 통해 처음 거론됐다. 선진국들을 중심으로 탄소국경세가 도입됨에 따라 금융시장에서 ESG 기업 투자에 대한 관심은 더욱 높아지는 추세다.

ESG에서 높은 평가를 받기 위해서는 석탄 사용을 줄이고 재생에너지 사용을 늘리는 등 기존 생산 방식을 바꿔야 한다. 또한, 이제 ESG는 글로벌 투자자들에게도 중요한 투자 기준 중 하나다. 아무리 실적이 좋아도 ESG를 관리하지 않는다는 이유로 투자 대상에서 제외되는 경우가 늘고 있다. 미국 자산운용사 블랙록BlackRock은 8조 7,000억 달러(약 9,570조 원)의 자산을 운용하는 세계 최대 자산운용사로, 최근 자사가 투자한 기업에 탄소배출량 감축 계획서를 요구할 계획이라고 밝혔다. ESG 투자 시장도 폭발적으로 성장하고 있다. 미국의 경제전문지 블룸버그Bloomberg에 따르면 ESG에 앞장서는 기업에 투자하는 상장지수펀드가 지난해 미국과 유럽에서 850억 달러(약 94조 1,000억 원)의 순유입을 기록하며 역대 최대 기록을 갈아치웠다.

이러한 국제적 경제 흐름에 따라 2021년 1월 우리나라의 금융위원회는 2030년부터 모든 유가증권시장 상장사에 ESG 공시를 의무화하겠다고 밝히고, 국내 기업들에 기후위기 대응을 촉구했다. 또한,

2021년 미국 대통령 조 바이든이 탄소국경세를 공약으로 내세움에 따라, 탄소 배출량을 줄이지 못하면 미국 수출에 제한이 걸릴 것으로 예상된다.

탄소배출권을 거래하다

온실가스, 특히 이산화탄소의 발생을 줄이기 위해 많은 국가들은 앞서 설명한 탄소국경세 부과 이전에도 다양한 노력을 기울여 왔다. 대표적인 노력이 1997년 12월 일본 교토기후변화협약 당사국 총회에서 채택된 교토의정서Kyoto protocol다.

교토의정서는 3가지 제도로 구성되었다. 선진국이 공동으로 투자해 발생한 온실가스 감축분의 일정분을 배출 저감 실적으로 인정하는 제도인 공동이행JI: Joint Implementation, 선진국이 개발도상국에 투자해 발생한 온실가스 배출 감축분을 자국의 감축 실적에 반영할 수 있도록 하는 제도인 청정개발 체제CDM: Clean Development Mechanism, 온실가스 감축 의무가 있는 국가가 할당받은 배출량보다 적은 양을 배출할 경우 남는 탄소배출권을 타국에 판매할 수 있는 제도인 배출권 거래ET: Emissions Trading로 이루어져 있다.

여기서 탄소배출권CERs: Certified Emission Reductions은 6대 온실가스인 이산화탄소(CO_2), 메탄(CH_4), 아산화질소(N_2O), 과불화탄소(PFCs),

수소불화탄소(HFCs), 육불화황(SF_6)을 일정 기간 배출할 수 있도록 유엔의 담당기구가 개별 국가에 부여하는 권리다. 유엔기후변화협약 UNFCCC에 따르면 탄소배출권은 각국에 발급되며, 주식이나 채권처럼 거래소나 장외에서 매매할 수 있다. 또한, 탄소배출권은 할당량 allowance과 크레딧credit을 포괄하는 개념으로, 할당량은 국가 또는 지역 내에서 정한 온실가스 배출총량cap만큼 발전 설비나 생산 설비 등 주요 온실가스 배출원emission source에 지급된 온실가스 배출 권리를 의미한다. 크레딧은 기준 전망치BAU: Business-as-usual 대비 온실가스 배출량을 줄였다는 증서로서, 외부 온실가스 저감 프로젝트에 지급되는 배출권을 의미한다.

특히, 배출권 거래제ETS: Emission Trading System는 온실가스 감축 의무가 있는 사업장 혹은 국가 간에 배출 권한 거래를 허용하는 제도다. 기업들이 교토의정서 지정 6대 온실가스를 줄인 실적을 유엔기후변화협약에 등록하면 감축한 양만큼 탄소배출권을 받게 된다. 탄소배출권 거래제도를 통해 각 국가는 부여받은 할당량 미만으로 온실가스를 배출할 경우 그 여유분을 다른 국가에 팔 수 있게 되었고, 반대로 온실가스 배출이 할당량을 초과할 경우에는 다른 국가에서 배출권을 살 수 있게 되었다. 이는 제도의 유연성을 확보하는 동시에 각국이 자발적으로 온실가스를 줄이도록 하는 데 기여했다.

일반적으로 탄소배출권은 국가별로 부여되지만, 대부분의 배출권이 기업에 할당되기 때문에 탄소배출권 거래는 대개 기업들 사이에서 이루어진다. 기업 입장에서는 일반적으로 온실가스 배출량을 줄여 배출권을 파는 것이 이익이지만, 반대로 온실가스 배출권이 감축비용보다 저렴하면 그냥 배출권을 구입하는 것이 비용 절감 측면에서 나을 수도 있다. 그러나 탄소배출권 가격이 계속 상승하고 있어서 배출권 거래 시장에만 의존해서는 안 된다는 지적이 나오고 있다.

세계은행WB의 집계에 따르면, 탄소배출권 거래시장은 교토의정서가 발효된 2005년 약 109억 달러에 달했으며, 연평균 108% 수준의 성장을 거듭해 2009년에는 1,437억 달러 규모로 성장했다. 한국의

■ **연말 탄소배출권 가격(2015~2019년)**

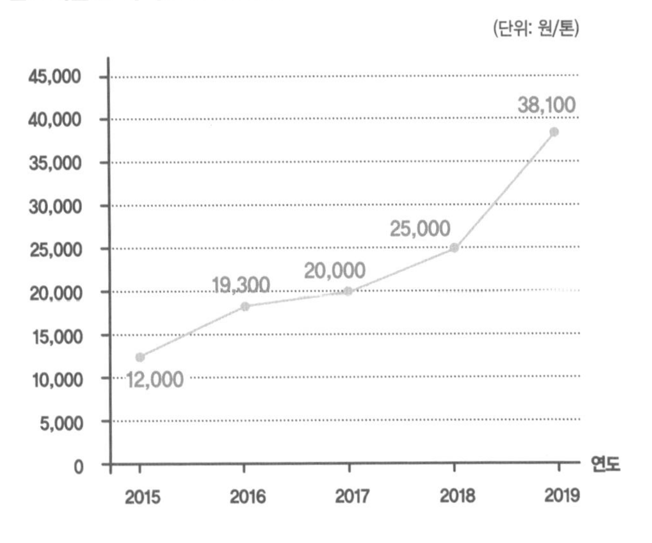

출처 : KRX 배출권시장 정보플랫폼(2020.1.30)[16]

탄소배출권 거래시장은 EU에 이어 세계 2위 규모다. 이처럼 시장이 폭발적으로 성장했다는 것은 국내 탄소 배출량이 줄어들지 않고 있다는 증거이기도 하다.

■ **세계 탄소시장의 성장**

	2005년	2006년	2007년	2008년	2009년
거래량 ($MtCO_2e$)	710	1,745	2,983	4,836	8,700
거래대금 (MUS$)	10,864	31,235	64,035	135,066	143,735

출처: 안승광(2010.9.10)[17]

국내 탄소 배출 현황 및 전망

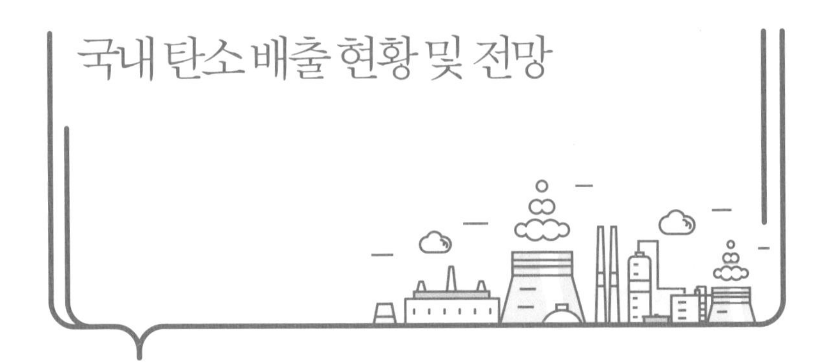

국내 온실가스 배출 현황

온실가스 총 배출량 국가 순위에서 우리나라는 2017년 세계 5위, 2018년 8위에 이어 2019년에는 한 계단 내려온 9위를 기록했다. 국내 온실가스 배출량은 2018년을 정점으로 감소하고 있으나, 다른 국가들에 비해 배출 정점 이후 탄소중립까지 남은 기간이 촉박하다. 2018년을 기준으로 우리나라 온실가스 총 배출량은 7.2억 CO_2톤으로 1990년 대비 149.0% 증가한 수준이다.

GDP당 배출량은 전년 대비 0.4% 감소한 402톤/10억 원으로 1990년 이후 최저치이며, 인구당 배출량은 2.0% 증가한 14.1톤/명으로 나타났다. 2018년 총 배출량의 86.9%를 에너지 분야, 7.8%를 산업공정 분야, 2.9%를 농업 분야가 차지한 것으로 나타나 에너지 분야 비중이 절대적으로 크다는 것을 알 수 있다.

■ 각 분야별 온실가스 배출량

(단위: 백만 톤CO_2eq, %)

분야	온실가스 배출량							'90년 대비 증감률	'17년 대비 증감률
	'90년	'00년	'10년	'15년	'16년	'17년	'18년 (비중)		
에너지	240.4	411.8	566.1	600.8	602.7	615.8	632.4 (86.9%)	163.1%	2.7%
산업공정	20.4	51.3	54.7	54.4	52.8	56.0	57.0 (7.8%)	178.7%	1.9%
농업	21.0	21.2	21.7	20.8	20.5	20.4	21.2 (2.9%)	1.0%	1.1%
LULUCF*	−37.7	−58.3	−53.8	−42.4	−43.9	−41.6	−41.3 (−5.7%)	9.3%	−0.5%
폐기물	10.4	18.8	15.0	16.3	16.5	16.8	17.1 (2.3%)	64.7%	−0.7%
GDP당 총배출량 (톤CO_2eq./10억 원)	696.5	612.9	519.7	472.0	458.7	455.7	402.0	-37.6%	−0.4%
1인당 총배출량 (톤CO_2eq./명)	6.8	10.7	13.3	13.6	13.5	13.8	14.1	107.0%	−2.0%

주: Land Use Change and Forestry, 토지 이용 변화 및 임업

출처: 환경부 온실가스 종합정보센터(2020.9.29)[18]

에너지 분야의 2018년 배출량은 1990년에 비해 2.7% 증가했는데 공공 전기·열 생산 부문에서 1,700만 톤이 증가한 것으로 나타났다. 주요국 대비 석탄발전 비중(40.4%, 2019년 기준)도 높은 상황으로, 주요국 석탄발전 비중을 살펴보면 일본 32%, 독일 30%, 미국 24%, 영국 2%, 프랑스 1% 순이다.

총 온실가스 배출량의 약 86.9%를 차지하는 에너지 분야는 에너지산업, 제조업 및 건설업, 수송, 기타 분야로 나누어진다. 에너지산업은 에너지 분야 탄소 배출량의 약 45.8%를 차지하며 가장 높은 배출량을 기록했는데, 특히 이 중 대부분이 공공전기 및 열 생산을 통한 배출량이었다.

제조업 및 건설업은 총 에너지 분야에서 약 29.7%(1억 8,600만 톤)를 차지했으며, 제조업 및 건설업 내에서는 철강이 51.0%(9,500만 톤), 화학이 24.6%(4,600만 톤)를 배출하며 높은 수치를 나타냈다. 비금속 및 조립금속에서는 각각 0.11억 톤, 0.05억 톤을 배출했다. 따라서 제조업 비중이 높은 것과 그 안에서도 철강, 석유화학 등 탄소 다배출 업종 비중이 높은 것이 탄소중립 조기 실현에 제약 요인으로 작용하고 있음을 알 수 있다.

2018년 기준 철강산업의 온실가스 배출은 제조업 내에서 약 36%를 차지하며, 두 번째로 높은 화학산업보다 10% 이상 높은 수치다. 이는 철강 산업의 온실가스 감축 노력이 국가 총 배출량 감축에 크게 기여할 수 있음을 시사한다. 우리나라 철강 산업은 제조업에 필요한 기초 소재 공급을 담당하며 국가 기간산업으로 성장해 왔다. 그러나 2010년 이후 경제가 성숙해지면서 철강 수요의 증가세가 둔화됨에 따라, 철강의 기초 반제품으로 사용되는 조강의 생산량은 2040년 이후 하락할 것으로 예측된다. 이에 철강산업의 온실가스 배출전망치는 2040년 약 1억 3,400만 톤, 2050년 약 1억 2,700만 톤으로 소폭 하락할 것으로 전망된다.

지속적으로 강화되는 규제에 대응하기 위해 철강산업의 온실가스 감축기술은 지속적으로 개발되고 있다. 용광로 공정이 철강산업 온실가스 배출에서 큰 비중을 차지하는 만큼 해당 공정에 필요한 이산화탄소 배출 저감을 위한 수소환원 기술, 고로 저탄소 대체철원 사용기술, 고로 고반응 연료와 원료 사용 기술, 미활용 배열 및 이산화탄소 자원화 기술 등을 지속적으로 개발해야 한다.

또한, 철강업 특성상 공정에서 석탄이 철광석을 녹이고 산화철에서 산소를 제거하는 환원재로도 사용되는 등 연료와 원료 양 방면으로 이용되고 있어, 온실가스를 다량으로 배출하는 단점이 있음에도 불구하고 대체 물질을 사용하기 어려운 상황이다. 이에 냉각 폐수 회수, 코크스 건식냉각 폐열 회수, 고로 노정압발전, 전로 부생가스 폐열회수 등을 통해 다른 방면으로 온실가스를 줄이기 위해 노력 중이다. 나아가 기능성 및 고성능 철강 제품 생산을 통해 철강을 원료로 하는 산업에서 에너지 효율 향상 및 온실가스 감소에 간접적으로 기여하고 있다.

■ 에너지 분야 온실가스 배출량

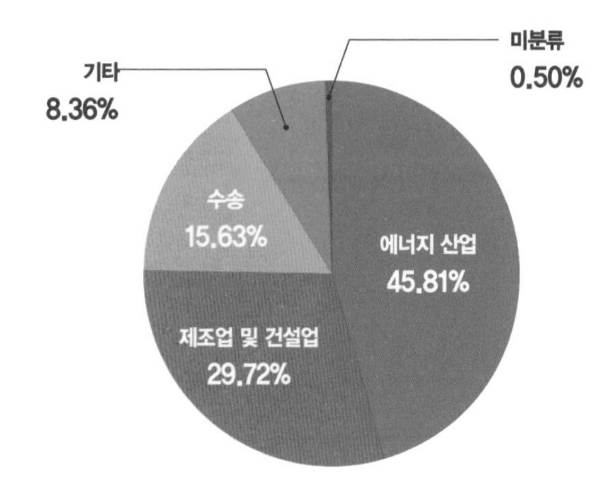

출처: 환경부 온실가스종합정보센터(2020.9.29)[19]

■ 철강 및 화학 분야 온실가스 배출량

(단위: Gg CO_2eq)

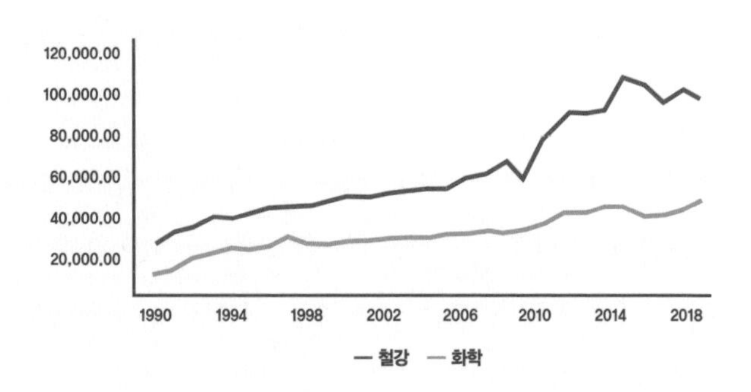

출처: 환경부 온실가스종합정보센터(2020.9.29)[20]

철강에 이어 두 번째로 큰 비중을 차지하는 화학업에서는 1990년 대비 온실가스 배출량이 274% 증가했다. 2000년대부터는 배출량 증가세가 소폭 둔화하고 있다.

수송 부문에서는 약 15.6%를 배출했으며, 이 중 대부분이 도로 수송에서 배출되었다. 상업 공공, 가정, 농업, 임업, 어업 등을 포함하는 기타 부문에서는 총 에너지 부분 배출량의 약 8.3%를 배출했다.

폭발적으로 증가하는 에너지 수요를 고려할 때, 우리나라의 2050년 탄소중립 선언은 매우 도전적인 과제라고 할 수 있다. 탄소중립 목표까지 남은 기간은 불과 30년으로 이는 우리나라 고유의 산업 구조가 대전환을 이루기에 충분한 시간이 아니다. 이를 위해서는 에너지 믹스Energy Mix, 즉 증가하는 에너지 수요에 효율적으로 대응하기 위해 석유나 석탄 같은 기존 에너지원에 태양광, 풍력과 같은 신에너지원을 다양하게 융합하는 정책이 요구된다. 에너지 믹스 정책의 실패는 탄소중립 이행 과정에서 기업과 국민의 경제적 부담을 가중시킬 수 있다. 또한, 고탄소에서 저탄소로 산업구조가 바뀌고 석탄에서 신재생으로 에너지 정책이 전환됨에 따라 기업의 경쟁력 약화, 기존 산업(예: 화력발전, 내연차 등) 기반 약화로 인한 일자리 감소 및 전기요금, 난방비 등 공공요금의 상승으로 인한 물가상승 등의 문제가 심화될 수 있다.

국내 탄소 관련 주요 정책

앞서 기술했듯이, 파리협정에서는 산업화 이전 대비 지구 평균온도 상승을 2℃보다 아래로 유지하고, 나아가 1.5℃ 이내로 억제하기 위해 노력해야 한다는 목표를 설정했다. 그리고 IPCC는 전 지구적으로 2030년까지 이산화탄소 배출량을 2010년 대비 최소 45% 이상 감축해야 하고, 2050년에는 탄소중립을 달성해야 한다는 경로를 제시했다. 이에 스웨덴(2017년), 영국·프랑스·덴마크·뉴질랜드(2019년), 헝가리(2020년) 등 6개국이 탄소중립을 이미 법제화했으며 유럽 여러 나라와 아시아 주요국들도 탄소중립 목표를 선언했다. 우리나라는 2020년 7월 16일 탄소중립의 첫걸음인 한국판 뉴딜(그린 뉴딜)을 발표했으며, 이후 2020년 10월 28일 국회시정연설에서 '2050 탄소중립' 계획을 처음 천명했고, 2020년 12월 7일에는 '2050 탄소중립 추진전략'을 확정·발표했다.

탄소중립 선언은 온실가스에 대한 적응적adpative 감축에서 한 발짝 더 나아가 새로운 경제·사회 발전전략 수립을 통해 능동적proactive 대응으로 탄소중립·경제성장·삶의 질 향상을 동시에 달성하는 것을 목표로 한다. 현재 사회가 경제성장과 온실가스 배출량이 비례하는 경제·사회적 구조인 반면, 탄소중립 사회는 온실가스 배출의 급격한 저감 정책 전환에도 불구하고 지속가능한 경제성장과 삶의 질 향상이 가능한 신경제·사회구조 시스템을 지닌다.

■ 온실가스와 경제성장의 관계

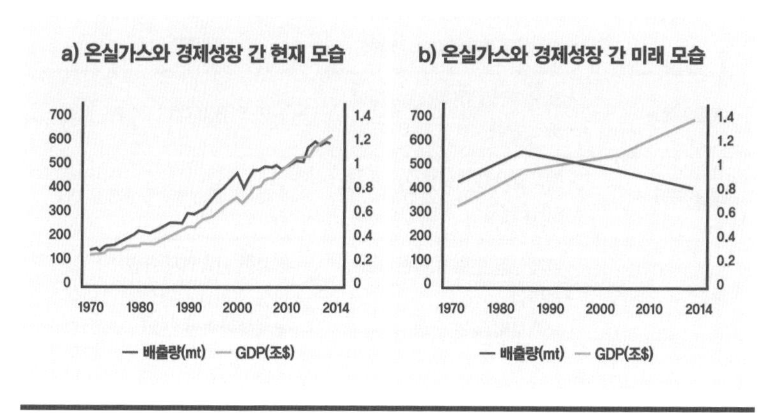

출처: 대한민국 정책브리핑(2020.12.7)[21]

위 그래프에서 a)는 현재의 경제성장과 온실가스 배출의 관계를 나타낸 것이고, b)는 탄소중립 선언 이후 지향하는 경제성장과 온실가스 배출량의 관계를 나타낸 것이다.

우리나라에서는 2050년 탄소중립 달성을 위해 장기저탄소발전전략LED으로 ① 깨끗하게 생산한 전기·수소의 활용 확대, ② 에너지 효율의 혁신적인 향상, ③ 탄소 제거 등 미래기술의 상용화, ④ 순환경제 확대로 산업의 지속가능성 제고, ⑤ 탄소 흡수 수단 강화 등 5가지를 마련했다. 또한, 국가온실가스감축목표NDC와 관련해서는 경제성장 변동에 따라 가변성이 높은 배출전망치BAU 방식의 기존 목표를 절대량 방식으로 전환하여, 2017년 배출량 대비 24.4% 감축

■ 감축 목표 설정방식 비교

	배출전망치(BAU) 방식	절대량 방식
2030 목표	• 30년 배출전망치(BAU) 대비 37% 감축	• '17년 배출량 대비 24.4% 감축
채택 국가	• 멕시코, 터키, 에티오피아 등 80여 개국	• 유럽, 미국, 일본 등 100여 개국
특징	• 경제성장 변동에 따른 BAU 가변성 • 국제사회 낮은 신뢰	• 명확한 감축의지 표명 • 이행 과정의 투명한 관리 · 공개 • 국제사회 높은 신뢰

출처: 대한민국 정책브리핑(2020.12.31)[22]

을 우리나라의 2030년 국가 온실가스 감축 목표로 확정했다. 이는 우리나라의 명확한 탄소배출량 감축의지를 표명한 것이며, 이행 과정의 투명한 관리 및 공개를 통해 국제사회에서 높은 신뢰를 쌓을 수 있음을 의미한다.

「2050 탄소중립 추진전략 보고서」에서는 지속가능한 경제성장 속에 온실가스 배출을 감소시키기 위해 ① 경제구조 저탄소화(적응), ② 저탄소 산업생태계 조성(기회), ③ 탄소중립사회로의 공정전환(공정)의 3대 정책방향과 ④ 탄소중립제도 기반 강화(기반)라는 3+1 전략을 추진하고 있다.

적응 부분에서는 주요 온실가스 배출원인 발전·산업·건물·수

■ 2050 탄소중립을 위한 비전 및 정책 방향

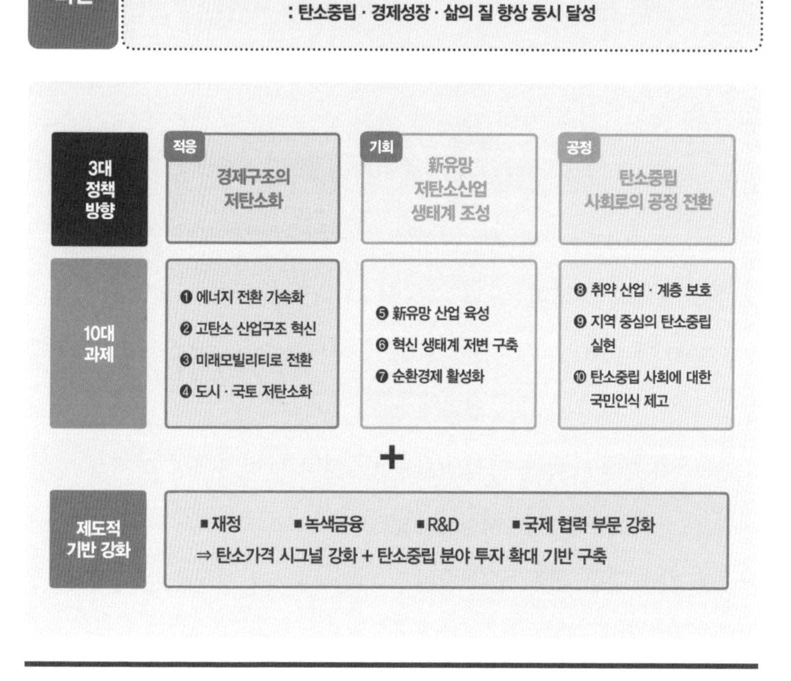

대한민국 정책브리핑(2020.12.7)[23]

송 분야에 대한 기술개발 지원, 제도개선 등을 통해 온실가스 조기 감축을 유도함으로써 경제구조 모든 영역에서 저탄소화를 추진한다. 기회 부분에서는 탄소중립 패러다임에 맞게 기존 혁신 생태계를 점검·보완하고 저탄소산업을 새로운 성장 동력으로 인식·육성하는 체계를 구축함으로써 신유망 저탄소 산업 생태계를 육성한다. 공정 부분에서는 탄소중립 사회로 전환하는 과정에서 소외되는 계층이나 산업이 없도록, 전 국민적 공감대를 토대로 지자체와 민간 등이 주도하는 방식을 추진하여 전 국민 참여를 유도한다. 기반 부분에서는 재정제도 개선 및 녹색금융 활성화, 기술개발 확충, 국제협력 등을 통해 탄소가격 시그널 강화 및 효과적인 탄소감축 이행 지원으로 탄소중립 인프라를 강화한다.

탄소중립의 미래상

「2050 탄소중립 추진전략 보고서」에서는 2050 탄소중립의 미래상을 다음과 같이 그리고 있다.

에너지 부문에서는 화석연료 기반 에너지 생산에서 신재생 에너지와 이산화탄소 포집·저장·활용CCUS: Carbon Capture, Utilization and Storage 기술 등을 활용하여 친환경 기반 에너지 생산으로 전환될 것이며, 산업 부문에서는 탄소 집약적 산업구조에서 2차 전지, 바이오 등 저탄소 산업구조로 전환될 것이다. 수송 부문에서는 내연기관 중심 수송체계에서 친환경차 중심으로 전환될 것이며, 건물 부문에서는 에너지 다소비 건물 중심에서 에너지 자급형 그린빌딩으로 전환될 것이다. 이로 인해 우리나라는 친환경 에너지 생산국으로서 에너지 자립도가 향상될 것이고, 글로벌 환경규제에 적응함으로써 산업경쟁력 강화 및 탄소중립 글로벌 신시장 선점이 가능해질 것이며, 건물의 에

■ 2050 탄소중립의 미래상

		현재 모습(As-Is)	미래 모습(To-Be)
부문별	에너지	화석연료 기반 에너지 생산	신재생 등 친환경 기반 에너지 생산
	산업	탄소집약적 산업구조	新유망산업 확산+저탄소 산업구조 전환
	수송	내연기관 중심 수송체계	친환경차 중심 생태계 조성
	건물	에너지 多소비 건물 중심	에너지 자급형 그린빌딩 확대
국민생활	주거	화석연료 기반의 에너지 사용으로 높은 주거비용(전기, 난방 등) 지불	태양광 등 친환경에너지 기반 에너지 사용으로 비용부담 감소
	교통	내연기관차의 배기가스 배출 多 + 중·소도시 대중교통 취약	친환경차 전환으로 대기질 개선 + 그린철도 고속교통망 구축으로 이동시간 획기적 단축
	소비	플라스틱 등 일회용품 사용으로 폐기물 발생량 증가 추세	자원의 재사용/재활용-친환경소재 제품 확대로 폐기물 발생 감소
	직장	新환경규제로 기존산업 경쟁력 감소 → 일자리 감소·취업난 심화	新유망 低탄소 산업 부상으로 일자리 증가, 그린벤처 등 창업 증가
	교육	기후·환경 심각성 인식 부족 → 기후위기 대응·실천 부족	국민의 환경 감수성 향상, 미래세대를 위한 기후행동 증가
기업활동	생산	폐기물 배출은 많은 반면 자원이용 효율은 낮은 생산공정	전국 스마트그린산단 조성·정착 → 친환경 생산 시스템 수출
	유통·판매	유통·판매 시 일회용 포장자재로 인한 폐기물 다량 발생	스마트 물류·친환경 포장재 등 유통·판매의 자원순환성 강화
	수출	글로벌 기업의 기후대응 촉구 및 탄소세 등 환경규제 강화	탄소중립 기반 생산·산업구조 → 글로벌시장 선점, 수출 증대
	자금조달	ESG 강화 추세 → 高탄소 국내기업 글로벌 금융 조달 제약 증가	ESG 기준 충족 → 글로벌 자금 조달기회 확대

출처: 대한민국 정책브리핑(2020.12.7)[24]

너지 자급자족 실현 및 제로에너지 건물 보편화로 에너지 비용은 감소하고 주거환경의 질은 높아질 것이다. 또한, 탄소중립으로 인한 이러한 각 부문별 변화는 국민 생활(주거, 교통, 소비, 직장, 교육) 및 기업 활동 변화(생산, 유통·판매, 수출, 자금조달)에도 변화를 가져올 것이다.

하지만 기존의 상용화된 온실가스 감축기술 및 신재생 에너지 기술로는 탄소중립 사회로의 전환이 불가능에 가깝다. 또한, 온실가스 감축은 에너지 및 기후변화 관련 국가 시스템 전체가 합심해서 대처해야 하는 사안이라서 어느 특정 기술에만 의존해서는 달성이 힘들다. 이에 탄소중립 사회에 도달하기 위해서는 온실가스를 획기적으로 저감할 수 있는 원천기술 개발이 이루어져야 하며, 온실가스 감축과 연관된 기술 간 융합이 적극적으로 추진되어야 한다. 또한, 온실가스 저감 기술 경쟁력 확보 및 미래시장 개척을 위한 기초·원천 연구 성과를 기반으로, 기존 기술의 한계를 뛰어넘는 혁신적인 미래선도 기술개발이 필요하다.

한국판 뉴딜—그린뉴딜 정책과 미래상

'한국판 뉴딜'이란 코로나19라는 초유의 감염병 사태로 인한 대공황 이후 전례 없는 경기 침체 및 저탄소 사회로의 전환이 시급해짐에 따라, 위기를 극복하고 코로나 이후 글로벌 경제를 선도하기 위해 마련된 국가발전전략이다. 2020년 4월 22일 5차 비상경제회의에서 포스트 코로나 시대의 혁신성장을 위한 대규모 국가 프로젝트로서 처음 언급되었으며, 2020년 7월 14일 제7차 비상경제회의 겸 한국판 뉴딜 국민보고대회를 통해 추진계획이 발표되었다. 한국판 뉴딜은 튼튼한 고용 안전망과 사람투자를 기반으로 하여 디지털digital 뉴딜과 그린green 뉴딜 두 개의 축으로 추진된다. 이 중에서 그린 뉴딜은 친환경 에너지산업으로의 이행을 기반으로 경제 전반에 새로운 비전을 제시한다는 의미로, 탄소중립 사회를 지향한다.

「한국판 뉴딜 종합계획 보고서」에 따르면 우리나라 그린 뉴딜은 탄소중립을 목표로 ▲ 도시·공간·생활 인프라 녹색 전환(인프라), ▲ 저탄소·분산형 에너지 확산(에너지), ▲ 녹색산업 혁신 생태계 구축(녹색산업)의 3가지를 중심으로 방향을 설정하고 있다.

도시·공간·생활 인프라 녹색 전환은 인간과 자연이 공존하는 미래사회를 구현하기 위해 자연 친화적인 국민의 일상생활 환경 조성을 목표로 하며, 국민생활과 밀접한 공공시설 제로에너지화, 국토·해양·도시의 녹색 생태계 회복, 깨끗하고 안전한 물 관리체계 구축 등의 과제를 지닌다. 저탄소·분산형 에너지 확산은 적극적 R&D·설비 투자 등으로 지속 가능한 신재생 에너지를 사회 전반으로 확산하는 미래 에너지 패러다임 시대를 준비하는 것을 목표로 하며, 에너지관리 효율화 지능형 스마트 그리드 구축, 신재생 에너지 확산기반 구축 및 공정한 전환지원, 전기차·수소차 등 그린 모빌리

■ 그린 뉴딜 추진 방향 및 SWOT

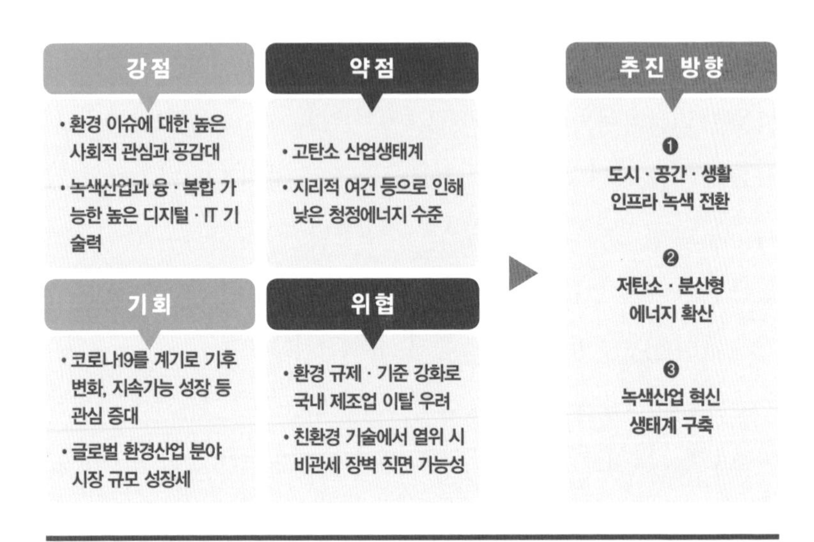

출처: 대한민국 정책브리핑(2020.7.22)[25]

티 보급 확대 등의 과제를 포함한다. 녹색산업 혁신 생태계 구축은 미래 기후변화·환경 위기에 대응해 전략적으로 도전할 녹색산업 발굴 및 이를 지원하는 인프라 전반 확충을 통한 혁신여건 조성을 목표로 하며, 녹색 선도 유망기업 육성 및 저탄소·녹색산단 조성, R&D·금융 등 녹색혁신 기반 조성 등의 과제를 포함한다.

「한국판 뉴딜 종합계획 보고서」에서는 2025년 우리나라 미래상을 다음과 같이 그리고 있다. 건물 부문에서는 국민생활과 밀접한 공공시설의 제로 에너지 전환으로 에너지 효율 향상 및 쾌적한 생활

■ 한국판 그린 뉴딜 분야별 세부과제

분야	세부과제
도시·공간·생활 인프라 녹색 전환	국민생활과 밀접한 공공시설 제로에너지화 • 공공건물 친환경·에너지 고효율 건물 신축·리모델링 • 태양광·친환경 단열재 설치 및 전체교실 WiFi 구축(그린스마트 스쿨)
	국토·해양·도시의 녹색 생태계 회복 • 환경·ICT 기술 기반 맞춤형 환경개선 지원, 도시숲 조성, 생태계 복원 추진
	깨끗하고 안전한 물 관리체계 구축 • 스마트한 상·하수도 관리체계 구축, 정수장 고도화, 노후상수도 계량
저탄소·분산형 에너지 확산	에너지관리 효율화 지능형 스마트 그리드 구축 • 아파트 500만 호 AMI 보급, 친환경 분산에너지 시스템 구축, 전선·통신선 공동지중화 추진
	신재생 에너지 확산 기반 구축 및 공정한 전환 지원 • 신재생 확산 기반(대규모 해상풍력 단지, 주민참여형 태양광 등) 구축 지원 • 석탄발전 등 위기지역 대상 신재생 업종전환 지원
	전기차·수소차 등 그린 모빌리티 보급 확대 • 전기차 113만 대, 수소차 20만 대 등 보급 추진
녹색산업 혁신 생태계 구축	녹색 선도 유망기업 육성 및 저탄소·녹색산단 조성 • 녹색기업 지원, 지역거점 녹색 융합 클러스터(녹색산업) 구축 • 스마트그린 산단 조성, 스마트 생태공장 등 친환경 제조공정 지원
	R&D·금융 등 녹색혁신 기반 조성 • 온실가스 감축, 미세먼지 대응 기술 개발 지원, 노후 전력기자제의 재제조 기술 등 자원순환 촉진, 녹색기업 육성을 위한 2,150억 원 규모의 민관 합동펀드(녹색금융) 조성

출처: 에너지경제연구원(2020.11)[26]

공간을 조성하며, 국토/도시부문에서는 국토·해양 생태계 회복 및 자연과 더불어 사는 도시를 조성한다. 에너지 부문에서는 태양광, 풍력 등 신재생 발전 확대를 통해 저탄소 경제구조로의 전환 촉진 및 지속가능한 에너지원을 확충하며, 교통 부문에서는 온실가스, 미세먼지 걱정 없는 친환경 교통체계를 구축한다. 신업단지 부문에서는 디지털 기술에 기반하여 깨끗하고 에너지 효율·생산성 높은 혁신공간으로 탈바꿈할 것이다.

그린 뉴딜은 중·장기적인 목표 달성을 위해 지속적으로 점검과 보완이 필요한 정책이다. 우리나라의 고유한 에너지 시장 환경, 산

■ 그린 뉴딜로 인한 2025년 미래 변화상

사람-환경-성장 조화	저탄소 그린 전환	녹색산업 혁신
임대주택 그린 리모델링 22.5만 호	전기차 | 수소차 113만 대 | 20만 대	클린팩토리 1,750개
스마트 그린 도시 25개	태양광·풍력발전 42.7GW	소규모 사업자 오염방지시설 13,182개소
미세먼지 차단숲 723ha	아파트 스마트 전력망 500만 호	스마트 에너지 플랫폼 10개소

출처: 대한민국 정책브리핑(2020.7.22)[27]

업구조 및 역량 등을 반영한 한국판 그린 뉴딜로 진화시켜야 하며, 기후위기 극복을 위해 장기적인 에너지시스템 전환의 비전을 반영하도록 보완해야 한다. 이를 위해서는 신재생 에너지를 반영하는 차세대 전력시장 제도 마련 및 전력망 관리체계 고도화와 더불어 지자체 및 지역주민의 적극적인 참여가 필요하다. 또한, 무엇보다도 신재생 에너지 생산 및 온실가스 감축을 위한 기존 기술의 한계를 뛰어넘는 혁신적인 기술 개발이 시급하다.

■ 한국판 뉴딜 비전 및 정책 방향

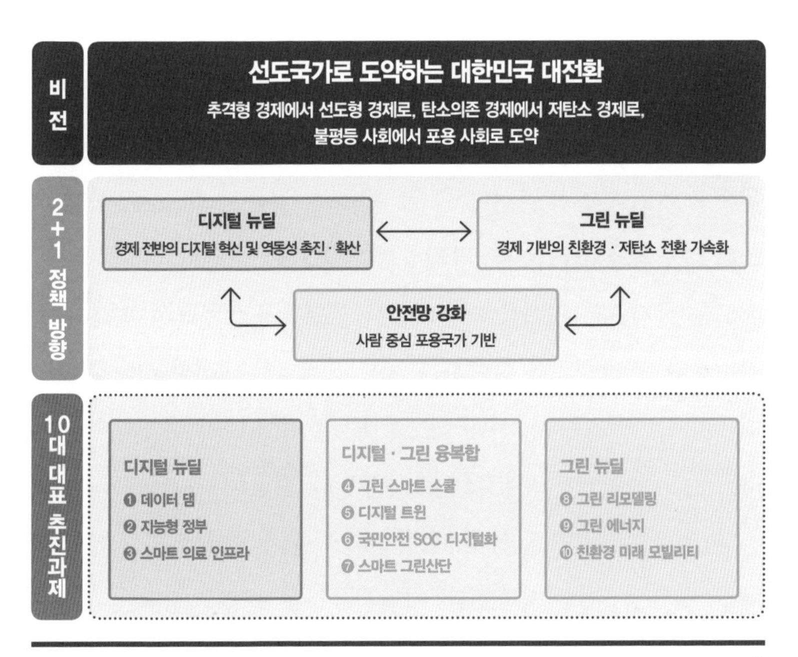

출처: 대한민국 정책브리핑(2020.7.22)[28]

우리 경제 · 사회 미래 전망

우리나라 경제와 사회의 미래는 탄소중립 대응 여부에 따라 좌우된다고 해도 과언이 아니다. 무역의존도가 높은 우리 경제·산업 구조의 특수성을 고려할 때, 파리협정 이행으로 구축될 신기후체제와 새로운 국제질서에 대응하기 위해서는 경제구조 부문의 변화가 불가피하다. 탄소중립을 지향하는 국제 경제질서 대전환 시대를 맞아 미온적으로 대응할지, 선제적으로 대응할지에 따라 미래의 우리나라 모습은 확연히 달라질 것으로 예상된다.

미온적으로 대응할 경우, 주력 산업의 투자 및 글로벌 소싱 기회 제한 등 수출, 해외 자금조달, 기업신용등급 등에 부정적인 영향을 초래할 것이다. 특히, EU와 미국 등이 탄소국경세를 도입하면 석유

화학·철강 등 고탄소 집약적인 국내 주력 산업이 상당한 타격을 입을 전망이다. 반면에 선제적으로 대응한다면 산업구조의 저탄소화 및 신산업 육성 등 '탄소중립+경제성장+삶의 질 향상'을 동시에 실현할 수 있다. 현재 우리나라가 우수한 기술력을 확보한 배터리·수소 등 저탄소 기술, 디지털 기술, 혁신역량 등은 미래 탄소중립 실현에 강점으로 작용할 것이다. 한국판 뉴딜을 통해 디지털과 그린을 융합한 혁신적 사업들을 성공적으로 추진한다면 탄소중립의 가속화가 가능할 것이며, 이를 위해 기초·원천 연구 성과를 기반으로 기존 기술의 한계를 뛰어넘는 혁신적인 미래선도 기술개발이 필요하다.

■ 우리 혁신역량·부문별 기술의 우수성을 보여주는 지표·사례

분야	지표 · 사례
수송	• 전기차 배터리 세계시장 점유율 1위 • '19년 수소차 글로벌 판매 1위 • 연료전지 발전량 세계 40%
에너지	• ESS(Energy Storage System) 세계시장 점유율 1위 • 한국의 'ESS 안전 시험방법 및 절차'가 국제표준안으로 채택
과학기술	• 친환경 바이오화학산업의 근간이 되는 시스템대사공학 기술 세계 최초 확립 • 페로브스카이트 태양전지 기술(→세계 최고 효율 25.5% 달성)
순환경제	• 한국의 1인당 폐기물 발생량: 300kg ↔ OECD 평균: 500kg • 한국의 폐기물 재활용률: 86.1% ↔ OECD 평균: 30%
산업 전반	• 블룸버그 혁신지수: '12년 이후 9년 연속 세계 Top 3 • IMD 디지털 경쟁력 평가 8위('20년)

출처: 대한민국 정책브리핑(2020.12.7)[29]

- 왜 수소 에너지인가?
- 수소 에너지 핵심기술
- 수소 에너지 사회 진입을 위한 방안
- 수소 에너지 분야의 UNIST 연구 현황
- 수소 에너지와 탄소중립

CHAPTER 2

수소 에너지

| 임한권 |

왜 수소 에너지인가?

지난 2020년 여름의 북반구는 141년 만에 가장 더운 여름을 보냈다. 사라지는 빙하, 꺼지지 않는 산불, 긴 장마와 강력한 태풍, 아시아를 강타한 홍수와 폭우는 지구온난화로 인한 세계 기후변화를 여실히 느끼게 해주었다. 특히, 지난해 한국은 기후변화와 지구온난화를 가속화하는 주요 국가라며 '기후 악당'으로 불리기까지 했다. 기후변화는 인간이 경제생활을 하며 발생시키는 온실가스로 인해 지구의 온도를 상승시켜 생긴다고 알려져 있다. 이러한 상황에서 국내에서는 에너지 전환을 통한 탈탄소화를 위해 태양광, 풍력 등 다양한 신재생 에너지원이 거론되고 있지만, 그중에서도 최고의 블루오션으로 손꼽히는 것이 바로 '수소 에너지'다. 이러한 사정은 해외에서도 마찬가지다. 왜 국내뿐만 아니라 세계 여러 국가에서 수소를 주목할까? 가장 큰 이유는 아마도 '친환경성' 때문일 것이다. 수소는 연소하는 동안 탄소를 배출하는 화석연료와 달리 해로운 부산물을 매우 적게 배출한다. 이러한 친환경성 덕분에 수소에 관한 관심은 날로 높아지고 있다.

더 나아가 태양광, 풍력 등과 같은 신재생 에너지 발전은 전 세계적으로 기상·기후·지역 등의 영향을 크게 받으며, 신재생 에너지 발전 비중이 증가하면 전력계통 안정성이 저하되고 유휴전력 문제가 생길 수 있어 '에너지 저장'이 반드시 뒤따라야 한다. 이러한 문제를 원활히 해결하기 위해 국내외에서 거론되고 있는 것이 바로 신재생 에너지로 생산한 전력을 활용하여 물을 전기분해하고 수소를 생산(저장)한 후, 연료전지로 발전하는 방법이다. 이 방법은 신재생 에너지 확대로 인해 발생하는 문제점을 해결할 수 있을 뿐만 아니라, 에너지 사용 전 과정에서 이산화탄소 배출량 0(Zero)을 달성할 수 있는 효과적인 방법으로 최근 많은 관심을 받고 있다.

또한, 수소는 현재 사용 중인 화석 에너지 기반 연료와 비교했을 때 질량당 포함하는 에너지의 양이 휘발유의 4배에 해당할 정도로 크며, 이는 같은 양의 연료로 4배의 에너지를 낼 수 있음을 뜻한다. 이렇게 생산된 수소는 암모니아 제조, 화학/정유 산업, 전력 산업, 금속/유리 산업, 식품 산업 등 다양한 분야에 활용할 수 있다는 점에서 매력적인 미래 에너지원이다.

■ 미국 에너지부 그린 수소경제 개략도

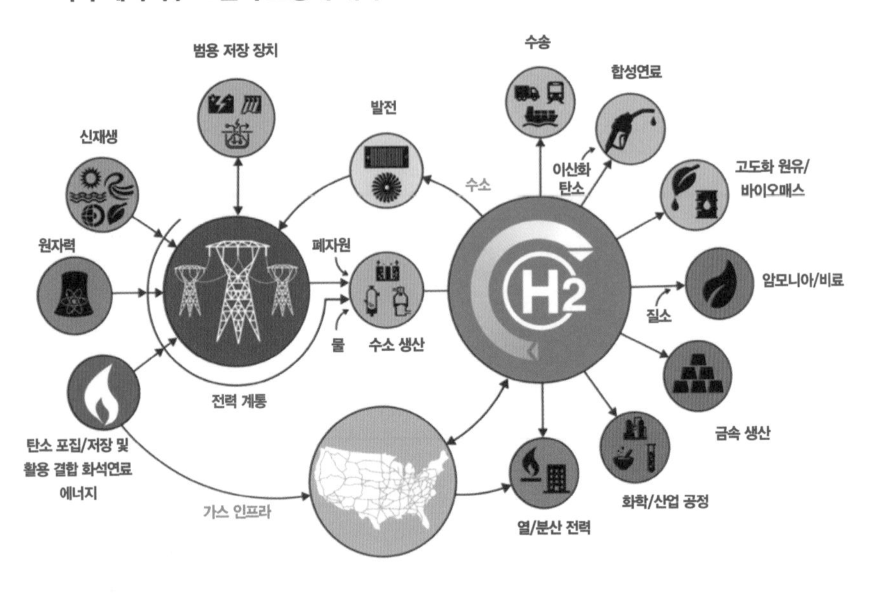

출처: Pivovar, Rustagi, and Satyapal(2018)[1]

한국은 2019년 '수소 경제 활성화 로드맵'을 발표했다. 이 로드맵은 기존 '탄소' 중심 에너지원을 '수소' 중심 에너지원으로 전환해 경제사회를 실현하는 것을 목표로 하며, 이를 통해 환경·에너지·사회·경제 등 다양한 분야에서 발생하는 여러 가지 문제점들을 해결할 수 있을 것으로 기대된다. 게다가 2020년 1월에는 세계 최초로 「수소법」이 국회를 통과했다.

이러한 미래 대표 친환경 에너지원인 수소는 생산 방식에 따라

두 얼굴을 가진 아수라 백작과 같은 양면성을 지닌다. 앞서 언급한 것과 같이, 신재생 에너지 발전으로 생산한 전기를 활용하여 수전해를 통해 만들어지는 수소는 대표적인 친환경 에너지원이다. 하지만 아이러니하게도 현재 전 세계 수소 생산의 약 50%를 차지하는 천연가스 개질 반응은 에너지 요구량이 높은 탓에 이산화탄소가 대량 발생하는 대표적인 화석연료 기반 수소 생산 방식이다. 따라서 친환경 에너지원인 수소 에너지를 어떻게 생산하고, 저장하고, 활용할 것인지를 다양한 시각으로 알아볼 필요가 있다.

수소 에너지 핵심기술

수소 생산 기술

18세기 산업혁명이 일어난 이래, 과도한 화석연료 사용으로 인한 온실가스 배출이 최근 들어 전 세계에서 심각한 문제로 떠오르고 있다. 이에 따라 화석연료 기반에서 친환경 에너지 기반으로 에너지 패러다임Energy paradigm 전환이 이루어지고 있으며, 그중에서도 수소는 신재생 에너지를 활용해 이산화탄소 등의 온실가스를 방출하지 않는 방법을 사용하는 친환경 에너지원으로 주목받고 있다.

하지만 현재 생산되는 수소는 대부분 천연가스 및 석탄 등의 화석연료를 가열하는 방식으로 생산된다. 이 방식은 천연가스 수증기 개질SMR: Steam methane reforming 및 석탄 가스화Coal gasification 반응이라고 하는데, 수소뿐만 아니라 이산화탄소도 부산물로 생성되므로 궁극적인 친환경 에너지원이라고 말하기는 어렵다.

이에 궁극적으로 친환경적인 에너지원인 수소를 생산하기 위해 앞서 언급한 재생 에너지를 이용해 수소를 생산하는 방식이 주목받고 있으며, 그 한 가지 예로 태양 에너지나 풍력 에너지와 같은 재생 에너지를 활용해 물을 전기화학적으로 분리하여 수소를 생산하는 수전해Water electrolysis 방법을 들 수 있다.

■ **수소 생산 방식에 따른 분류**

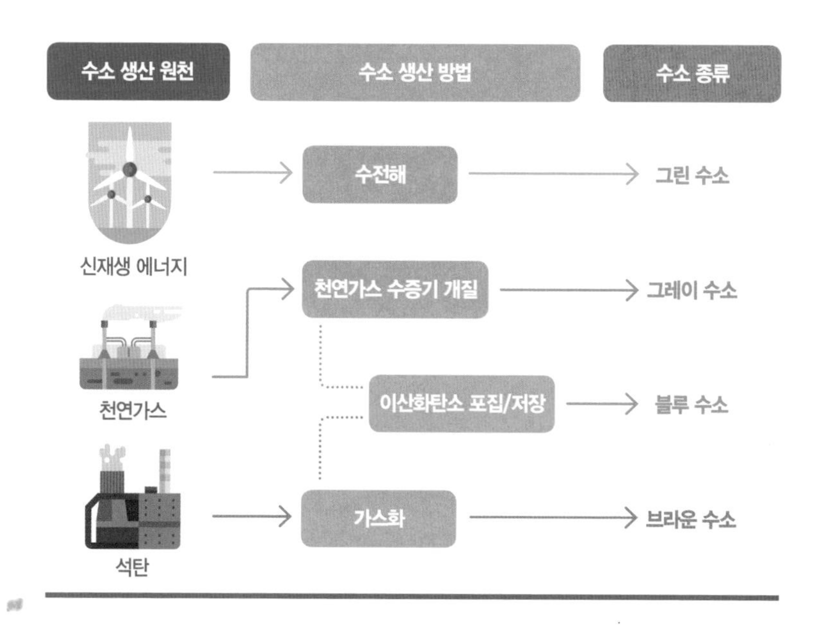

최근에는 이처럼 다양한 수소 생산 방법을 크게 4가지로 구분하고 있다. 먼저 이산화탄소를 부산물로 생성하는 천연가스 수증기 개질 반응을 통해 생산하는 수소를 그레이Gray 수소라고 한다. 그리고 석탄 가스화 반응을 통해 생산하는 수소를 브라운Brown 수소라고 하며, 천연가스 수증기 개질과 석탄 가스화 반응 공정의 후반부에 탄소 포집 및 저장CCS: Carbon capture and storage 기술을 적용해 생산하는 수소를 블루Blue 수소, 마지막으로 재생 에너지를 활용한 수전해로 생산하는 수소를 그린Green 수소라고 한다.

그레이(Gray) 수소

천연가스 수증기 개질은 현존하는 수소 생산 방법 중 전 세계 수소 생산의 48%를 차지할 만큼 가장 많이 사용되는 방법이다. 천연가스 수증기 개질 반응은 메탄(CH_4)과 수증기(H_2O)를 고온에서 반응시켜 수소(H_2)를 생산하는 방법으로 반응식은 다음 세 가지 식과 같다.

$$CH_4 + H_2O \rightleftarrows CO + 3H_2$$

$$CO + H_2O \rightleftarrows CO_2 + H_2$$

$$CH_4 + 2H_2O \rightleftarrows CO_2 + 4H_2$$

천연가스 수증기 개질 반응은 외부에서 많은 열에너지 공급을 필요로 한다. 반응기 내부에 촉매가 충전된 고정층Fixed-bed 반응기를 사용하며, 촉매로는 주로 경제성과 활성도 측면에서 우수한 니켈Nickel계 촉매를 사용한다. 천연가스 수증기 개질 반응을 통해 생성된 일산화탄소(CO)는 두 번째 반응식인 수성 가스 전환 반응Water-gas shift reaction을 통해 수소를 추가로 생산하는 과정을 거친다. 수성 가스 전환 반응은 발열 반응으로, 일산화탄소와 물이 반응해 이산화탄소(CO_2)와 수소를 생성한다.

이렇게 생산된 수소에는 불순물이 포함되어 있어 정제하는 과정이 필요하다. 정제에는 가압교대 흡착 장치PSA: Pressure swing adsorption를 이용한다. 이 장치 안에는 불순물을 흡착하는 흡착제가 있어서, 이 장치에 앞에서 생산된 수소를 통과시키면 최종적으로 고순도의 수소를 얻을 수 있다. 이것이 바로 그레이Gray 수소다.

브라운(Brown) 수소

석탄은 화석연료 중에서 원유나 천연가스와 비교하면 가채매장량(현재 시행 중인 채취 방법을 통해 원가 수준으로 캘 수 있는 광업 자원의 매장량)이 많고, 전 세계적으로 고르게 분포되어 있어 친환경 에너지원으로 대체하기 전까지 적극적으로 사용할 수 있는 에너지원이다. 하지만 석탄은 수소를 생산할 때 같은 조건에서 다른 화석연료보다 더 많은 이산화탄소를 발생시킨다. 따라서 친환경 및 고효율로 전환할 수 있는 기술이 요구되며, 이에 해당하는 기술로 석탄 가스화 기술이 있다.

석탄 가스화 기술은 고온, 고압의 가스화기 내부에서 석탄과 산소가 함께 일으키는 불완전연소 반응을 통해 일산화탄소와 수소를 생산하는 기술이다. 석탄 종류 및 반응조건에 따라 생성되는 가스의 성분이 달라지며 공급 원료에 따라 건식가스화 기술과 습식가스화 기술로 나뉜다. 건식가스화 기술은 석탄을 미세하게 분쇄하여 이용하는 것으로, 분쇄된 석탄을 수송하는 설비의 가격이 비싸다는 단점이 있지만 열효율이 높아 전체 시스템 효율이 높다는 장점이 있다. 습식가스화 기술은 건식가스화 기술과 달리 분쇄된 석탄을 물과 혼합한 슬러리 상태로 가스화기 내부로 공급하는 기술이다. 슬러리를 이송하는 장치의 가격은 낮지만, 다량의 수분으로 인해 열이 손실되면서 열효율이 낮아져 전체 시스템 효율 또한 낮아진다는 단점이 있다.

석탄 가스화 기술 중 수소를 생산하는 석탄 가스화복합발전 시스템은 크게 가스화, 정제, 발전의 세 부분으로 나뉜다. 가스화 부분에서는 앞에서 언급한 것과 같이 건식가스화 및 습식가스화를 통해 일산화탄소, 수소 등이 포함된 합성가스를 생성한다. 그 후 정제 부분에서는 생성된 합성가스 내의 오염가스 및 분진, 황 등을 제거하는 기술로서 먼지와 황화물질을 제거하는 집진장치와 탈황장치 등이 사용된다. 마지막으로, 발전 부분에서는 정제된 가스의 운동 에너지와 열에너지를 사용해 가스터빈과 증기터빈을 돌려 전기를 생산한다. 이는 공정의 에너지 효율을 높이는 효과가 있다.

한국이 수소 사회로 진입하기 위해서 가장 중요한 것은 수소 생

■ 가스 정제공정 흐름도

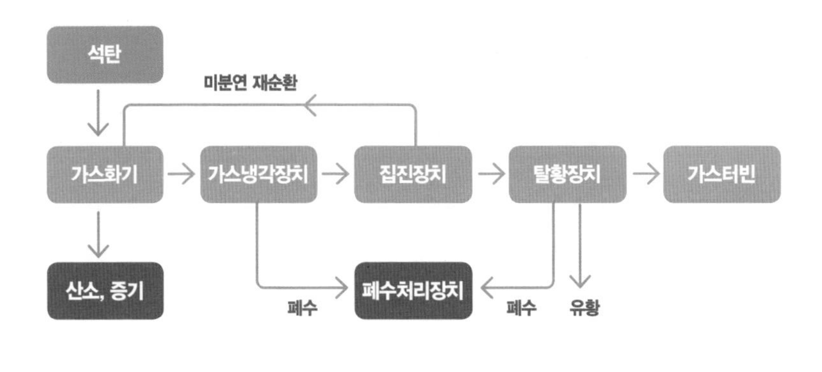

출처: 한국에너지공단 신·재생에너지센터[2]

산단가를 낮춰 공급을 용이하게 하는 것이다. 그 일환으로 갈탄 활용 석탄 가스화를 통한 수소 생산 방법이 주목받고 있다. 갈탄은 석탄 중에서도 발열량이 적어 연료로 쓰이지 않는 데다 전 세계 석탄 매장량의 약 45% 정도를 차지해, 갈탄 활용 석탄 가스화 기술 사용 시 다른 기술 대비 저렴하게 수소를 생산할 수 있는 이점이 있다.

정부에서는 이러한 갈탄을 이용해 남·북·러 경협 갈탄 활용 수소 생산 프로젝트를 진행하고 있다. 남북한의 경제 협력은 물론 북한과 러시아에서 저렴한 갈탄을 수입해 신뢰할 수 있는 수소 공급망을 구축하는 것이 이 프로젝트의 목표다. 일본은 이미 호주와 연계하여 갈탄을 이용한 수소 생산 프로젝트를 진행하고 있다. 호주의 갈탄 매장량은 약 2,000억 톤에 달하는 것으로 추정되는데, 이를 모두 수소 생산에 활용할 경우 일본의 현재 발전량 기준으로 240년 동안 사용 가능한 양에 육박한다. 북한에는 약 160억 톤, 러시아에는 약 1조 3,000억 톤의 갈탄이 매장되어 있는 것으로 추정된다.

현재 국내에서 갈탄을 활용한 브라운Brown 수소 생산과 관련한 기술은 고등기술연구원과 한국에너지기술연구원에서 보유하고 있으며, 생산기술원에서는 후처리 공정에서 고순도 수소를 얻을 수 있는 정제 및 분리 기술을 담당하고 있다. 하지만 아직 상용화 단계가 아닌 파일럿Pilot 규모의 플랜트 수준이어서 하루 10톤가량의 갈탄을 처리하는 정도이고, 2025년까지 갈탄 활용 석탄 가스화를 통한 수소 생산 공정 기술을 상용 플랜트 수준으로 확보하는 것을 목표로 하고 있다.

블루(Blue) 수소

앞에서 언급한 것과 같이 천연가스 수증기 개질 반응 및 석탄 가스화를 통한 수소 생산이 이산화탄소를 부산물로 생산하는 단점이 있음에도 널리 사용되는 이유는 다른 생산 방식 대비 가격 경쟁력이 높기 때문이다. 하지만 통상 수소 1kg을 생산할 때 이산화탄소도 약 12kg가 생산되는 것으로 알려져 있다. 이에 이산화탄소 배출이 없는 친환경 에너지인 수소를 만들기 위해 그보다 더 많은 양의 온실가스를 배출하는 역설을 해결하고자, 해당 기술을 통해 생성되는 이산화탄소의 대기 중 배출량을 줄이는 방법에 관한 연구가 그간 활발히 이루어져 왔다. 그 결과, 수소를 생산한 후 발생하는 이산화탄소를 포집하고 이를 저장하는 기술이 도입되고 있다. 이렇게 천연가스 수증기 개질 반응 및 석탄 가스화 과정에서 생성된 이산화탄소를 포집 및 저장하는 과정을 포함하여 만들어지는 수소를 블루Blue 수소라고 한다.

탄소 포집 후 저장 및 전환 기술은 앞에서 언급한 천연가스 수증기 개질 및 석탄 가스화 공정과 같은 이산화탄소 대량 발생원으로부터 이산화탄소를 포집하고, 이를 지중/해양 내에 저장하는 기술과 유용한 물질로 전환하여 사용하는 기술을 의미한다.

■ **블루 수소 생산 공정 흐름도**

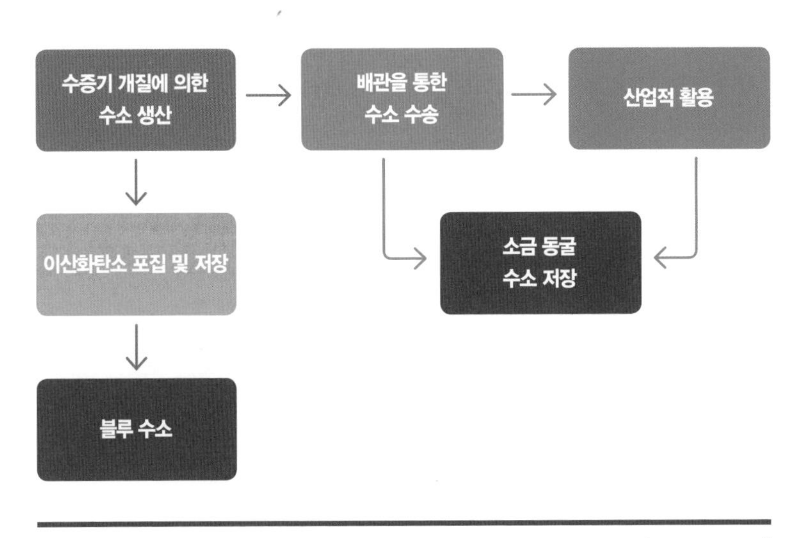

출처: CE Delft(2018)[3]

■ 이산화탄소 포집 관련 기술 개요도

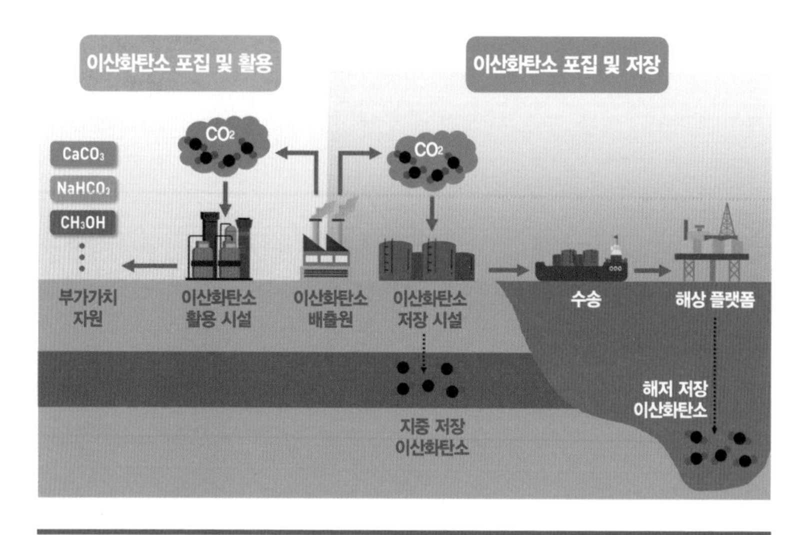

이산화탄소 포집 관련 기술은 크게 세 가지로 구분할 수 있다. 첫 번째는 연소 후 배기가스에 들어 있는 이산화탄소를 흡수제를 사용해 흡착 또는 탈착하여 분리하는 '연소 후 포집 기술', 두 번째는 화석연료에 포함된 탄소 성분을 연소 전에 제거하는 기술인 '연소 전 포집 기술', 세 번째는 질소 성분을 미리 배제한 고순도 산소를 공기 대신 주입하는 기술인 '순산소 연소 포집 기술'이다.

이 중 화석연료 기반 수소 생산 방법과 연계된 이산화탄소를 포집하는 데는 연소 전 포집 기술이 가장 경제적이고, 그런 만큼 현재 상용화되어 있다. 연소 후 포집 기술은 연소 전 포집 기술보다 경제적인 측면에서 약 2배의 비용이 요구되므로 흡수제 효율 향상 등의 기술 개발이 필요한 실정이다. 순산소 연소 포집 기술은 대기오염물질 없이 고순도의 이산화탄소를 포집하는 데 용이하지만, 에너지 소모 측면과 열교환기 향상 등의 기술 개발이 필요하다. 현재 연소 전 탄소 포집 및 저장 기술로는 메틸디에탄올아민MDEA: Methyl diethanolamine 용매를 사용하는 것이 일반적이다.

이렇게 포집된 이산화탄소는 해양과 대지에 저장하거나, 화학적인 방법을 거쳐 유용한 물질로 만들 수 있다. 하지만 탄소 포집 및 저장 기술을 도입하기 위해서는 반응기와 물질들이 추가로 필요하기 때문에 공정 가동비용과 설비비용이 증가하고, 전체 에너지 효율도 감소한다는 단점이 있다. 따라서 추가적인 기술개발을 통해 고효율의 경제적인 탄소 포집 및 저장 기술을 개발할 필요가 있다.

그린(Green) 수소

수소를 생산하는 방식 중 온실가스를 배출하는 화석연료 기반 방법 이외에 전기 에너지로 물을 분해하여 수소를 생산하는 수전해 방법이 주목받고 있다. 특히, 전기 에너지를 태양광이나 풍력과 같은 신재생 에너지로부터 공급받는 수전해로 생산되는 수소를 그린Green 수소라고 한다. 수전해는 다양한 수소 생산 방식 중에서도 온실가스 배출이 근본적으로 적다는 점에서 가장 친환경적인 수소 생산 방식으로 손꼽힌다.

수전해 기술은 전기화학 반응을 통해 물(H_2O)로부터 수소와 산소를 생산하는 방법으로, 수소와 산소 기체가 발생하는 양극과 음극, 수소와 산소의 혼합을 막아주는 분리막으로 이루어진 수전해 셀 내에서 일어나는 반응을 활용한다. 수전해 셀은 수전해 설비 효율에 크게 영향을 미치는데, 아직 우리나라는 수전해 기술 관련 연구개발의 역사가 짧고, 일본이나 노르웨이 등과 같은 국가들에 비해 관련 시장의 크기가 크지 않아 수전해 설비 효율 향상 기술에 관한 연구개발이 지속적으로 필요한 실정이다.

현재 대표적인 수전해 방식으로는 고분자 전해질막 수전해PEMEL: Polymer Electrolyte Membrane Electrolysis, 알칼리 수전해AE: Alkaline Electrolysis, 고체산화물 수전해SOEL: Solid Oxide Electrolysis가 있다.

고분자 전해질막 수전해는 수소 이온이 이동하는 양이온교환막을 전해질로 사용하는 방식으로, 이때 사용되는 양이온교환막은 수소 이온이 잘 해리(분자가 원자나 이온, 더 작은 분자로 나뉘는 화학적 현상)되는 구조로서 강한 산성을 띠는 특징이 있다.

고분자 전해질막 수전해는 백금 등 고가의 귀금속 촉매를 사용하므로 다른 방법들에 비해 초기 시설비가 많이 드는 단점이 있다. 하지만 전류밀도(단위 면적당 흐르는 전류의 양)가 매우 높아서 상대적으로 설비가 간결하고, 시동 시간이 10초 이내로 매우 빠르며, 생산되는 수소의 순도가 높다. 현재 상업화 초기 단계로 최근 대용량 수전해 장치를 상업화하기 위한 노력을 지속하고 있다.

■ 수전해 방식 비교

	고분자 전해질막 수전해	알칼리 수전해	고체산화물 수전해
전해질	양이온교환막 (Nafion)	알칼리 용액 (격막 + 25~30% KOH 등)	이온전도성 고체산화물(YSZ 등)
촉매	Pt, Ir 등	Ni/Fe 등	Ni 도핑 세라믹 등
작동온도/℃	50~80	60~90	700~1,000
작동압력/bar	20~448	10~30	1~15
전류밀도/A cm^{-2}	2~3	0.25~0.45	0.3~1.0
시동 소요시간	〈 10초	1~5분	15분
스택효율/% LHV	60~68	51~60	76~81
시스템효율/% LHV	46~60	63~71	100
에너지소비/kWh Nm^{-3}	5.0~6.5	5.0~5.9	3.7~3.9
최대전력/kW	6,000	2,000	〈 10
내구성/1,000hr	60~100	55~120	8~20
초기비용/원 kW^{-1}	1,870,000~2,810,000	1,070,000~2,000,000	2,680,000
유지비용/%	3~5	2~3	

출처: Buttler and Spliethoff(2018)[4]

알칼리 수전해는 산화 전극과 환원 전극이 다공질(물질의 내부나 표면에 작은 구멍이 많이 있는 특징) 격막에 의해 분리되는 수전해 셀을 통해 이루어지며, 수산화나트륨이나 수산화칼륨 수용액을 전해질로 사용한다. 비교적 높은 이온 전도도로 인해 전류밀도가 상대적으로 낮고, 전해질의 특성으로 인해 수소의 순도 또한 상대적으로 낮다. 하지만 귀금속 촉매를 사용하는 고분자 전해질막 수전해와 달리 니켈, 코발트, 은과 같은 안정적인 전이금속을 전극 촉매로 사용하므로, 앞서 언급한 수전해 방식 중 가장 적은 초기비용으로 설비를 구축할 수 있어 경제적이라는 장점이 있다. 이러한 특성으로 인해 알칼리 수전해는 20세기 초부터 대용량 수소 발생장치의 원천 기술로서 쓰였으며, 현재 많은 제조업체에서 상업화된 제품이 판매되고 있다.

고체산화물 수전해는 산소 이온이 이동할 수 있는 고체산화물(고체 상태의 산소와 다른 원소와의 화합물을 통틀어 이르는 말)을 전해질로 사용하는 방식으로, 에너지 효율이 80% 이상으로 높고, 전류밀도도 고분자 전해질막 수전해 다음으로 크다는 장점이 있다. 하지만 시동 시간이 길고, 다른 수전해 방식과 달리 단위 셀이나 소형 스택(여기서 수전해는 여러 개의 단위 셀로 구성된 스택을 이룬다) 범위와 같이 연구 진척이 느린 편이라 아직 상용화되지 못했다. 하지만 스택 효율과 시스템 효율이 다른 시스템에 비해 월등히 높아 지속적인 연구가 필요할 것으로 보인다.

수소 저장 기술

수소는 여러 원료로부터 생산해 낼 수 있으므로 다양한 수소 생산 방식을 개발하는 것도 중요하지만, 수소를 대체에너지로 사용하기 위해서는 수소를 어떻게 저장/운송할지가 매우 중요한 문제다. 수소는 보통 상태에서는 기체 상태로 존재하므로 부피가 매우 크다. 에너지로 사용할 물질이 기체로 존재하면 부피가 매우 크다 보니 저장하려면 매우 큰 저장 장치가 필요하다. 이러한 이유에서 상대적으로 부피가 작은 액체 상태로 저장하는 것이 효율적이지만, 수소는 끓는점이 −253°C로 매우 낮아 인간이 다루기에 매우 어렵다. 따라서

■ **수소 저장 방식 분류**

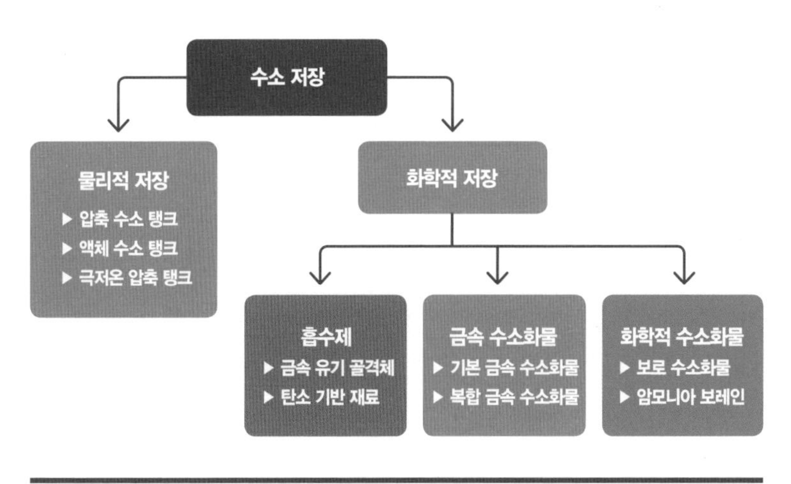

출처: Hwang and Vanrma(2014)[5]

수소를 저장하는 여러 방식에 관한 연구가 꾸준히 진행되었는데, 방법에 따라 크게 물리적 저장과 화학적 저장으로 나뉜다.

고압 수소

고압 수소는 기체 상태의 수소에 매우 높은 압력을 가해 부피를 줄여 고압가스를 취급하는 압력용기에 저장하는 방식이다. 이 방법은 앞에서 언급한 수소를 저장하는 방식 중 상용화 가능성이 가장 큰 기술 중 하나로 주목받고 있다. 다른 수소 저장 방식보다 공정을 이루는 구성이 단순해서 경제적이며, 다음에 설명할 액화 수소 다음으로 저장효율이 우수하다.

고압 수소를 저장하는 압력용기는 용기를 만들 때 사용하는 재료와 그 재료들을 고압에서 견딜 수 있도록 강화하는 방법에 따라 요구되는 특성이 다양하다. 수소를 저장하기 위해서 압력을 높이면 용기 내부의 압력을 버티기 위해 용기의 두께가 계속해서 증가하기 때문에 용기 전체 무게가 무거워져 비효율적이게 된다. 즉, 액체보다 부피가 큰 기체의 특성으로 인해 저장할 수 있는 용기의 용량에 한계가 있으며, 이는 대용량 저장이 어려움을 의미한다.

또한, 용기의 질량이 증가하면 이를 운송할 때 더 많은 에너지와 비용이 요구되며, 고압으로 저장된 수소를 충전소에서 보관하고 주입하는 데도 100m^2 이상의 넓은 부지 면적과 그로 인한 높은 건설비용, 12시간 이상의 많은 시간이 요구된다. 고압 수소를 담은 압축 용기는 내부 가스의 충전과 방전 시 −40℃와 85℃를 오가는 환경에 노출된다. 이러한 환경에서 목표수명인 20년간 사용하기 위해서는 최소 5,000회의 반복 내구성을 확보해야 한다. 수소누설, 압력변화에 따른 열화 등 안전성을 고려해 개선된 고압용기 개발도 필요하다. 수소 전기차에 사용되는 차량용 용기는 연비와 가격에 직접적인 영향을 미치기 때문에 저렴한 가격으로 가볍게 만드는 것이 중요하다.

액화 수소

액화 수소는 생산된 기체 상태의 수소를 초저온 냉동기술을 통해 대기압에서 −253℃ 이하로 냉각하여 액체 상태로 저장하는 방법이다. 액체 상태의 수소는 기체 상태의 수소에 비해 부피는 800배 작고 밀도는 780배 크다. 이러한 특성으로 인해 액화 수소의 저장압력은 통상 3bar 미만이며, 밀도와 안전성 측면에서 비교했을 때 매우 유리한 저장 방식이라고 할 수 있다.

액화 수소로 운송하는 방식은 고압 수소로 저장하여 운송하는 경우에 비해 운송 효율이 10배 이상 높고, 운송 후 사용처에서 간단하게 기화하여 기체 상태로 만들어 즉시 활용이 가능하다는 장점이 있다. 또한, 현재 널리 사용되고 있는 도시가스와 같은 LNG의 저장 방법인 초저온 저장 방식과 개념이 같아 이미 존재하는 기존 인프라를 사용할 수 있다는 것도 장점이다.

초저온 냉동기술을 이용하여 기체 상태의 수소를 액체로 만드는 시스템은 열을 빼앗는 물질인 냉매를 사용하며 냉매의 압축, 냉각, 팽창, 그리고 열을 흡수하는 순환 과정을 기반으로 이루어진다. 이러한 순환 과정은 냉동시키는 물질의 용량과 용도에 따라 상용화되는 공정이 다르다.

냉동사이클을 통해 생산된 액화 수소를 저장 탱크에 저장한 후 운송하는 동안 수소 증발가스Boil-off gas가 발생하는데, 이로 인해 액화 수소에 손실이 생긴다. 액화 수소의 손실은 저장 용기 내부와 외부의 온도 차이에 의해서도 발생하며, 수소는 액화천연가스에 비해 약 10배 높은 기화율을 가지고 있다. 따라서 액화 수소의 손실을 예방하기 위해 관련 기술에 대한 심도 있는 연구가 필요하다.

수소 저장 합금

수소 저장 합금은 수소를 고체 물질의 내부 혹은 표면에 주입하여 고체 형태로 저장하는 방식이다. 우리가 주변에서 흔히 보는 금속은 겉보기에는 균일해 보이지만, 사실 금속 내부에는 매우 작은 결정으로 이루어진 격자가 존재한다. 수소는 우주에 존재하는 원소 중 가장 작고 가벼운 물질로 상온·저압 조건에서 금속의 작은 결정 격자 사이 혹은 표면에 들어갈 수 있다. 이러한 특성을 이용해 다양한 금속 화합물의 형태로 수소를 저장하는 연구가 활발히 진행되고 있다.

수소 분자는 금속에 접근한 뒤 내부 혹은 표면에서 원자 상태로 분해되며, 원자 상태의 수소는 금속의 원자 구조 사이로 확산하며 흡수된다. 수소 저장 합금에 수소를 쉽게 저장하기 위해서는 수소와 금속 간의 성질이 비슷한 친화성이 요구된다. 따라서 활성탄이나 타이타늄과 같이 질량 대비 표면적이 넓거나 공극률(전체 부피에서 빈틈이 차지하는 비율)이 크고 수소와 결합력이 높은 물질이 주로 사용된다.

■ 고압 수소 vs 수소 저장 합금의 수소 저장 방식 비교

방법	고압 수소	수소 저장 합금
저장 방법	상온·초고압 700bar	고체수소 저장 상온·상압(10bar 이하) 표준 상태 수소 1,000배 저장
내용	상온 압축 저장, 보급기술	고밀도, 고안전성, 상온 고체 저장
규제 법규	고압안전관리법 등	10bar 이하 고체 저장 방식으로 규제 제외
설치 장소	초고압 실내 적용 불가	상압 저장 실내외 모두 적용 가능
소요 부지	300~400평	10평 이하
기존 인프라 적용 (주유소/가스충전소)	넓은 소유부지 필요, 기존 인프라 적용 불가	콤팩트한 스테이션 구축, 기존 인프라 이용 가능
기대 효과	고압가스 안전인식 부재로 민원 발생, 접근성 좋은 도심의 기존 인프라 이용 불가, 추가 확장 시 과다한 비용 증가	기존 인프라 이용으로 투자 비용 절감, 추후 확장 용이, 미래산업 유치 및 지역산업 활성화

출처: 월간수소경제(2019.11.5)[6]

수소 저장 합금을 통해 수소를 저장하는 방식은 고압 수소, 액화 수소와 달리 상온과 낮은 압력에서도 비교적 높은 저장 밀도로 수소를 흡수할 수 있고, 온도·압력 조건을 조정해 수소를 비교적 쉽게 다시 방출할 수 있다는 장점이 있다. 특히, 수소 저장 합금으로부터 수소를 다시 방출하는 과정은 열에너지를 요구하는 흡열 반응으로서, 특정 열에너지가 없는 이상 수소가 급격히 팽창하는 문제점을 방지할 수 있다. 또한, 수소가 흡수·방출되는 과정이 고압 수소와 비교할 때 굉장히 낮은 압력에서 이뤄지기 때문에 수소가 폭발하는 위험에서부터 자유롭다. 하지만 수소를 다시 방출하는 과정에 높은 열에너지가 필요해 많은 비용이 들고, 액화 수소와 비교하면 무게 대비 수소 저장량이 적어 분산형 수소 저장 시스템에 적합하지 않다는 단점을 가지고 있다.

액상 유기 수소 운반체

액상 유기 수소 운반체는 상온·상압과 유사한 온도·압력 조건에서 액상 형태로 수소를 저장하는 방법을 말한다. 앞서 언급했듯이 상온에서 기체 상태인 고압 수소는 부피가 커서 발생하는 문제로 인해 저장과 운반에 제약이 있다. 액화 수소는 액체 상태를 유지하기 위해 저온·고압 환경이 필요하므로 많은 에너지가 요구되고 저장 용기 내에서 지속적인 손실이 일어난다. 그리고 수소 저장 합금은 비교적 안정적이지만 무게 대비 수소 저장량이 적다.

액상 유기 수소 운반체는 수소가 특정 유·무기화합물과 반응해 수소와 다른 물성을 가지는 화합물로서 수소를 저장 및 운송한다. 이후 수소의 흡수·재방출 과정을 통해 수소를 분리하며, 이에 사용된 해당 유·무기화합물이 제거되지 않고 수소의 지속적인 흡수·방출을 통해 재사용이 가능하다. 또한, 수소의 저장·운송이 액체 상태로 이루어지기 때문에 현재 주로 사용되는 가솔린과 같은 연료의 보급 인프라를 그대로 이용할 수 있다는 점에서 차세대 수소 저장·운

■ **액상 유기 수소 운반체를 이용한 수소 저장·운송 개략도**

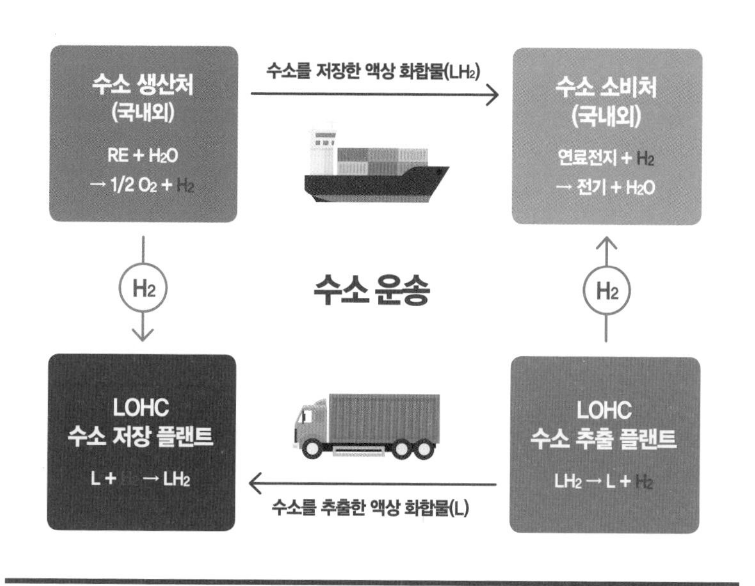

출처: 윤창원 외(2019)[7]

송 방식으로서 주목받고 있다.

액상 유기 수소 운반체를 이용한 수소 운반 기술은 현재 전 세계적으로 활발하게 개발되고 있다. 특히, 일본은 브루나이에서 수소와 함께 생산한 메틸사이클로헥세인MCH: Methyl-cyclohexane이라는 물질을 활용해 해상 선박으로 운송하는 과정을 거쳐 가와사키 해변에서 수소를 방출하는 실증 사업을 진행하고 있다. 독일 역시 디벤질-톨루엔DBT: Dibenzyl-toluene 물질 기반의 수소를 저장, 운송 그리고 재방출하는 기술을 확보한 바 있다. 국내에서도 다양한 액상 유기 수소 운반체 후보군에 관한 연구를 활발히 진행 중이다.

수소 활용 기술

수소는 석유 산업 및 케미칼, 식품 및 전자 제공 공정을 포함한 다양한 산업 분야에서 주로 이용되어 왔다. 최근에는 연료전지를 통해 에너지 생산 및 운송 분야에도 활용되고 있다. 이처럼 수소의 활용처는 무궁무진하다. 여기에서는 크게 수소충전소, 수소연료전지, 암모니아 생산, 화학/정유 산업의 네 가지만을 다뤄보고자 한다.

수소충전소

수소충전소란 내연기관 자동차의 연료인 경유나 휘발유를 충전하는 주유소처럼 수소차의 연료인 수소를 충전하기 위한 장소를 의미한다. 연료로 사용되는 수소는 매우 가볍고 부피가 큰 기체여서, 현재 상용화된 수소차는 수소를 효율적으로 저장하기 위해 높은 압력 상태로 수소를 저장하고 있다. 따라서 수소차에 높은 압력의 수소를 충전하기 위해서는 수소충전소가 더 높은 압력으로 운영되어야 한다. 이러한 고압가스의 안전한 취급을 위해 정부에서는 로드맵 수립, 안전관리자의 역량 강화를 위한 법정 교육 시행 등의 방법으로 안전성을 확보하고 있으며, 현재 국내 수소충전소에서는 가스기능

■ **수소충전소 안전관리**

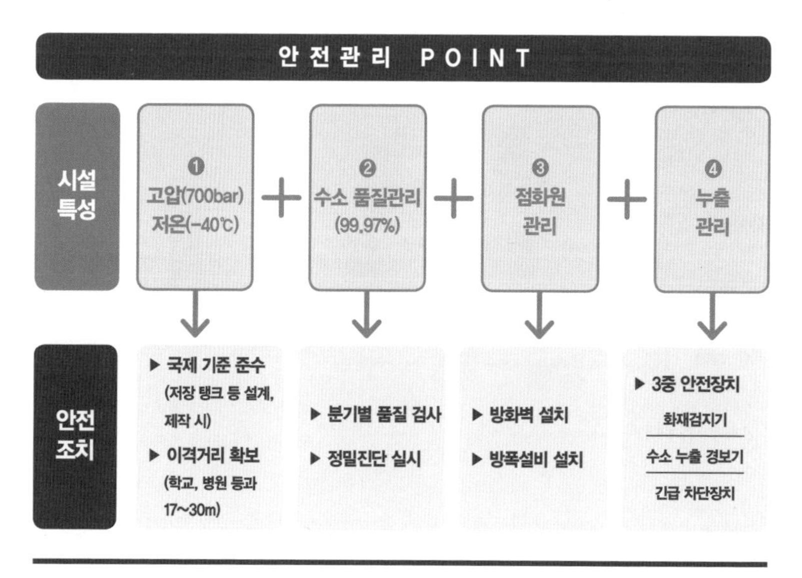

출처: 성윤모(2019)[8]

사 혹은 일반시설 안전관리자 양성 교육을 이수한 사람을 안전관리 책임자로 선임하도록 지정되어 있다.

수소충전소 구분

수소충전소는 수소를 생산하는 위치에 따라 크게 off-site와 on-site 수소충전소로 구분된다. Off-site 수소충전소는 충전소 이외의 지역에서 수소를 생산하여 충전소까지 수소를 운송한 후 공급하는 방식이다. 천연가스 개질 공정 등에서 생산된 대량의 수소를 파이프라인이나 고압의 수소가스 저장 용기에 담아 특장차로 운송하는 튜

■ 공급 방식에 따른 수소충전소 구분

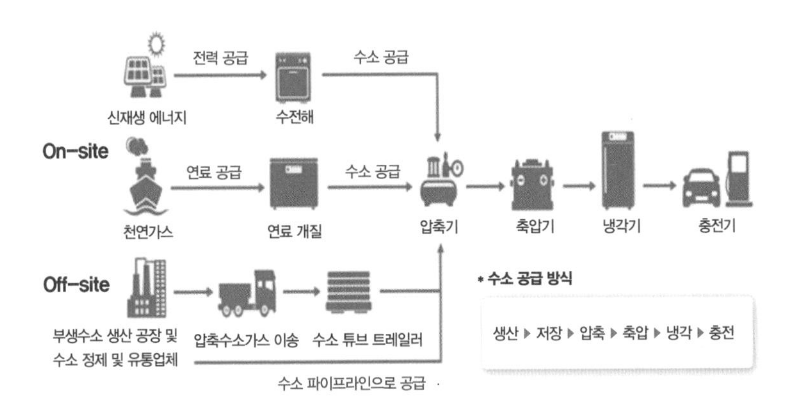

출처: 한국수소산업협회[9]

브 트레일러 운송 방식이 가장 널리 사용되고 있다. On-site 수소충전소는 충전소에서 자체적으로 수소를 생산하여 공급하는 방식을 의미한다. 현재 on-site 수소충전소 연계형 컨테이너 형태의 천연가스 개질기와 수전해 장치를 통한 수소 생산 방식이 활발히 연구되고 있다.

수소충전소 현황

2021년 기준 국내에 설치된 수소충전소는 56개소다. 수소차의 보급을 위해서는 수소충전소와 같은 인프라가 중요하지만, 국내에서는 여전히 수소충전소가 충분하지 않아 인해 접근성이 부족하고 충전하기도 어렵다. 2019년 발표된 '수소경제 활성화 로드맵'에 따르면 정부는 수소차의 활성화를 기반으로 하는 수소경제에 도달하기 위해 수소충전소를 2022년까지 310개소, 2040년까지 1,200개소 보급하는 것을 목표로 하고 있다. 하지만 현재 국내에 보급된 약 5,000대의 수소차 규모에서는 설비와 구축비용을 고려할 때 수소충전소 운영으로 경제성을 갖추기는 어렵다.

이에 현재 정부에서는 미국, 영국, 일본에서 시행하고 있는 수소충전소 운영비 지원을 검토 중이며, 입지 제한 및 이격거리 완화 등 규제 완화를 통해 민간 중심의 자생적인 수소충전소 보급을 확대하고자 노력하고 있다. 또한, 기존의 주유소 및 LPG · CNG 충전소를 활용하여 수소 충전도 가능한 형태인 복합충전소 구축을 늘리기 위해서도 노력하고 있다. 복합충전소는 기존 주유소 부지를 활용하기 때문에 접근성도 높고 설치부지 확보 문제도 해결할 수 있어 수소충전소 보급의 현실적인 방안이 되고 있다.

■ **국내 수소충전소 현황**

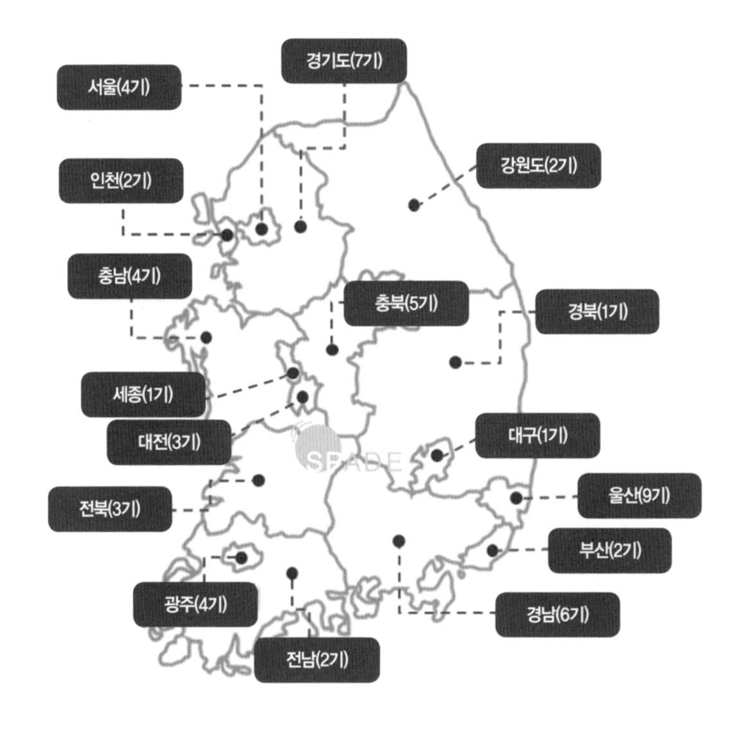

출처: H2KOREA(2019.4.25)[10]

수소연료전지

연료전지는 전기를 이용하여 물을 수소와 산소로 분해하는 것을 역이용한 반응으로, 수소와 산소를 연료로 활용하여 전기와 열에너지를 생산하는 고효율·친환경 발전시스템이다. 전문가들은 자동차뿐만 아니라 가정, 산업 현장에서도 사용할 수 있다는 점에서 수소연료전지가 수소 경제사회 실현에 중요한 역할을 할 것으로 예상한다.

수소는 석유 및 석탄 등과 같은 화석에너지를 대체하기 위한 차세대 친환경 에너지원으로 오랫동안 주목받아 왔지만, 인프라와 연료전지 기술 부족, 경제성 및 안정성 문제로 인해 기술의 상용화가 불투명했다.

그러나 최근 연료전지 기술이 급속도로 발전하면서 수소 전기차 출시를 이끌었다. 연료전지는 크게 가정용, 수송용, 발전용으로 나뉘며 최근 국내 대기업을 중심으로 발전용 연료전지를 선박 및 항공 등에서 활용하기 위한 연구를 활발히 수행 중이다.

수소연료전지는 수소와 산소를 연료로 활용하여 전기 에너지를 만드는 동안 부산물로 오직 물만을 발생시키기 때문에 친환경적이며, 발전 효율도 기존 화석연료보다 상대적으로 높다.

연료전지의 구성 및 종류

연료전지는 크게 두 개의 전극과 그 사이에 수소 이온을 전달하는 전해질막으로 구성된다. 구체적으로 수소 분자가 수소 이온과 전자로 분리되는 연료극anode, 연료극에서 분리된 수소이온이 전해질막을 거쳐 다른 전극에 도달하여 산소와 결합해 물을 생성하는 공기극cathode, 생성된 수소 이온이 통과하여 이동하는 전해질electrolyte로 이루어져 있다. 통상적으로 어떠한 종류의 전해질을 사용했느냐에 따라 연료전지의 종류를 구분한다.

대표적으로 고분자전해질막PEMFC: Proton Exchange Membrane Fuel Cell, 인산형PAFC: Phosphoric Acid Fuel Cell, 용융탄산염형MCFC: Molten Carbonate Fuel Cell, 고체산화물 연료전지SOFC: Solid Oxide Fuel Cell 등이 활발히 연구되고 있으며 이 중 고분자전해질막 연료전지와 인산형, 용융탄산염 연료전지가 상용화되었다. 또한, 높은 온도에서 운전하는 조건으로 인해 높은 효율을 달성할 수 있는 고체산화물 연료전지도 많은 주목을 받고 있다.

연료전지의 응용

수소연료전지는 앞서 설명한 것과 같이 전기를 생산할 때 부산물로 물만을 내놓아 오염물질의 배출이 없어 친환경적이며, 높은 발전 효율과 소형 디자인으로 인해 같은 면적에서 생산되는 전기 발전량이 많아 분산형 발전이 가능하다는 장점이 있다. 또한, 전기를 생산하는 과정에서 발생하는 열에너지를 난방 등에 활용할 수 있어서 효율도 더 높다. 연료전지의 응용 분야는 크게 저온형과 고온형으로 나눌 수 있다.

- 저온형 연료전지: 저온형은 주로 자동차, 선박 등의 수송용으로 사용된다. 특히, 전체 온실가스 배출의 1/4을 차지하는 것으로 알려진 수송 분야에서는 내연기관 자동차를 수소차로 대체

■ **수소차 보급 계획**

*( ): 내수

구분		2018년	2022년	2040년
모빌리티	수소차	1만 8,000대 (900대)	8만 1,000대 (6만 7,000대)	620만 대 이상 (290만 대)
	승용차	1만 8,000대 (900대)	7만 9,000대 (6만 5,000대)	590만 대 (275만 대)
	택시	–	–	12만 대(8만 대)
	버스	2대(전체)	2,000대(전체)	6만 대(4만 대)
	트럭	–	–	12만 대(3만 대)
	수소충전소	14개소	310개소	1,200개소 이상
	열차 · 선박 · 드론	R&D 및 실증을 통해 2030년 이전 상용화 및 수출 프로젝트 추진		

주: 위 수소차 목표는 내수와 수출을 포함한 생산량임

출처: 대한민국정부(2019)[11]

함으로써 오염물 배출이 없는 친환경 사회를 구축하려는 움직임이 활발히 일고 있다.
수소차는 수소연료전지에서 생산된 전기를 차량 내부의 전기모터에 공급하여 주행하는 자동차다. 연료전지 시스템의 스택, 연료·공기 공급장치, 열관리장치, 수소 저장장치 등의 핵심 부품으로 이루어져 있다.
수소를 연료로 사용하고 공기 중의 산소를 사용하기 때문에 전기를 생산하는 과정에서 물 이외의 다른 배출물이 없어서 기존 화석연료 엔진의 연소 과정에서 나오는 배기가스에 대한 훌륭한 대안으로 평가받고 있다. 국내에는 2019년 기준 5,083대의 수소차가 보급되었으며, 정부는 수소 경제에 진입하기 위한 주요 부문으로 수소차를 꼽고 2040년까지 620만 대(내수 290만 대)를 보급하겠다고 발표했다.

- **고온형 연료전지:** 고온형 연료전지는 플랜트나 산업 현장 등에서 사용되며, 고정된 위치에서 수소를 연료로 주입하여 전기를 생산하는 방식으로 쓰인다. 기존 화석연료 기반의 전기 생산과 비교할 때 상대적으로 높은 효율, 적은 요구면적, 오염물질을 포함한 배출가스가 없으므로 대형 발전뿐만 아니라 가정·건물, 백업 전원 장치로 활용되고 있다. 현재 국내 전력 대부분이 화석연료 기반의 발전소에서 생산되는데, 이 과정에서 온실가

■ 신·재생 에너지 설비용량

(단위: MW)

구분		2019년 (비재생폐기물 4.4분기 제외)		2019년 (비재생폐기물 전체 제외)	
		설비용량	비중(%)	설비용량	비중(%)
총발전설비용량		131,168	100.00	131,168	100.00
	신·재생 에너지	23,171	17.67	19,651	14.98
	재생 에너지	22,356	17.04	18,836	14.36
	신에너지	815	0.62	815	0.62
재생 에너지	태양광	11,768	50.8	11,768	59.9
	풍력	1,494	6.4	1,494	7.6
	수력	1,809	7.8	1,809	9.2
	해양	256	1.1	256	1.3
	바이오	3,141	13.6	3,141	16.0
	폐기물	3,888	16.8	368	1.9
신에너지	연료전지	469	2.0	469	2.4
	IGCC	346	1.5	346	1.8

주: 1) 국내 총발전설비용량은 사업자+상용자가+신재생자가용 합계임

2) 혼소발전의 경우 혼소비율을 반영하여 보급용량 산정: 혼소 설비용량(바이오 2,185MW, 약 69.6%), (폐기물 102MW, 약 2.6%)

출처: 한국에너지공단 신·재생에너지센터(2020)[12]

■ 신·재생 에너지 발전량

(단위: MW)

구분		2019년 (비재생폐기물 4.4분기 제외)		2019년 (비재생폐기물 전체 제외)	
		설비용량	비중(%)	설비용량	비중(%)
총발전량		587,981,456	100.00	587,981,456	100.00
	신·재생 에너지	51,122,085	8.69	33,028,791	5.62
	재생 에너지	47,805,649	8.13	29,712,355	5.05
	신에너지	3,316,436	0.56	3,316,436	0.56
재생 에너지	태양광	12,996,018	25.4	12,996,018	39.3
	풍력	2,679,158	5.2	2,679,158	8.1
	수력	2,791,076	5.5	2,791,076	8.5
	해양	474,321	0.9	474,321	1.4
	바이오	10,415,632	20.3	10,415,632	31.5
	폐기물	18,449,443	36.1	356,149	1.1
신에너지	연료전지	2,285,164	4.5	2,285,164	6.9
	IGCC	1,031,272	2.0	1,031,272	3.1

주: 국내 총발전량은 사업자+상용자가+신재생자가용 합계임

출처: 한국에너지공단 신·재생에너지센터(2020)[13]

스나 대기오염 물질 배출이 불가피하여 환경적 문제가 발생한다. 이에 수소연료전지를 통한 발전은 미래형 발전기술로 평가받고 있다.

현재 국내 수소연료전지 설비용량은 2019년 누적 보급 용량 기준 469MW이고 발전량은 2,285GWh에 달한다. 2019년 정부가 발표한 '수소경제 활성화 로드맵'에서는 2040년까지 발전용 연료전지는 15GW(내수 8GW), 가정 및 건물용 연료전지는 2.1GW(약 94만 가구) 보급을 목표로 하고 있다. 또한, 이를 달성하기 위해 정부 차원에서 신재생 에너지 공급인증서REC를 통한 지원 및 공공기관과 민간 신축 건물에 연료전지 설치 의무화를 검토하고 있다.

암모니아 생산 기술

19세기 말 인류는 인구의 증가에 따라 식량부족을 맞이하게 되었다. 이에 영국의 인구통계학자인 토머스 로버트 맬서스(1766~1834)는 인구의 자연 증가는 기하급수적이지만 식량의 생산은 산술급수적이므로 인간의 빈곤은 자연의 법칙이라고 주장했다. 그의 주장대로 15억 명에 달하는 인구 증가는 식량부족이라는 결과를 초래했다. 식량부족 문제를 해결하기 위해 많은 과학자가 화학비료를 생산하고자 노력하는 가운데, 독일의 화학자 프리츠 하버(1868~1934)의 연구가 식량문제 해결의 시작점이 되었다. 프리츠 하버는 공기 중의 질소를 이용해 암모니아(NH_3) 합성에 성공한 뒤, 독일의 화학회사 바스프 BASF와 협력하여 대량생산 프로젝트를 실시했다. 이렇게 생성된 암모니아를 비료의 재료로 사용하면서 인류는 식량부족 문제를 조금씩 해결할 수 있었다.

암모니아는 화학산업에서도 중요한 역할을 하는 물질 중 하나다. 비료, 냉매, 연료 등 다양한 산업에서 활용되며, 최근 수소 저장 및 운반을 위한 수소 운반체로서 적합성이 인증되어 많은 주목을 받고 있다.

암모니아가 대표적으로 활용되는 사례는 합성 비료의 주요 재료로 쓰이는 것이다. 작물이 성장하는 과정에서 질소는 필수적인 원소인데, 암모니아가 질소 공급원으로 작용해 작물이 원활하게 성장할 수 있도록 도와준다. 암모니아 합성방법을 최초로 발전시킨 것은 프리츠 하버와 독일의 화학자 카를 보쉬(1874~1940)였으며, 그들의 이름을 따서 하버-보쉬Habor-Bosch 반응이라고 한다. 하버-보쉬 반응은 다음 화학식과 같이 질소 분자 1개와 수소 분자 3개가 반응하여 2개의 암모니아 분자를 생성하는 반응이다.

$$N_2 + 3H_2 \rightarrow 2NH_3$$

암모니아는 약 200bar, 400~500°C의 고온, 고압, 촉매 조건의 하버-보쉬 반응을 통해 생성된다. 주로 비료를 생성하는 용도로 사용되어 왔으나, 최근에는 차세대 친환경 연료나 수소를 운반하는 매체로 주목받고 있다. 암모니아는 탄소가 없는, 즉 환경오염물질인 이산화탄소 배출이 없는 '무탄소 연료'로 인식되고 있으며, 최근 들어 새로운 활용처로 관심을 모으고 있는 수소 운반체, 즉 암모니아를 활용한 수소 운반체로 사용하기 위한 다양한 연구가 진행 중이다.

수소는 가솔린 및 디젤 대비 에너지 저장 밀도가 약 3배 높아서 대용량 재생 에너지 저장에 적합한 매체로 주목받고 있다. 하지만 부피 저장 밀도가 낮아서 기체 형태로 운송하면 많은 문제가 발생할 여지가 있다. 수소를 저장 및 운송하려면 단위 부피당 화석연료와 유사할 정도로 높은 에너지 저장 밀도를 위해 액상 형태로 운반해야 하는데, 이때 수소 운반에 사용되는 수소 운반체 중 하나가 바로 암모니아다. 수소는 앞서 언급한 하버-보쉬 반응을 거쳐 암모니아 형태로 저장 및 운송되고, 이후 탈수소화 반응(분자에서 수소를 제거하는 반응)을 거쳐 수소 형태로 다시 생성되어 다양한 에너지원으로 사용된다. 이렇게 암모니아와 관련하여 수소를 활용하는 방안에는 화학산업에 필요한 암모니아의 합성뿐만 아니라, 수소의 저장 및 운반의 안전성을 위해 암모니아를 생산하는 방안이 존재한다.

화학·정유 산업 기술

화학 산업

현재 메탄올 공급을 전량 수입에 의존하고 있는 우리나라는 메탄올의 국내 생산량을 증가시키기 위해 많은 노력을 기울이고 있다. 특히, 수소와 이산화탄소를 활용한 메탄올 생산은 수소를 활용함과 동시에 온실가스의 주요 원인인 이산화탄소 또한 활용하여 메탄올 생산 공장의 이산화탄소 배출량을 약 40%까지 저감할 수 있다는 장점이 있어 많은 주목을 받고 있다.

이산화탄소와 수소를 활용해 만들어진 메탄올은 청정연료로 분류되어 석유 고갈에 대비할 수 있는 대표적인 친환경 연료로 꼽히며 플라스틱, 고무 등 각종 생활용품과 산업물품을 만드는 데 필수적인 화학 기초원료로 쓰인다. 먼저 이산화탄소와 수소를 이용하여 합성가스를 만들고 그 합성가스를 이용하여 메탄올을 생산하는데, 이 과정에서 일어나는 합성가스 반응은 화학 산업에서 부가가치가 높은 다른 화학 물질을 합성하는 매우 중요한 화학 공정이다.

최근 온실가스 배출을 줄이기 위해 탄소세 부과와 같은 정책 등이 수립되면서 철강사들 역시 이산화탄소 감축에 더욱 적극적으로 나서고 있다. 온실가스 최대 배출 산업인 철강 산업에서 온실가스 저감은 필수적이며 대표적인 대안이 수소 환원 제철법이다. 수소 환원 제철법은 철강 생산 시 이산화탄소 배출을 일으키는 기존 석탄 및

■ 합성가스를 이용한 메탄올 생산 과정

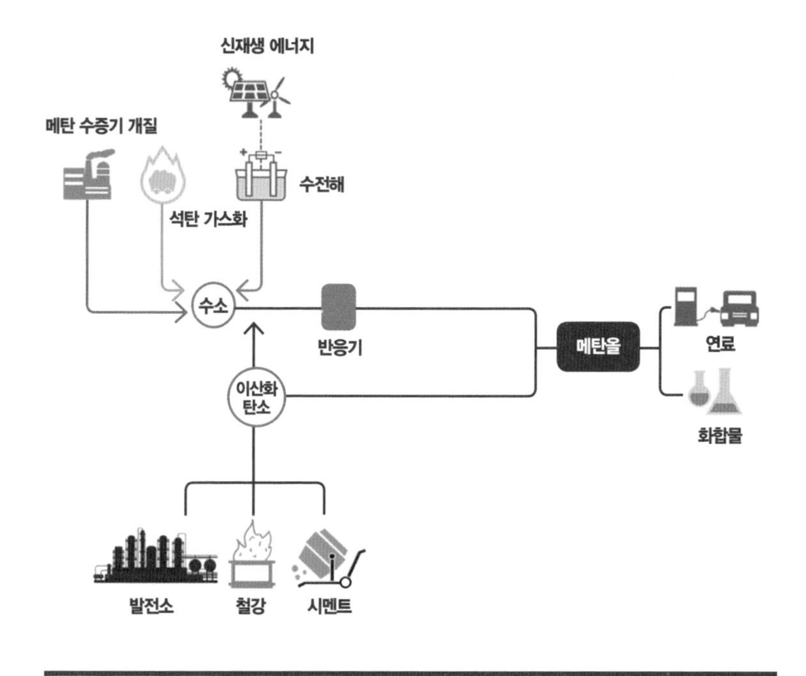

천연가스 등 탄소가 함유된 환원제인 코크스 대신 수소를 사용한 환원공정을 통해 이산화탄소 배출량을 줄이는 공정기술이다.

광물 상태의 철광석은 철(Fe)과 산소(O_2)가 공존하는 상태라서 산소를 제거하면 순수한 철을 얻을 수 있는데 이때 산소를 제거해 주는 물질인 환원제가 필요하다. 기존 제철 공정의 경우에는 코크스(C)가 그 환원제 역할을 하며, 코크스와 산소가 반응하여 이산화탄소(CO_2)

가 발생한다. 하지만 수소 환원 제철법으로 고농도 수소를 환원제로 사용하면 철광석에 있는 산소는 수소와 반응해 물(H_2O)이 되어 버리므로 이산화탄소를 발생시키지 않고도 철을 제조할 수 있다.

■ **기존 제철 공정과 수소 환원 제철법의 반응식**

반응식	구분
$CO + 3Fe_2O_3 \rightarrow 2Fe_3O_4 + CO_2$ $4CO + Fe_3O_4 \rightarrow 4CO_2 + 3Fe$	기존 제철 공정
$H_2 + 3Fe_2O_3 \rightarrow 2Fe_3O_4 + H_2O$ $4H_2 + Fe_3O_4 \rightarrow 4H_2O + 3Fe$	수소 환원 제철법

정유 산업(탈황 공정)

가솔린이나 경유처럼 일상생활에 유용하게 쓰이는 제품을 만드는 원재료인 원유는 대부분 탄소와 기타 불순물로 구성된다. 탄소가 많을수록 비중이 커지고 끓는점이 높아지며, 탄소가 적을수록 비중이 작아지고 끓는점이 낮아진다. 미국석유협회의 원유 비중 표시 방식을 적용해 비중이 낮은 석유제품을 흔히 경질유, 비중이 높은 석유제품을 중질유로 구분한다. 경질유에는 휘발유, 등유, 경유 등이 있으며 중질유에는 중유, 아스팔트 등이 있다. 일반적으로 경질유는 중질유보다 품질이 좋아 가치가 높다. 따라서 중질유의 경질화 공정은 경질유의 수요 증가와 수익성 증대를 위해 필요한 공정이다.

중질유의 경질화 공정에는 두 가지가 있다. 잔사유와 같은 중질유에 다량 함유되어 있는 황, 금속 및 다른 오염물질을 제거해 경질화공정에 유용한 원료유를 제공하는 공정과 중질유를 분해해 품질이 좋은 경질유로 전환하는 공정이다. 경질화 공정에 유용한 원료유를 제공하는 공정에는 열분해 공정, 수소화처리 공정 및 용매추출 공정 등이 있다.

■ **상압증류장치 구조도**

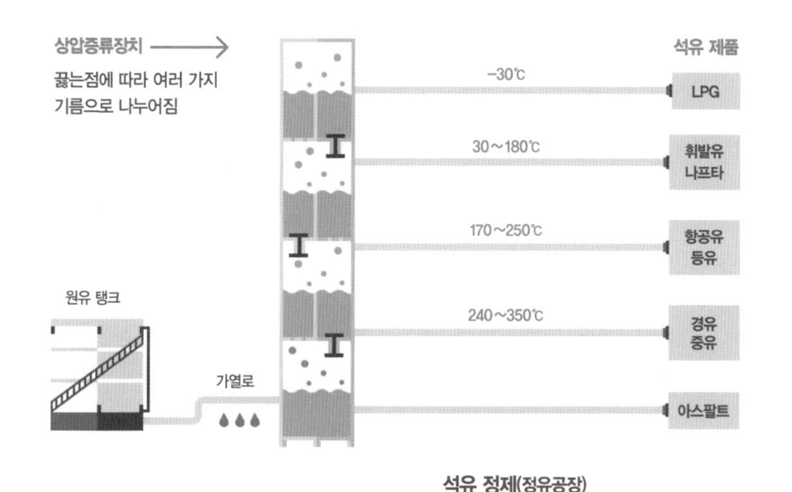

출처: 여천NCC[14]

정유 산업에서 수소를 활용하는 공정은 중질유를 경질화하는 수소화처리 공정인데 대표적으로는 수소화탈황 공정이 있다. 탈황 공정은 수소화처리 공정에 포함되는 공정으로 원료유와 수소를 혼합해 고온 및 고압하에서 촉매와 접촉시켜 원유에 포함된 황 성분을 제거하는 공정이다. 수소화탈황 공정은 나프다(원유를 증류할 때 유출되는 정제되지 않은 가솔린)의 전처리나 등유, 경유, 중질유의 탈황 공정과 윤활유 정제에 사용된다.

수소 에너지 사회 진입을 위한 방안

재생 에너지 및 수소를 기반으로 한 탄소제로 사회로의 전환과 관련하여 에너지 전문가들은 현재의 기술개발 속도를 고려할 때, 선진국들의 경우 2050년쯤 탄소제로 사회를 달성할 것으로 예측하고 있다. 우리나라에서도 에너지의 대부분이 재생 에너지 기반 전기와 수소로 변환될 것으로 예측되며, 그중에서 수소는 자동차뿐만 아니라 선박, 철도, 비행체와 같은 수송 부문에서부터 석유를 사용해 온 내연기관의 연료를 대체할 것이다.

특히, 현재 세계적으로 이산화탄소 배출 규제가 강화되고 있는 상황에서 수소의 낮은 경제성은 극복해야 할 큰 문제점 중 하나다. 현재 신재생 에너지(태양광 또는 풍력)를 이용하여 수전해로 생산된 그

■ **수소 생산 기술별 수소 생산 단가**(2015년 기준) (단위: KG/달러)

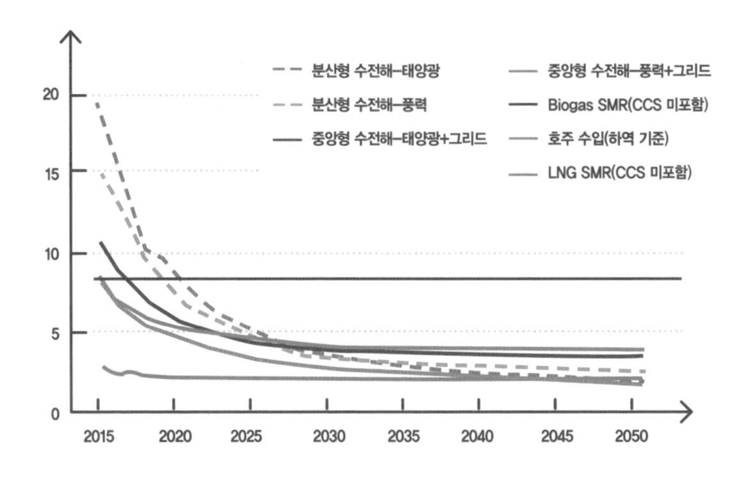

출처: 맥킨지(2018)[15]

린 수소의 생산단가는 1kg당 10달러 수준이다. 현재 액화 천연가스 개질 반응LNG-SMR을 통해 생산된 수소 생산단가인 2~3달러와 비교할 때, 현재 그린 수소의 경제성은 시장성 측면에서 매우 낮은 수준임을 알 수 있다.

수소는 생산 방식에 따라 환경에 끼치는 영향이 다르다. 예를 들면, 대표적인 수소 생산 방식인 천연가스 개질 반응은 수소 생산단가가 낮아서 경제성이 있지만, 수소를 생산하는 동안 이산화탄소를 대량 배출하기 때문에 탄소제로 사회로 전환하기 위해서는 그린 수소의 경제성 확보가 필수적이다. 또한, 그린 수소를 생산할 때 요구되는 전력을 얻기 위해 사용되는 신재생 에너지원에 따라 이산화탄소 발생량이 크게 달라지기 때문에 환경성 평가 또한 필수적으로 진행되어야 한다. 비교적 최근인 2019년 11월 발생한 강릉 수소 폭발사고로 귀중한 인명이 희생되면서 수소의 안정성에 관한 국민적 관심이 높아진 상태다. 이에 수소 에너지를 미래 친환경 에너지로 활용하기 위해서는 경제성·환경성·안정성 확보를 동시에 진행하는 다각적 관점이 필요한 중요한 시기라고 볼 수 있다. 2021년 정부 부처별 예산을 통해 이와 관련한 정부 정책 기준을 확인해 보자.

이번에는 역대 최대 58조 슈퍼예산 중 그린 뉴딜에 해당하는 '수소 사업' 관련 예산에 주목하고자 한다. 전체 예산 내역을 살펴보면 정부는 '2050 탄소중립 선언'을 현실화하기 위해 수소 경제 조기구현에 큰 관심을 두는 듯하다. 먼저 산업통상자원부는 수소와 연

■ 2021년 예산안 관련 중점 프로젝트

출처: 기획재정부(2020.9.1)[16]

료전지 등을 다루는 '신재생 에너지 핵심기술개발사업'에 가장 많은 예산을 확보했으며, '수소생산기지 구축사업'을 위해 전년 대비 2배 이상의 예산을 통과시켰다. 또한, 신규과제로 '수소연료전지 기반 민군 겸용 탑재 중량 200kg급 카고드론 기술개발'을 위해 57억 6,000만 원의 예산을 배정했다. 이는 수소연료를 활용해 수송 부문에서 탄소제로 사회를 실현하려는 정부의 노력을 잘 보여주는 것으로 판단된다.

다음으로 환경부는 미래차 보급, 스마트 그린 도시 조성, 녹색산업 육성 등과 같은 그린 뉴딜 사업을 본격적으로 시행할 예정이며, 기후·환경 변화 위기 대응을 위한 탄소중립 및 환경 안전망 강화에 집중할 방침이다. 현재 환경부는 수소차 보급 활성화 사업을 주로 맡아 수소차 보급 활성화를 위한 구매보조금 및 충전 인프라 설치비용 지원사업을 주로 진행하고 있다. 이를 통해 '수소경제 활성화 로드맵'에 수록된 수소차 및 충전소 보급에 박차를 가할 것으로 기대된다.

국토교통부 또한 환경부와 같이 수소충전소 구축사업을 시행할 예정이며, 고속도로 휴게소 및 주요 교통 거점에 수소충전소를 구축하는 일을 맡았다. 또한, '수소물류시스템 구축사업'을 통해서는 수소화물차 시범사업으로 대형 수소화물차 구매보조금을 지원하고 성능 개선을 위한 개발 및 실증을 지원할 예정이다. 마지막으로 과학기술정보통신부는 '수소 에너지혁신기술개발 사업'에 지난해 대비 약 23억 원 이상 늘어난 141억 원의 예산을 편성했다. 특히, 저온 수전해 수소 생산 및 미래 수소 저장 분야의 핵심기술 개발을 지원하고 있다.

2021년 그린 뉴딜 관련 수소 사업에 해당하는 연구개발 과제들은 전반적으로 그린 수소에 초점을 맞추고 있다. 단순히 수소 활용 부문에만 초점을 맞춘 이전 연도들과 달리, 예산 배정에서 수소 생산·저장·운송·활용에 전반적인 연구개발을 수행하고자 하는 정부 부처의 노력을 엿볼 수 있다. 다만, 막대한 예산을 활용하는 만큼 단순히 원천기술 개발이 아닌 실증·시스템 개발을 통해 그린 수소 생산·저장·이송·활용과 관련하여 경제성, 환경성, 안정성 확보에 영향을 줄 수 있는 다양한 과제들을 확보하기를 기대해 본다.

수소 에너지 분야의 UNIST 연구 현황

UNIST 연구진들은 수소 경제사회 실현을 가속하기 위해서 정부의 선제적 지원과 더불어 수소 생산/저장 관련 연구를 활발히 진행하고 있다.

그린 수소 저장체(암모니아 NH_3) 기술개발 연구(권영국)

다음에 나올 그림은 신재생 에너지로부터 얻은 전기 에너지를 활용해 미세먼지 전구체인 일산화탄소(CO)를 암모니아로 합성하는 촉매 시스템의 개념도다. 이는 암모니아(NH_3) 내에 수소(H_2) 저장이 가능하므로 암모니아를 그린 수소 저장체로 활용할 수 있는 기술이다.

이 시스템의 대표적인 장점은 금속 착화합물(Fe-EDTA)을 활용한

■ 촉매 시스템의 질소 순환 모델 개념도

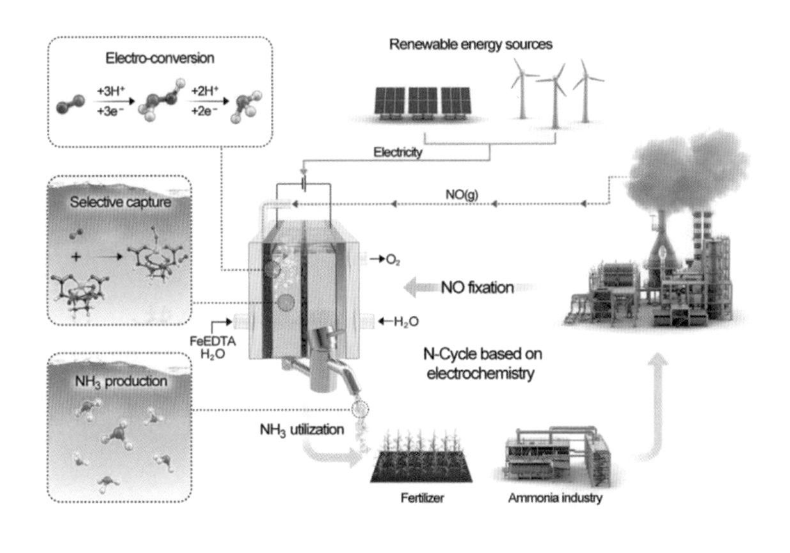

기술개발을 통한 일산화질소의 높은 용해도, 부반응 억제로 인한 높은 암모니아 선택도, 철 기반의 금속 착화물로 인한 낮은 가격과 안정성이다.

이산화탄소의 전기화학적 전환 반응을 통한 수소·탄산염·전기 동시 생산 연구(김건태)

■ 수계금속 이산화탄소 시스템과 반응 도식도

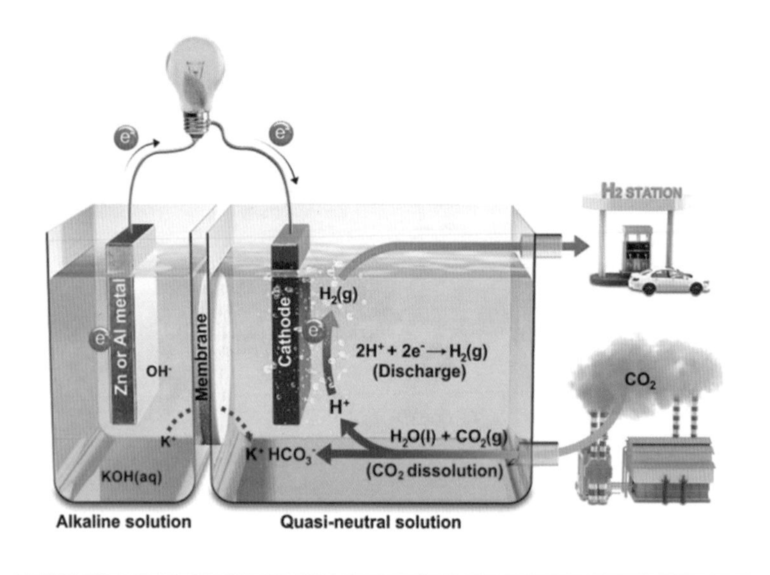

자발적인 용해 반응을 통해 이산화탄소를 수용액에 녹이면 탄산염과 수소 이온의 형태로 존재하게 되고, 수용액은 산성을 띠게 된다. 따라서 UNIST가 개발한 수계금속 이산화탄소 시스템에 따르면 이산화탄소를 활용하여 외부 전원 없이 자발적인 전기화학 반응을 통해 수소, 전기, 탄산염을 생산할 수 있다. 또한, UNIST는 최근 분리막 없이 제조 과정을 단순화한 멤브레인 프리Membrane-free 수계금속 이산화탄소 시스템을 개발했다. 이 시스템은 온실가스인 이산화탄소를 활용해 고순도의 수소와 전기를 지속적으로 생산할 수 있다는 점에서 매우 효율적인 기술이다.

고효율 알칼리 음이온 교환막 수전해 장치 관련 촉매 연구(김광수)

■ **산소 발생 반응 최적화 촉매 실증 실험을 위해 사용한 알칼리 음이온 교환막 전기분해조 모형**

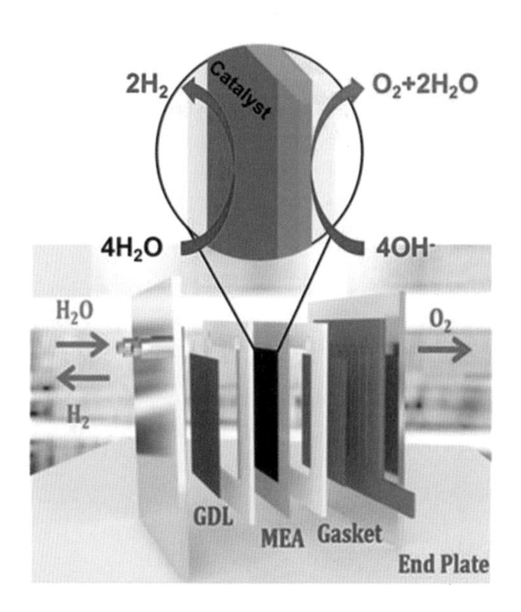

UNIST에서는 물을 분해하여 수소를 생산하는 장치인 수전해의 효율을 높일 수 있는 금속 유기물 복합체 촉매를 개발했다. 이 촉매는 염기성 전해질에서 사용할 수 있으며, 수전해 기술의 병목 현상으로 지목되는 산소 발생 반응을 촉진해 전체 반응 효율을 높일 수 있다. 또한, 니켈과 철을 포함하는 금속 유기 골격체MOF: Metal-Organic Framework를 이용해 미세한 크기의 채널이 많아 표면적이 넓고, 상용 촉매로 사용되는 이리듐에 비해 가격이 저렴하다는 장점이 있다.

전극 표면 고분자 코팅을 통한 기존 대비 수전해 기반 수소 생산 효율 향상 연구(류정기, 이동욱)

UNIST에서는 표면에 미세구멍이 다량 존재하는 고분자 젤을 수전해용 전극에 코팅해 수소 생산 효율을 약 5배 정도 높이는 기술을 개발했다. 전극 표면에 발생하는 기체가 많을수록 반응이 일어나는 면적 또한 감소하므로, 수소 및 산소 기체 발생 효율이 낮아진다. 따라서 전극 표면에 달라붙은 기체를 제거하는 것은 수전해 전체 효율에 큰 영향을 미친다. 결론적으로 이 기술은 수전해 시스템의 전극 표면을 수화젤로 코팅해 기체를 밀어내는 성질(초혐기성)을 얻은 새로운 기술로 주목받고 있다.

■ 기존 전극과 초혐기필름 전극의 수소 기체 발생 효율 비교

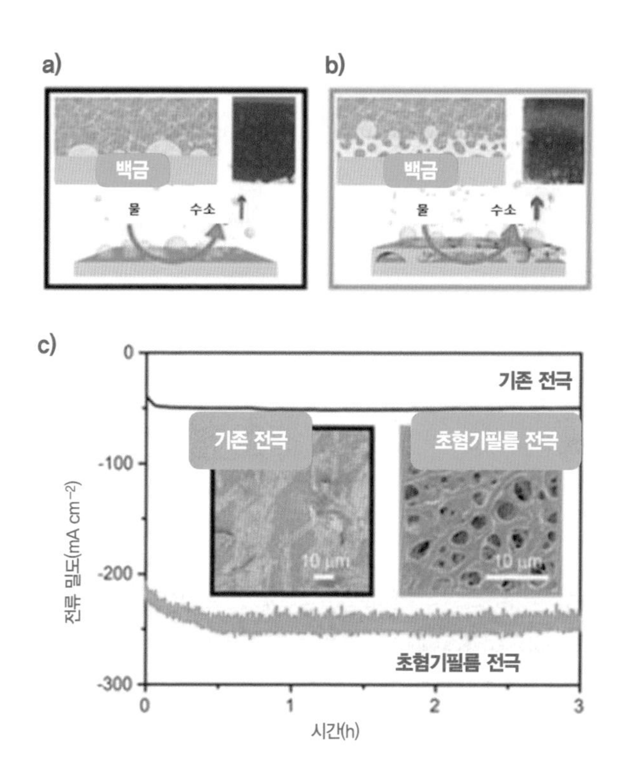

금속 유기 골격체를 활용한 효과적인 수소 저장 기술개발 연구 (문회리)

UNIST에서는 최근 가스 분리 및 저장 기술로 주목받는 다공성 물질에 관한 기술을 개발하기 위한 연구를 하고 있다. 금속 유기 골

격체는 다공성 물질 중에서 주목할 만한 다공성, 표면특성, 기능의 조성성으로 인해 가장 유망한 재료로 관심을 끌고 있으며, 분자 구성 요소 블록과 후처리를 통한 효율 및 처리 용량을 증가시킬 방안들을 제시하고 있다. 이에 UNIST에서는 최근 일반적인 가스 분자(CO_2, N_2

■ 다양한 제올라이트(Zeolite)의 구조체 및 특성

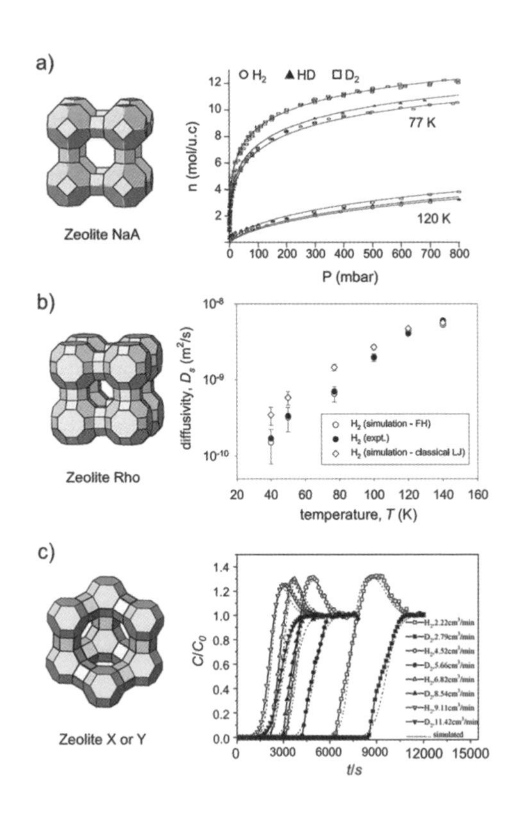

등)부터 처리가 까다로운 동위원소 가스 분자(H_2, D_2 등)에 이르는 가스 혼합물을 경제적이면서도 에너지 효율적으로 분리할 수 있는 최첨단 금속 유기 골격체 시스템을 개발하고 있다.

수전해용 전기화학 촉매개발 연구(박혜성)

■ Se-빈자리-$MoSe_2$에서 H*의 확산과 Volmer-Tafel 반응의 도식도

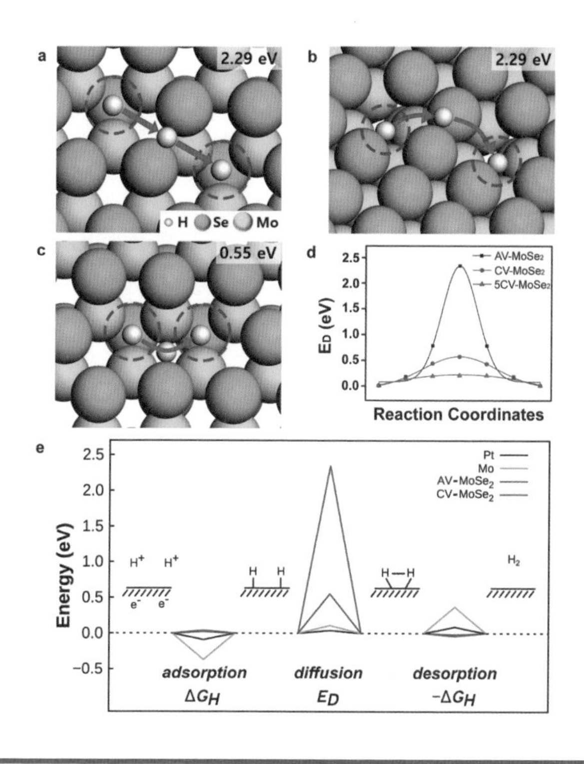

물분해를 통해 친환경적으로 수소를 생산하는 방식인 수전해는 주로 귀금속 촉매인 백금을 활용하여 반응 효율을 높이고 수소 발생 반응을 일으키기 위한 에너지를 낮춘다. 하지만 백금은 물에서 안정성이 낮으며 높은 가격으로 인해 수소 생산단가가 높아지는 문제를 안고 있다. UNIST에서는 이러한 한계를 극복하기 위해 비귀금속인 전이금속 기반의 촉매를 개발하고 있다. 이셀레나이드 몰리브덴 ($MoSe_2$)은 전이금속 기반의 촉매 중 하나다. UNIST에서는 수소 발생 반응의 장벽을 낮출 수 있는 빈자리 결함의 생성을 조절하여 이셀레나이드 몰리브덴이 백금 촉매에 버금가는 성능을 가지고 있음을 관찰했으며, 이를 통해 값비싼 귀금속 촉매를 비귀금속으로 대체할 가능성이 있음을 확인했다.

저온/저압 조건으로 높은 수득률을 갖는 암모니아(수소 저장체) 연구(백종범)

본 암모니아 생산 방법은 볼밀링Ball milling으로 대표되는 메카노케미스트리Mechanochemistry를 통해 고성능의 암모니아를 생산하는 공정이다. 볼밀링 공정은 단순히 철구슬과 반응물을 함께 회전시키는 공정으로, 볼밀링 공정 중 충돌에 의해 활성화된 철구슬이 질소, 수소와 반응하여 암모니아 생산을 촉진한다. 볼밀링을 통한 암모니아 생산은 45℃, 1bar 반응조건에서 82.5vol%의 높은 수득률(원료물질로부터 어떤 화학과정을 거쳐 원하는 물질을 얻을 경우, 이론양 대비 실제로 얻은 양의 비율)을 가진다. 이는 하버-보쉬법의 최고 수득률인 25vol%와 비교할 때 상당히 높은 수득률인 동시에 철구슬을 회전시키는 단순한 공정으로 인해 상업화가 쉬운 기술로 평가된다.

■ 암모니아 생산 시스템 모식도

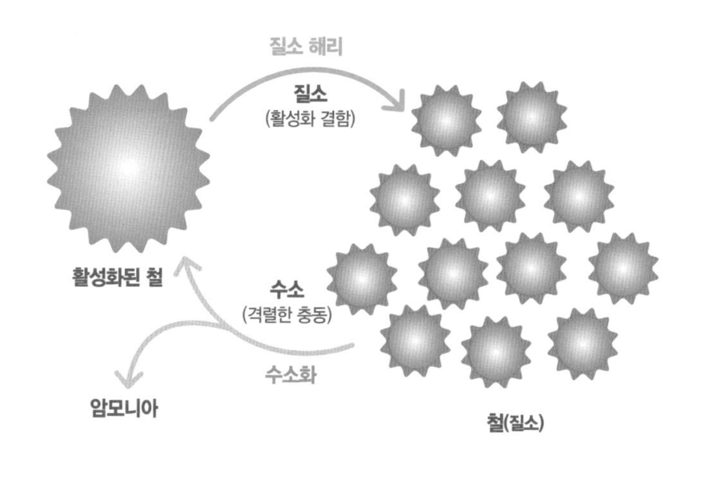

과산화수소의 전기화학 반응을 통한 수소 생산(송현곤)

수전해 시스템은 산소 발생 반응에 필요한 높은 전압으로 인해 수소 생산에 많은 에너지가 요구된다. 하지만 과산화수소를 전기화학적 반응으로 분해한다면 반응 메커니즘이 바뀌면서 더 낮은 전압에서 산소 발생 반응이 일어나게 되므로, 결과적으로 기존의 수전해 방식보다 수소 생산에 더 낮은 에너지가 요구된다. 따라서 수소 생산단가 절감효과를 얻을 수 있다. UNIST에서는 과산화수소를 통한 저전압 수소 발생을 위해 높은 전류밀도와 활성도를 갖춘 코발트 기반의 촉매를 개발하고 있다.

■ 과산화수소를 이용한 저전압 수소 발생 시스템 도식도

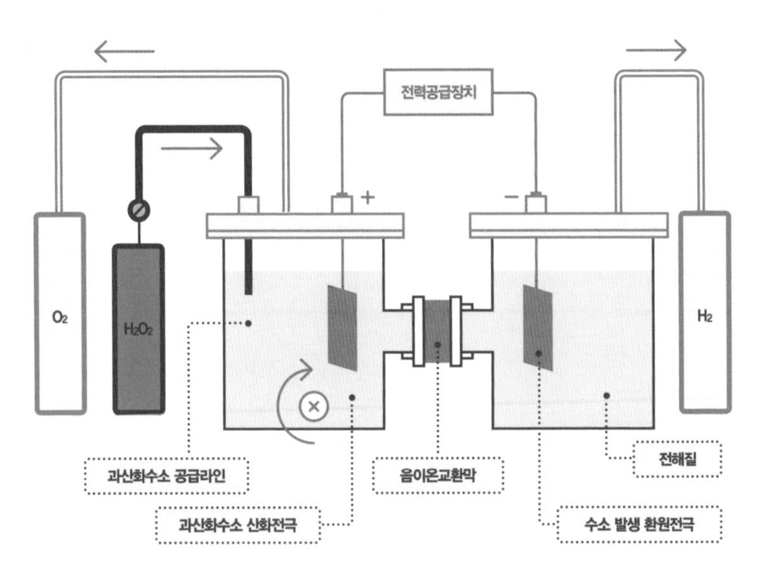

효과적 수소 발생 반응을 위한 촉매개발 연구(신현석)

■ 이황화나이오븀 결정과 원자 구조

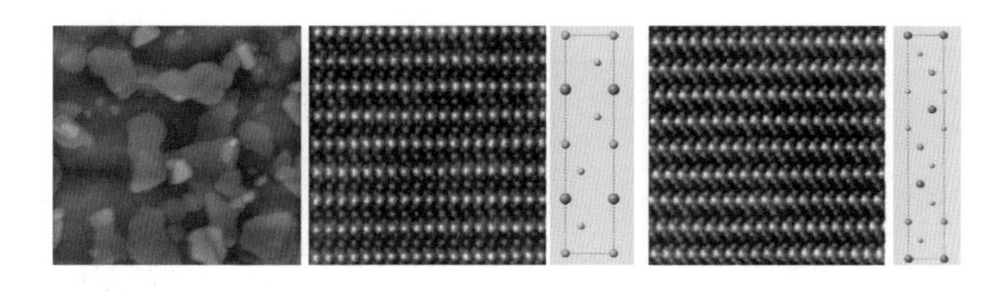

촉매의 전류밀도는 물을 전기분해하여 수소를 생산할 때 같은 전압에서 생산되는 수소의 양을 결정한다. 현재 상용화된 귀금속 촉매인 백금 촉매는 전류밀도는 높지만 비싼 가격, 낮은 안정성 등의 문제점을 가지고 있다. UNIST는 영국 케임브리지대와 함께, 합성이 어렵던 전이금속 칼코젠화물을 화학기상증착법을 통해 이황화나이오븀과 합성하여 100배 이상의 전류밀도를 지니는 새로운 구조의 촉매를 구현했다. 전류밀도가 향상된 새로운 촉매를 이용하면 백금 촉매와 비슷한 수준의 수소 생산량에 도달할 수 있어 상용화에도 큰 도움이 될 것으로 판단된다.

광촉매를 이용한 수전해 기반 수소 생산 연구(이재성)

■ 광촉매 기반 수소 생산 기술

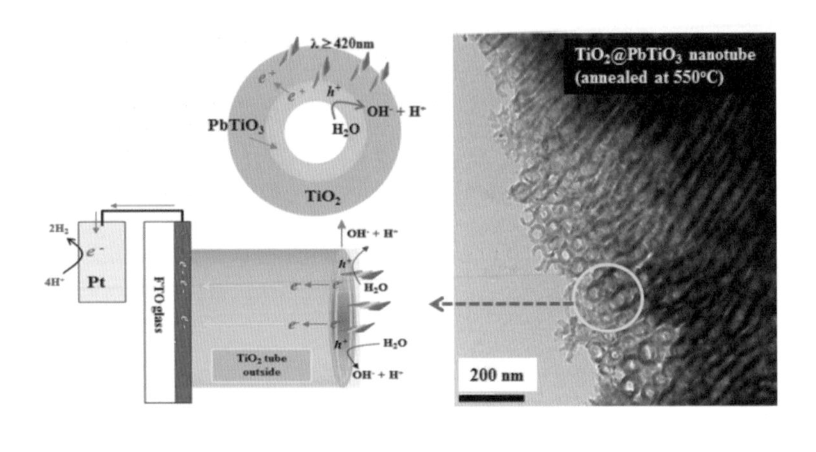

UNIST에서는 페로브스카이트Perovskite 구조의 물질을 합성하여 자외선을 통해 기존 광촉매들보다 뛰어난 양자 효율을 얻은 바 있으며, 최근에는 태양광 전환 수율이 3%인 산화물 광촉매를 개발했다. 수소제조용 가시광 광촉매를 개발하기 위해 양이온(음이온) 치환법Intercalation 등의 다양한 연구를 수행해 왔으며, 현재는 나노복합재Nano-composite 형태의 산화물 광촉매 및 복합광촉매를 개발하기 위한 연구에 주력하고 있다.

수소 생산/저장/운송 관련 시스템 설계, 스케일업, 기술·경제·환경성 분석 연구(임한권)

■ UNIST 연구 분야 개략도

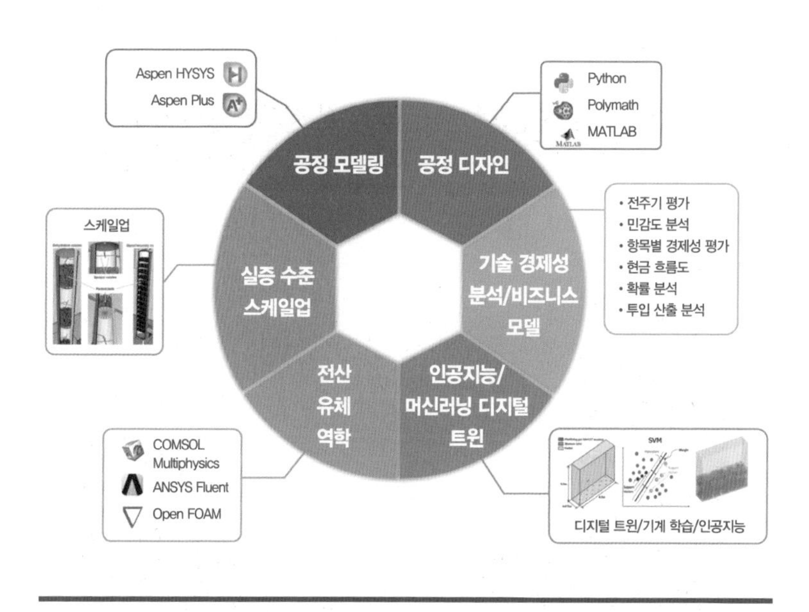

UNIST에서는 수소 생산·저장·운송뿐만 아니라 다양한 화학 공정에 관한 기술·경제·환경성 분석을 활발히 수행하고 있다. 특히, 최근에는 탄소 포집 및 자원화 기술과 그린 수소 생산 기술에 관한 시스템 설계 및 스케일업scale-up, 경제적 타당성 분석, 환경영향평가를 통해 개발된 원천기술 개발의 기술·경제·환경적 타당성을 검토

하는 종합적인 연구 및 실증화 스케일업 관련 연구를 수행하고 있다.

유기 광전극을 통한 수소 생산 기술개발 연구(장지욱)

■ 유기 광전극 시스템 모식도

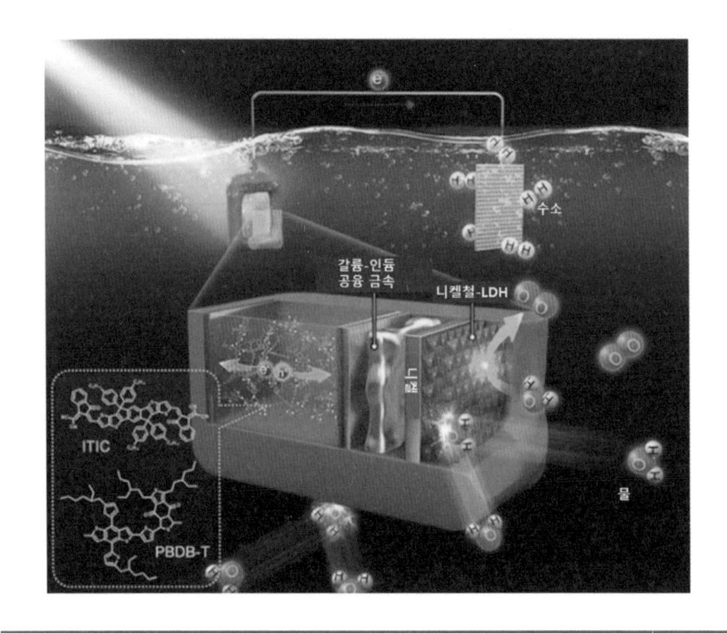

광전극이라는 반도체 소자를 물에 넣고 햇볕을 쬐면, 광전극이 태양 에너지를 흡수해 전하를 띤 입자를 방출한다. 이 입자는 물과 반응해 수소와 산소를 생산한다. 이 기술은 금속 대신 유기 반도체를 이용하여 광전극을 만들기 때문에 수소 생산 효율성이 높다. UNIST에서는 유기 반도체의 가장 큰 단점인 부식 문제를 해결하기 위해 니켈 금속으로 만든 포일과 액체 금속을 활용했다. 이를 통해 기존 금속 광전극의 2배가 넘는 수소 생산 효율을 얻었으며, 대면적화(반응 면적을 넓힘)의 용이함 덕분에 생산 비용 절감도 기대된다.

수소 생산을 위한 친환경 및 고성능의 백금-구리 나노프레임 촉매개발 연구(주상훈)

■ **금속 간 화합물 나노프레임 촉매의 합성전략**

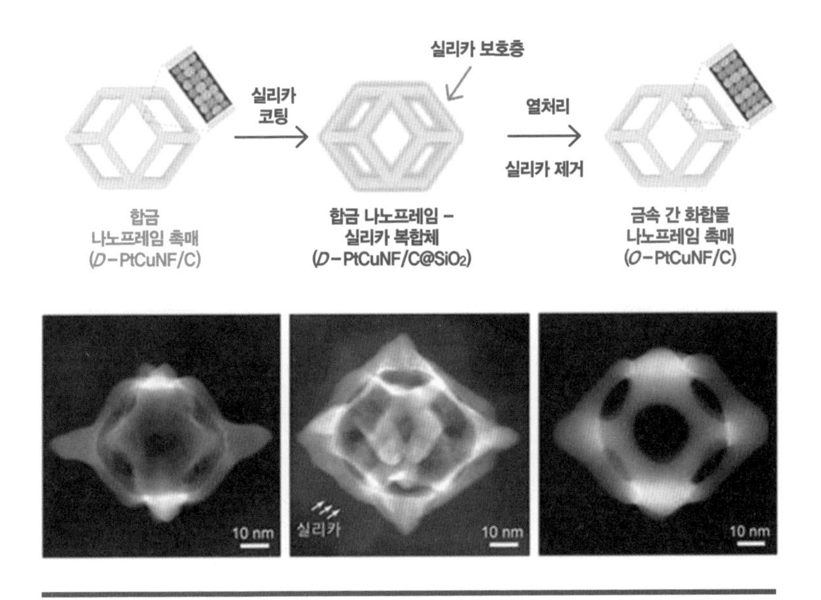

UNIST에서는 나노미터 크기의 촉매 입자가 고온에서 뭉치는 것을 막는 기법을 이용해 '백금 – 구리 나노프레임 촉매'를 개발했다. 이 촉매는 가운데가 뚫린 나노프레임을 갖고 있어 반응이 일어나는 표면이 넓고, 높은 성능을 지닌다. 또한, 금속 원자가 불규칙하게 섞여 있는 합금 촉매가 아닌 금속 간 화합물 촉매라서 안정성이 높으며, 낮은 백금함량으로 인해 가격이 낮은 것이 대표적인 장점이다. 게다가 나노프레임 입자 표면에 실리카 보호층을 입혀 금속 간 화합물 촉매를 만들 때 입자끼리 뭉치는 문제를 해결했으며, 이를 통해 촉매가 부식되거나 내부 금속원소가 용해되는 문제를 줄였다.

UNIST의 연구진은 대부분 높은 수소 생산 및 저장량을 위한 촉매 또는 소재 개발과 같은 원천기술개발에 집중하고 있다. 원천기술개발이 중요한 이유는 무엇일까? 한 가지 예를 들면, 현재 한국은 '리튬이온 배터리 강국'으로서 생산 및 기술 부문에서 세계시장을 선도하고 있다. 하지만 최초로 상용 리튬이온 전지를 개발한 것은 일본의 요시노 아키라(1948~)이며, 그는 노벨상을 수상하기도 했다. 반면에 우리나라는 1990년대에 와서야 리튬이온전지에 관심을 두기 시작했는데, 이 시기는 해당 노벨상 기술의 특허가 마무리된 시점이기도 하다. 그럼에도 불구하고 우리나라가 세계시장에서 리튬이온 배터리 부문을 선도하고 있는 것은 한국의 '빠른 모방자Fast follower' 모습을 잘 보여주는 대표적인 사례라고 할 수 있다.

따라서 한국이 '선두 주자First mover'로서 전 세계를 이끌기 위해선 원천기술개발을 반드시 수행해야 하며, 개발한 원천기술의 상용화 또한 추가로 수행해야 할 것이다. 이러한 측면에서 볼 때 UNIST 내에서 활발히 진행 중인 친환경 수소 생산을 위한 촉매 개발 및 수전해 소재 개발은 전 세계적인 그린 수소 관련 기술 선점에 큰 도움이 될 것이다. 앞서 언급한 것과 같이 수소 사회실현 가속화를 위해 UNIST 연구진들이 원천기술개발뿐만 아니라 기술·경제·환경성을 동시에 고려한 시스템개발 및 실증화를 동시에 진행한다면, 원천기술개발을 넘어 수소 생산 및 저장 관련 공정의 상업화에 매우 큰 도움이 될 것으로 판단된다.

수소 에너지와 탄소중립

온실가스 배출로 인한 지구온난화가 세계적인 이슈로 떠오르면서 한국은 이산화탄소 등의 온실가스 배출을 최대한 줄이고, 잔여 온실가스는 흡수 및 제거함으로써 실질적인 배출량을 '0'으로 수렴하는 탄소중립 정책을 표명했다. 또한, 탄소중립 정책의 연속선상으로 '수소경제 활성화 로드맵' 및 '그린 뉴딜 정책'을 발표하며 수소 사회로의 진입을 추진하고 있다. 하지만 현재 국내 수소 생산/저장/운송과 관련된 많은 기술들은 화석연료를 기반으로 하고 있어서 사실상 친환경 기술이라고 말하기 어려우며, 오히려 탄소중립에 역행할 가능성이 크다. 이러한 화석연료 기반의 수소 생산/저장/운송 기술들은 결국 다량의 이산화탄소를 배출한다. 따라서 탄소중립 목표를 달성하기 위해선 화석연료에서 탈피한 고효율 및 저비용의 친환경 수소 생산/저장/운송 방법과 관련한 기술개발이 수반되어야 한다.

이러한 측면에서 볼 때, UNIST 내에서 활발히 진행되고 있는 친환경 수소 생산 향상을 위한 촉매 개발 및 수전해 소재 관련 원천기술 개발은 전 세계적인 그린 수소 관련 기술 선점에 큰 도움이 될 것이다. 그뿐만 아니라 정부가 추진하고자 하는 탄소중립의 실현을 앞당기는 데도 매우 큰 역할을 할 것이다. 또한, 수소 사회 실현 가속화를 위해 UNIST 연구진들의 원천 기술개발과 더불어 기술·경제·환경성을 동시에 고려한 시스템 개발 및 실증화를 진행한다면, 원천 기술개발을 넘어 수소 생산/저장/운송 관련 공정의 상업화에도 매우 큰 도움이 될 것으로 판단된다. 탄소중립을 실현하고자 하는 다양한 분야에서 수소의 역할 확대를 기대할 수 있을 것으로 보인다.

환경 규제를 이행한다는 점에서 탄소중립을 통해 지구온난화 등의 세계적인 환경문제에 대응할 수 있다. 유럽과 미국에서는 탄소국경세 등의 도입을 고려 중이고, 글로벌 기업들과 금융업계에서도 납품 및 투자 대상 기업을 친환경 기업으로 제한하려는 움직임을 강화하고 있다. 이러한 세계적인 추세로 미루어볼 때 탄소중립은 선택이 아닌 필수이며, 국가경쟁력과도 직결된다고 볼 수 있다. 현 상황에서 수소 에너지와 탄소중립은 매우 밀접한 관련이 있음을 인지하고 UNIST가 그린 수소 분야 기술개발을 통해 탄소중립을 선도한다면, 국내뿐만 아니라 전 세계적으로 우수한 국가경쟁력을 기대할 수 있을 것이다.

- 생명과 에너지의 원천, 태양
- 태양광 에너지 핵심기술
- 태양광 에너지의 보급한계, 어떻게 극복할 것인가?
- 태양광 에너지 분야의 UNIST 연구 현황
- 태양광 에너지와 탄소중립

CHAPTER 3

태양광 에너지

| 김진영 |

Carbon Neutral

생명과 에너지의 원천, 태양

지난 2020년 가을 무렵 곧 다가올 겨울이 기후변화의 영향으로 예년에 비해 유난히 추울 거라는 예보가 있었다. 이렇듯 겨울 내내 땅이 꽁꽁 얼어서 암석처럼 되었다가도 절기상으로 입춘이 지나고 우수가 되면, 얼었던 땅이 녹고 새싹이 움을 틔운다. 정말 기막힌 타이밍에 맞춰서 기온이 올라가고 눈이 비가 되어 내리거나 녹아서 생물들의 식수가 되어 준다.

이러한 생명 작동의 근본적인 에너지원은 우리에게 따뜻한 햇살과 밝은 빛을 주는 태양이다. 이 태양이 있어서 낮이 있고, 밤에도 달이 밝게 빛날 수 있는 것은 모두가 익히 아는 사실일 것이다. 여기에 바람이 불고 비가 오는 것도 크게 보면 태양이 있어 가능한 자연현상이다. 이 거대한 지구에 이렇게 큰 영향력을 미치려면 어마어마한 양의 에너지가 태양으로부터 공급되어야 함은 두말할 필요가 없다. 현재 인류가 사용하는 전기의 약 1만 배의 에너지가 매일같이 지구에 떨어지고 있다.

현재 지구온난화라는 기후변화를 가져온 주원인은 인류가 생존

■ 태양 복사 에너지

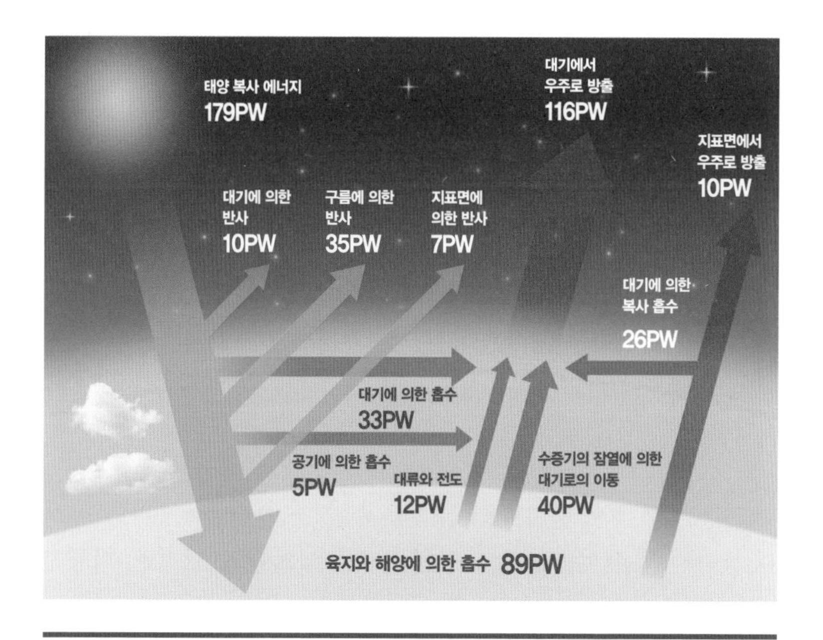

출처: Wikipedia(2021.5.11)[1]

이나 편리를 위해서, 혹은 기업이 이익을 추구하기 위해서 방출한 이산화탄소와 같은 온실가스다. 산업혁명으로 화석연료를 무지막지하게 태우기 시작하기 전까지 지구는 태양으로부터 오는 열과 빛을 적당히 흡수했다가 다시 충분히 반사하거나 우주로 되돌려 보냈다. 그러나 최근에는 온실가스에 흡수된 태양에너지가 지구를 지속적으로 데우고 있는 형국이다. 우리가 흔히 알고 있는 온실은 주로 농업용 작물의 꾸준한 생장을 위해서 따뜻한 환경을 제공하려는 방편으로 사용되는 건축물이다. 이러한 온실 덕분에 겨울에도 식탁에 온갖 채소를 올릴 수 있고 맛있는 딸기도 쉽게 먹을 수 있다.

그런데 지난 100년간 지구 평균기온이 1℃ 이상 올랐고, 이러한 기온 상승 속도가 점점 더 빨라지면서 지구 전체가 하나의 거대한 온실이 되어가고 있다. 온실가스는 화석연료를 사용하는 발전소와 철강산업처럼 에너지를 많이 사용하는 산업체에서 주로 배출되며, 자동차·비행기·배와 같은 운송 부분에서도 많이 배출된다. 또한, 낙농이나 농사에 필요한 비료를 만드는 과정에서도 엄청난 양의 온실가스가 배출되므로 실생활에 필요한 거의 모든 것에서 온실가스가 나온다고 봐야 한다.

온실은 그 용도를 다하면 해체하거나 다른 목적으로 사용하기 위해 간단히 문을 여는 것으로 쉽게 온도를 조절할 수 있지만, 지구에는 강제로 열을 배출할 문이 없다. 사실 화석연료를 사용하지 않았던 문명 이전의 석기시대로 들어가는 아주 잘 만들어진 문이 있기는 하다. 하지만 아무도 거기로 들어가려고 하지 않는다. 대신에 아주 좁은 문이긴 하지만, 배출되는 온실가스를 어떻게든 제거하거나 마치 없는 것과 같이 상쇄할 무언가를 행하여 균형을 맞춤으로써 그 문으로 들어가고자 하는 움직임이 일고 있다. 이를 위해서 유럽을 필두로 세계 각국에서 탄소중립 선언을 하고 있고, 우리나라에서도 2020년 12월 10일 그 기틀을 마련하기 위해 '2050년 대한민국 탄소중립 비전'을 선언했다.

북극의 빙하가 녹으며 북극곰의 생존을 위협하는 영상이 나온 지도 한참이 지났다. 그러나 이제 지구온난화는 더 이상 야생동물만의 문제가 아니라 인간을 비롯해서 지구상 모든 생물의 생존을 위협하고 있다. 지구의 생태계에 없어서는 안 될 태양이 가장 큰 재앙으로 다가오는 모순을 어떻게 극복하느냐는 현세대가 다음 세대를 위해서 풀어야 할 가장 크고도 어려운 숙제다. 이에 결자해지의 마음으로 기후변화의 극복에 태양 에너지를 이용하는 방법을 제안하고자 한다.

태양광 에너지 핵심기술

태양으로부터 방출되어 지구에 도달하는 에너지는 겨울의 따사로운 햇살이나 여름날의 폭염과 같이 우리가 바로 느끼는 '열기(적외선)'와 우리가 눈으로 사물을 볼 수 있게(가시광선) 해 주거나 피부를 검게 만드는 '빛(자외선)'의 두 가지로 나뉜다. 즉, 태양 에너지는 태양열과 태양광으로 나눠서 살펴볼 수 있다.

먼저 태양열을 이용하는 방법을 살펴보자. 태양열로 전기를 만들기 위해서는 물을 끓인 후 터빈을 돌려야 하는데, 이 방식은 변환 효율이 높지 않아 끓인 물은 주로 난방용으로 사용된다. 많은 물을 데우기 위해서는 그만큼 큰 설비가 필요하며 뜨거운 물을 유지하는 것은 또 다른 문제다. 이와는 대조적으로 태양광은 태양열에 비해 에너지가 훨씬 크기 때문에 직접 전기를 생산할 수 있어서 발전용으로 이용할 수 있다. 따라서 화석연료를 대체할 수 있는 중요한 신재생 에너지원으로 주목받고 있다.

해를 거듭할수록 전기사용량은 전 세계적으로 계속 늘어나고 있고, 우리나라도 예외는 아니어서 탄소 배출을 최소화하면서 다양한 방식으로 발전량을 늘려야 하는 상황에 직면해 있다. 화석연료의 대안으로서 태양 에너지를 이용하기 위해 결정질 실리콘 태양전지를 중심으로 태양광 에너지의 역사부터 함께 알아보자.

실리콘 태양전지

태양전지의 시작

1839년 프랑스 학자 에드몬드 베크렐(1820~1891, 퀴리 부부와 함께 방사선을 발견해 널리 알려진 앙리 베크렐의 아버지다.)이 직접 개발한 소자에서 빛을 쪼일 때 전류가 흐르는 광전효과photovoltaic effect를 처음 발견한 것을 통상적으로 태양전자의 시초로 본다. 이후 세월이 흘러 1954년 당시 최고의 연구기관이었던 벨 랩Bell Lab.에서 실질적으로 이용할 수 있는 효율 6%의 실리콘 태양전지를 개발한 이후부터 태양전지는 인류를 위한 무대에 본격적으로 등장한다.

위 두 사건 사이의 약 100년이 넘는 기간에도 셀레늄selenium이나 다양한 반도체를 이용해서 광전효과 연구가 계속되었으나 효율이 매우 낮아 관심을 끌지 못했다. 벨 랩에서의 성취 이후에도 광전효과 연구는 지속적으로 발전하여 그로부터 5년이 채 되지 않은 시점인 1958년에는 뱅가드 1호 위성에 효율 9%의 태양전지를 6개 탑재해 수년 동안 추가로 전기를 공급하지 않아도 임무수행을 할 수 있도록 도왔고, 이후 많은 우주선들에 도입되었다. 그러나 효율은 여전히 10% 남짓에 그치는 반면, 제작하는 데 드는 비용은 아주 높았다. 즉, 단가가 너무 비싸서 인공위성과 같이 매우 제한적인 용도로 사용할 수밖에 없었다.

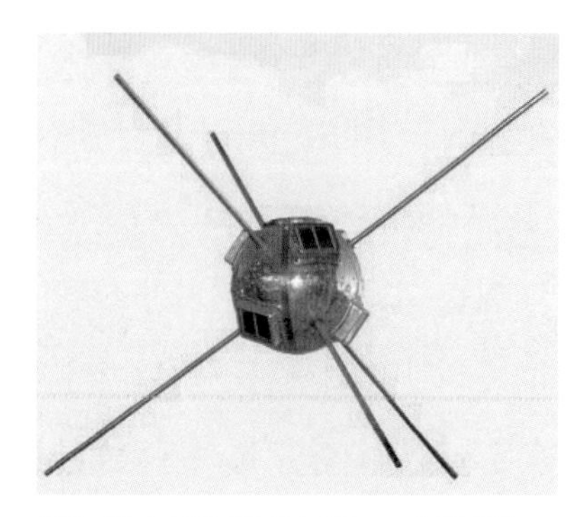

6개의 태양전지를 탑재한 뱅가드(Vanguard) 1호 위성, 출처: Wikipedia(2021.5.14)[12]

1960년대에 들어서면서 실리콘 태양전지의 변환효율은 15%를 상회할 만큼 높아졌지만 여전히 가성비가 좋지 않았다. 그런 가운데 실리콘 태양전지는 1973년과 1978년 두 번의 석유파동을 거치며 전환기를 맞이했다. 석유파동 전에는 1W의 전력을 생산할 때 석유를 이용한 화력발전에 500원이 들었다면 태양전지는 10만 원이 넘게 들었다. 그런데 석유파동을 겪으면서 석유 값이 10배 이상 오르고, 이와 반대로 태양전지의 연구개발은 많이 진척되어 제조단가가 5분의 1 수준까지 내려가게 되었다. 화력발전이 여전히 서너 배 비쌌지만 석유파동 전처럼 100배 이상 차이가 나서 쳐다보지도 못할 형편은 아니었다. 이러한 석유 수급의 불안감 때문에 대체 에너지로서 태양전지는 여전히 연구 중이고, 지붕이나 창호에 적용하는 등 좀 더 다양한 용도로 이용하기 위한 연구도 진행 중이다.

태양전지를 본격적으로 연구한 기간이 70여 년을 지나고 있지만 화석연료에 비하면 여전히 가성비가 나쁜 것이 사실이다. 그러나 석유파동처럼 단시간에 해결하거나 상황 전환이 가능한 문제와 달리, 지구온난화라는 인류 최대의 문제에 직면한 상황에서는 가성비를 따질 일이 아닌 듯하다. 근래에는 실리콘 태양전지의 변환효율이 26%를 넘는 수준이고, 제조방식을 개선하여 1W의 전기를 생산하는데 500원 정도가 든다고 한다. 이제야 50년 전의 화력발전과 비슷한 정도가 된 셈이다. 힘들여 개발한 기술을 생산에 접목하는 것에도 엄청난 노력이 필요하지만, 여기에서는 연구개발 측면에서 어떠한 노력이 태양전지의 효율 향상에 기여했는지를 중점적으로 살펴보도록 하자.

태양전지의 작동 원리

먼저 광전소자Photovoltaic Cell에 대해서 살펴보면, 광(光)전(電)소자는 말 그대로 빛을 받아 전기를 생산해 내는 소자를 일컫는다. 태양전지는 광전소자에 비해 약간 협소한 의미로 보면 되는데 그 광원이 태양으로 한정된다. 즉, 태양전지는 태양광을 받아 전기를 생산해 내는 소자라고 보면 된다.

좀 더 전문적으로 이야기해 보면, 태양전지에 들어오는 빛을 이용해서 전기를 생산하는 광활성층에는 도체도 부도체도 아닌 반도체를 이용한다. 이 반도체의 밴드갭보다 에너지가 더 큰 빛이 들어오면 그 빛에 의해서 가전도대valence band에 있던 전자electron가 전도대conduction band로 전이되고 이 전자가 흘러 전류를 생성한다. 이때 밴드갭보다 작은 에너지는 흡수되지 못하고 대부분 투과한다. 광활성층에 흡수된 태양광을 최대한 많이 이용해서 많은 전류를 생산하기 위해서는 반도체의 흡수스펙트럼이 태양광 스펙트럼과 비슷해야 한다. 그래야 효율적이다.

전기가 얼마나 생산되었다거나 사용되었다고 할 때 보통 우리는 중학교 때 배운 전력(Power, W)이라는 단위를 사용한다. 즉, P(전력) = I(전류) × V(전압)로 전력을 계산하려면 흐른 전류에 형성된 전압을 곱해야 하므로 태양전지에서 흘러나오는 전류만으로는 전력을 계산할 수 없다. 따라서 태양전지 내부에 형성된 전압을 측정해야 하는데, 보통 반도체의 밴드갭보다 조금 작다. 여기서 태양전지 연구의 딜레마가 시작된다. 밴드갭이 작은 반도체를 사용해 광활성층을 만들어 전류를 크게 하자니 전압이 너무 낮고, 전압을 크게 해서 생산된 전력을 높이려니 생성된 전류가 너무 작아지는 것이다. 즉, 이 두 인자, 전류와 전압을 최적화하는 것이 바로 태양전지의 효율을 극대화하는 방법이다.

이것을 좀 쉽게 이해하기 위해 눈썰매장을 한번 상상해 보자. 눈썰매장에 있는 아이들을 전자라고 하고 이 아이들이 썰매를 타고 내려오는 흐름을 전류(I)라고 하자. 그리고 눈썰매장의 맨 위에서 바닥까지 슬로프의 높이를 전위차 혹은 전압(V)이라고 하자. 이때 아이들은 외부에서 가해지는 어떤 에너지(태양광), 예를 들면 아빠가 안아서 꼭대기까지 올려주는 행동에 의해 꼭대기까지 올라갔다가 눈썰매를 타고 신나게 내려온다. 이 과정이 반복되는 것을 가리켜 전류가 계속 흐른다고 할 수 있다. 그리고 눈썰매를 타는 아이들이 느끼는 즐거움을 전력(P)이라고 볼 수 있다.

앞에서 실제 태양전지의 효율을 극대화하기 위해서는 많은 전류와 높은 전압이 필수라고 했다. 아이들의 즐거움도 눈썰매장의 높이 및 길이와 상관이 있는데, 아이들은 눈썰매를 탈 때 낮은 슬로프보다 높은 슬로프에서 훨씬 더 큰 즐거움을 느낄 것이다. 아이들이 눈썰매를 타는 빈도가 같다면 높은 슬로프에서 탈 때 느끼는 즐거움이 상대적으로 더 클 것은 자명하다. 즉, 아빠가 아이를 꼭대기까지 올려주는데 든 에너지가 같다면, 높은 슬로프에서 더 즐겁게 눈썰매를 탈 수 있다.

이것을 태양전지에 다시 대입해 보면, 일정한 외부 에너지에 의해서 발생되는 전류가 같다면 전압이 클 때 생산되는 전력도 더 크다고 할 수 있다. 물론 신나는 눈썰매에 아이들이 더 몰리게 마련인 것처럼, 발생하는 전류가 커질수록 전력을 훨씬 더 많이 생산할 수 있을 것이다. 그렇다고 낮은 슬로프에 의미가 없는 것은 아니다. 아주 어린 아이들에게는 충분히 즐거움을 줄 수 있기 때문이다. 즉, 효율이 높다고만 좋은 것은 아니라 그 쓰임이 더 중요하다고 할 수 있다.

실리콘 태양전지 효율을 향상하는 방법

벨 랩에서 개발한 첫 실리콘 태양전지는 실리콘에 불순물을 첨가해서 만든 pn 접합 형태로 되어 있다. 효율이 10% 중반대여서 석유를 대체할 발전용으로는 아쉬움이 있을 때, 이를 돌파breakthrough 하는 방법이 속속 등장한다. 먼저 전면부에 반사 방지막을 도입하여

■ 태양전지의 작동 원리

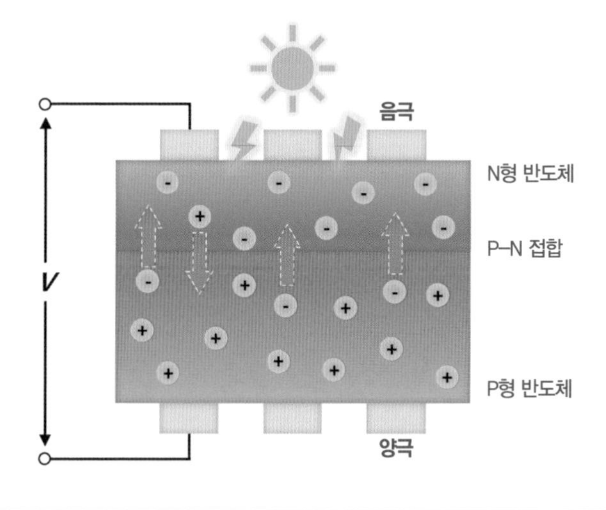

반사되는 빛을 줄이거나 빛이 들어오는 상부를 피라미드 모양으로 만들어서 빛을 실리콘 내부로 최대한 흡수하는 방식이 도입되었다.

이후 후면의 금속에 열확산 접촉하여 후면전계BSF: Back Surface Field를 형성한 BSF 태양전지 구조가 일반화되었다. 다음 그림은 표면과 후면의 전극과 실리콘 태양전지의 표면 간에 전력 손실을 최소화하는 후면전계 태양전지 구조다.

실리콘 산화막(SiO_2)을 이용한 실리콘 표면과 전극의 패시베이션 passivation 기술을 적용하면서 전하의 재결합 손실을 줄여 드디어 효율이 20%를 넘는 고효율 태양전지가 개발되었다. 이 기술을 이용

■ **전형적인 BSF 소자 구조**

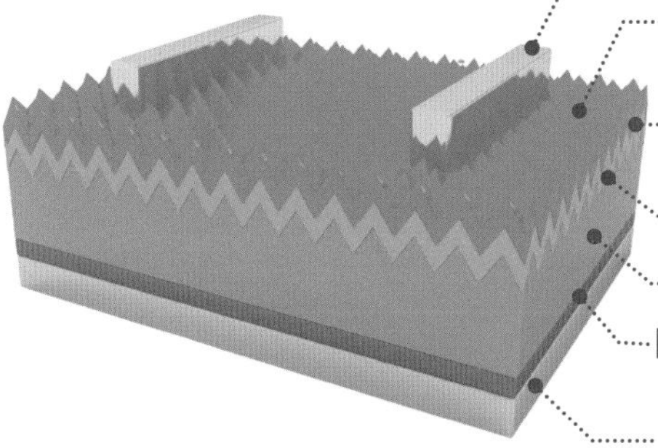

[음극] 은(Ag) 전면 전극
피라미드 모양의 표면 형성
반사방지막 코팅층
[n+] 인(P)이 도핑된 방출층
[p] base(결정질 실리콘)
[p+] Al–BSF(알루미늄 후면 전계)
[양극] 알루미늄(Al) 후면 전극

광흡수 개선을 위한 반사방지막과 피라미드 구조를 도입한 n형의
에미터 및 알루미늄 후면 금속을 사용한 BSF 태양전지 구조

출처: 주민규 외(2019)[3]

한 대표적인 전지로는 MINPMetalinsulator-NP junction와 PESCPassivated Emitter Solar Cell 전지가 있다.

먼저 MINP 태양전지의 구조를 살펴보자. 얇은 SiO_2 막을 이용하여 전면전극과 실리콘 기판 사이의 접촉면을 패시베이션시키고, 나머지 기판의 전면을 비교적 두꺼운(60 Å) SiO_2 막으로 패시베이션시킨다. 이 MINP 태양전지는 복잡한 공정을 필요로 하지만 당시 최대인 18% 이상의 변환효율을 보였다.

PESC 태양전지는 효율 20%의 벽을 넘은 최초의 전지로 MINP와

■ **PESC(Passivated Emitter Solar Cell) 태양전지 구조**

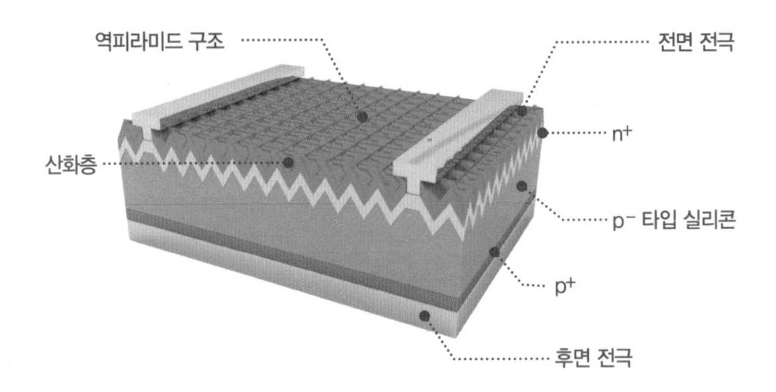

실리콘 산화막을 이용한 실리콘 표면과 전극의 패시베이션 기술이 적용된 실리콘 태양전지 구조 모식도. 이 기술로 전하의 재결합 손실을 줄여 20% 이상의 고효율 실리콘 태양전지가 연구개발되었으며 이후 다양한 실리콘 태양전지의 기본 구조가 됨.

출처: Lee(2021)[4]

구조가 비슷한데, 상부전극 하부의 얇은 산화막을 뚫어 상부전극과 광활성 실리콘 층이 직접 만나는 구조다. 상부의 에미터를 산화막으로 패시베이션하고, 전극이 형성되는 부근의 산화막은 포토리소그래피Photolithography 공정으로 제거하는 과정을 거친다. 그러나 후면 전극으로 사용되는 알루미늄의 경우, 열처리 중에 생기는 결함에 의한 전하들의 재결합이 많아서 개방전압open circuit volatage(*Voc*)과 단락전류Short circuit current(*Isc*) 모두 이론값보다 낮다.

이를 극복하기 위해서는 후면전극도 역시 패시베이션해야 하는

■ **PERC(Passivated Emitter and Rear Cell) 태양전지 구조**

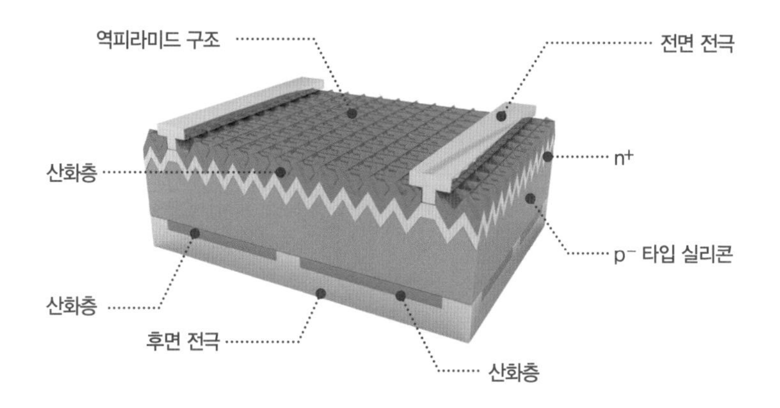

태양전지에 흡수된 장파장의 태양광을 전지 안으로 반사시켜 효율을 높이고,
장파장을 태양전지 뒷면으로 빠져나가게 함으로써
태양전지의 온도 상승으로 인한 효율 저하를 낮춤.

출처: Lee(2021)[5]

데 PESC 태양전지의 후면전극 구조를 개선하여 효율을 향상시키고자 고안된 것이 PERCPassivated Emitter and Rear Cell 태양전지다. 이와 같은 PERC 구조의 태양전지의 효율은 23.3%에 달하는 것으로 보고되었다. 더 나아가 PERLPassivated Emitter Rear Locally Diffused 태양전지가 개발되었는데, PERC 구조에서 후면전극 부근의 실리콘을 붕소Boron로 강하게 도핑하여 전극을 패시베이션하고 전극의 접촉저항을 낮추어 최고효율 24.7%를 기록하기도 했다.

실리콘 태양전지는 지속적으로 발전을 거듭하면서 최적화되어

■ **HBC(Hetero-junction Back Contact) 태양전지 구조**

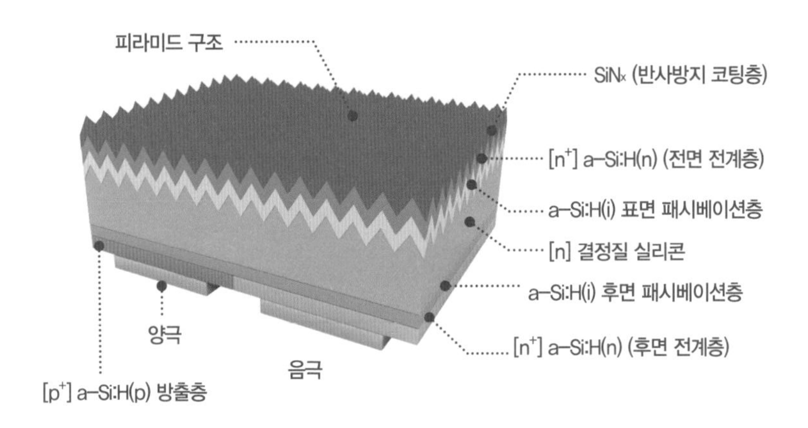

태양전지에 흡수된 장파장의 태양광을 전지 안으로 반사시켜 효율을 높이고, 장파장을 태양전지 뒷면으로 빠져나가게 함으로써 태양전지의 온도 상승으로 인한 효율 저하를 낮춤.

출처: Nakamura et al.(2014)[6]

효율이 높아졌으며, HBCHetero-junction Back Contact 태양전지 구조가 2014년에 개발되면서 결정질 실리콘의 이론적 한계로 알려진 29%에 근접한 26.7%에 이르는 효율을 보였다. 현재도 더욱 높은 효율의 태양전지 구조를 개발하기 위해 많은 연구가 진행되고 있으며, 최근에는 후면에서 반사되는 빛을 이용하는 양면 수광형 구조에 대한 기대가 매우 높아지고 있다.

페로브스카이트 태양전지

새로운 강자의 등장

요즘 태양전지 관련 연구 현황을 들여다보면 마치 무협소설을 보는 양 흥미롭다. 실리콘이라는 절대강자에게 도전하는 무수한 신흥강자들이 자신의 실력을 갈고닦으면서 시시때때로 도발하는 것을 볼 수 있기 때문이다. 그중에서도 눈에 띄는 신흥강자가 바로 페로브스카이트다. 실리콘과 페로브스카이트의 내공을 비교하면 70년과 10년으로 60년 정도(1갑자) 차이가 나지만, 페로브스카이트는 다방면으로 소질을 보이며 현재 많은 사람들의 기대를 한 몸에 받고 있다.

실리콘 태양전지는 오래전부터 개발되어 왔기에 기술들 하나하나가 태양전지의 역사라고 해도 과언이 아닐 정도로 그 대표성이 확실하다. 이 말은 이미 태양전지의 생태계가 실리콘을 위주로 돌아간다는 뜻이고, 기존의 대규모 설비와 투자를 포기할 만큼 엄청난 결심을 하지 않고서는 이러한 현 상황을 바꾸기란 불가능해 보인다. 그래서 앞에서 언급한 신흥강자들은 직접적으로 실리콘의 영역을 침범하기보다는 실리콘 태양전지가 못 하거나 안 하는 분야를 개척하려고 한다. 즉, 실리콘 태양전지를 제조하기 위해서는 엄청난 설비와 고온 작업이 필요하므로 초기 투자를 대단위로 실행해야 하는 데 비해, 최근 각광받고 있는 차세대 태양전지들은 용액을 이용하는 인쇄방법으로 아주 손쉽게 제작할 수 있고 다양한 형태로도 만들 수 있다.

■ **차세대 태양전지 장단점**

차세대 태양전지 종류	장점	단점
유기태양전지	• 유연성, 비진공 용액공정 가능 • 반투명 태양전지 제작 가능 • 무게가 가벼움 • 흡수영역대 조절 가능	• 장기 내구성 및 추가 효율 향상 연구 필요 • 이론적 효율 한계치가 낮음 • 유기물의 복잡한 합성 과정
박막 및 양자점 태양전지	• 밴드갭 조절이 자유로움 • 용액공정 가능 • 물질들 가격이 저렴함	• 중금속 사용으로 인한 유독성 • 이론적 효율 한계치가 낮음
감응형 및 페로브스카이트 태양전지	• 저순도 물질 사용 가능 • 저가격 비진공 공정 가능 • 고효율 성능 • 저온 용액공정 가능	• 수분에 취약함 • 장기내구성 검증 필요 • 박막결정화 공정개발 필요

이들 용액공정이 가능한 차세대 태양전지에는 염료감응 태양전지, 유기태양전지, 양자점 태양전지가 있으며 1990년대 초반부터 활발히 개발되어 왔으나 현재도 효율이 18% 내외로 낮아 상용화에 걸림돌이 되고 있다. 그러나 유연하게 만들 수 있고 제법 아름다운 색을 띠어 반투명하게도 만들 수 있기 때문에, 도심지 건물에 직접 부착하거나 창호에 도입하려는 시도가 계속되어 왔다. 이러한 장점들을 모두 가진 새로운 페로브스카이트 태양전지가 아주 우연한 기회에 우리 앞에 나타났다.

페로브스카이트란?

먼저 페로브스카이트에 대해서 간단하게 소개한 뒤 이를 이용한 태양전지에 대해 논의하고자 한다.

페로브스카이트의 구조는 ABX_3의 분자식으로 간단히 나타낼 수 있는데, 지구에서 가장 큰 부피를 차지하는 멘틀도 이와 유사한 구조로 알려져 있다. ABX_3 분자식의 A자리에는 유기 혹은 무기 양이온(A^+)이 위치해 있고, B자리에는 2가 금속 양이온(B^{2+})이 위치해 있으며, 마지막으로 X자리는 할로겐 음이온($3X^-$)으로 구성되어 있다. 이 페로브스카이트의 이상적인 구조는 다음 그림과 같은 입방구조Cubic structure로 가장 안정적이다.

가장 잘 알려져 있는 기본적인 유기–무기 하이브리드 페로브스카이트는 A자리의 유기물이 메틸암모늄methylammonium으로 된

$CH_3NH_3PbI_3$(methylammonium lead iodide, $MAPbI_3$)이고, 무기물 페로브스카이트는 A자리에 세슘Cesium이 들어 있는 $CsPbBr_3$이다. 현재까지는 B자리에 납이 들어 있는 페로브스카이트가 광학적 물성이 가장 우수한 것으로 알려져 있는데, 빛을 효율적으로 이용하는지를 판단하는 잣대인 광흡수계수가 보통의 태양전지 재료보다 10배 이상 크다. 또한, X자리의 원소(I^-, Br^-, Cl^-)를 바꾸거나 혼합 사용해서 아주 손쉽게 밴드갭을 조절할 수 있어 탠덤 태양전지와 같은 많은 응용분

■ **페로브스카이트 입방구조**

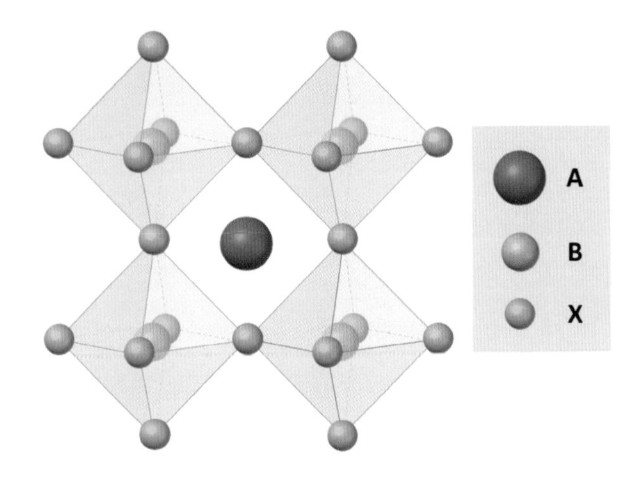

ABX_3 분자식으로 이루어진 페로브스카이트 입방구조의 모식도. 정팔면체 중심에 B원자가 위치하며 각 꼭지점에 X원자가 위치함. 정팔면체 주위로 A원자가 결합되어 입방구조를 이룸.

야에 적용할 수 있을 것으로 기대된다.

여기에 더해서 태양전지에 사용되는 광활성 물질은 엑시톤exicton 결합 에너지가 낮아야 하고, 전하확산거리가 충분히 길면 생성된 전하들이 대부분 전극으로 흘러나갈 수 있어서 가장 효율적으로 사용할 수 있다. 앞에서 눈썰매 타는 아이들을 태양빛에 의해 생성된 전자라고 했던 눈썰매장을 다시 떠올려보자. 아이가 눈썰매를 타려면 출발점이 있는 언덕까지 부모님의 손을 잡고 올라가야 한다. 이때 경사가 급해 아이가 부모님의 손을 놓지 못하거나, 크고 작은 웅덩이가 있다면 눈썰매를 타기가 어려울 것이다.

이것을 태양전지에 비유하면, 앞에서 언급한 엑시톤 결합 에너지가 부모님과 잡은 손이고, 전하확산거리를 크고 작은 웅덩이 사이의 거리로 보면 된다. 즉, 부모님과 잡은 손을 놓아야 비로소 눈썰매를 타고 슬로프를 내려올 수 있고 웅덩이 사이의 거리가 멀어야 눈썰매가 중간에 멈추지 않고 다 내려올 수 있듯이, 엑시톤 결합 에너지가 낮고 전하확산거리가 길어야 전류가 흘러나갈 수 있다. 이때 슬로프의 높이가 앞에서 언급한 밴드갭이라고 보면 된다. 낮은 슬로프 눈썰매장이 곧 밴드갭이 작은 광활성층을 이용하는 태양전지라고 할 수 있는데, 이 경우 전류는 크지만 전압이 낮다. 반대로 높은 슬로프의 눈썰매장, 즉 밴드갭이 큰 광활성층을 이용하는 태양전지는 전압은 높지만 전류가 적게 흐른다. 가장 많은 아이들이 즐겁게 눈썰매를 타려면 슬로프의 높이를 잘 조절해야 하듯, 태양전지의 최적화를

■ 페로브스카이트 장단점

항목		세부사항
장점	비용	• 용액 공정으로 고품질 결정 생성 가능 • 저온에서 박막화 공정 가능
	고효율	• 밴드갭 제어 가능(2.3 eV ~ 1.1 eV) • 높은 광흡수 계수(〉 3×10^4 cm^{-1}) • 전하 확산 거리(단결정에서 ~175 μm) • 낮은 exciton 결합 에너지(〈 50 meV) • 깊은 레벨의 트랩 생성 억제(높은 개방전압) • Ambipolar 전하 이동 특성(소자 구조 설계에 적합한 높은 자유도)
단점	내구성	• 수분에 의한 구조 저하가 쉬움 • 광, 열에 의한 물질 변화 및 거동 규명 필요 • 이온의 이동에 의한 성능 감소
	대면적화	• 고속 용액 코팅 공정 장비 적용 고품질 박막화 필요 • 대면적 균일 막 제조 공정 개발 필요
	친환경 물질	• Pb를 대체할 수 있는 신조성 개발 필요 • 공정 시 유독성 용매를 대체할 친환경 용매 필요

출처: 이선주(2017)[7]

위해서는 광활성층에 사용되는 물질의 밴드갭을 최적화하는 것이 필수다. 실리콘의 밴드갭이 정해져 있는 것에 비해 ABX_3 성분을 가진 페로브스카이트는 조성을 바꾸는 간단한 방법으로 밴드갭을 쉽게 조절할 수 있어서 매우 유용하고 우수한 물질이라고 할 수 있다.

페로브스카이트 태양전지 관련 연구 현황

페로브스카이트 태양전지는 일본의 미야자카 교수 연구팀이 2009년 미국 화학회지에 3.8%의 효율을 처음 보고하면서부터 주목받기 시작했다. 보통 태양전지의 재료는 반도체성을 가져야 하는데, 이전까지의 페로브스카이트는 연료전지의 전극으로 사용되거나 고온 초전도체를 만들 수 있는 조금 특이한 물성을 가지는 물질로 알려졌고, 아주 좋은 도체나 부도체로 사용되었다. 그러다가 $MAPbI_3$를 이용한 태양전지가 개발되면서 페로브스카이트는 반도체로서도 각광받게 되었다.

아이러니하게도 당시 페로브스카이트 태양전지의 구조는 효율 향상에 어려움을 겪던 염료감응형 태양전지의 형태에, 유기 염료를 대신해 $MAPbI_3$와 $MAPbBr_3$를 이용함으로써 태양전지로서의 가능성을 확인하는 수준이었다. 그런데 성균관대학교의 박남규 교수 연구팀이 정공hole(전자가 이동한 빈 자리)수송층을 액체에서 고체로 바꾸면서 약 10%에 가까운 효율을 얻었다. 이후 10년 정도의 짧은 기간 내에 페로브스카이트 태양전지는 실험실 수준에서 세계 최고효율이 25.5%에 달할 만큼 빠른 속도로 효율 개선을 달성했다. 또한, 국내 화학연구원과 고려대학교, UNIST 연구팀이 계속해서 세계 최고효율을 갱신하며 차세대 태양전지 연구개발에서 최고의 능력을 보여주고 있다. 지금부터 이러한 페로브스카이트 태양전지의 효율 향상에서 가장 중요한 이정표가 된 연구결과를 함께 살펴보자.

그 어떤 태양전지에서도 적은 햇빛으로 많은 전기를 생산하는, 즉 광변환효율을 높이는 방법은 주로 두 가지다. 하나는 햇빛을 받아 전류를 생성하는 반도체 광활성층을 최적화하는 방법이고, 다른 하나는 생산된 전류를 잘 흘러가게 하는 중간층Interlayer을 최적화하는 방법이다. 여기에서는 태양광을 직접 받아서 전류를 생성하는 역할을 하는 광활성층을 주로 다루고자 한다.

최초의 페로브스카이트 태양전지는 염료감응형 태양전지와 같은 구조여서 액체 전해질을 정공수송층으로 사용했다. 이렇게 되면 액체 전해질에 의해 광활성층으로 사용되는 페로브스카이트층이 많

■ **태양전지용 페로브스카이트 및 소자 구조**

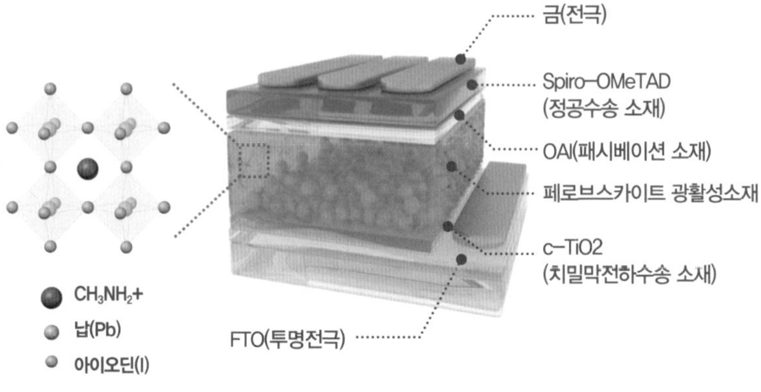

페로브스카이트 구조에 빛을 쪼이면 전자(-)는 아래쪽 무기산화물로, 정공(+)은 유기물층으로 이동하여 전류가 생성됨.

이 손상되어 아주 짧은 시간에 효율이 급격히 저하된다. 이를 극복하기 위해 고안된 구조가 지금도 가장 많이 연구 중인 다공성 TiO_2와 spiro-OMeTAD 박막 사이에 광활성층을 두는 것이다. 이때, TiO_2와 spiro-OMeTAD는 각각 전자수송층과 정공수송층으로 사용된다. 이 광활성층을 최적화하는 방법도 아주 많다. 페로브스카이트의 조성을 바꾸는 방법, 결정의 크기를 조절하는 방법, 그리고 작은 결정들을 잘 패시베이션하는 방법 등 많은 연구자들이 이와 관련한 연구에 매달려 있다.

미야자카 교수팀이 효율 3.8%인 태양전지를 개발한 지 10년여 만에 광변환효율이 25.5%로 높아졌다. 1954년 벨 랩에서 6% 정도 효율의 실리콘 태양전지를 개발한 이후로 현재 26% 이상의 효율을 내기까지 60년 이상이 소요된 것에 비하면, 실로 어마어마한 속도로 효율이 향상되었다고 볼 수 있다. 이러한 효율 향상에 가장 큰 역할을 한 것이 바로 페로브스카이트 광활성층의 최적화다.

일반적인 태양전지에 사용되는 광활성층의 경우, 1μm 두께의 얇은 박막을 만들 때 주로 열증착이나 스퍼터링sputtering과 같은 방법으로 아주 균질한 박막을 만들어 고효율을 확보한다. 그러나 페로브스카이트 태양전지의 경우에는 주로 용액공정을 이용해서 박막을 만들기 때문에 박막의 질을 균일하고 치밀하게 만들어 내기가 아주 어렵다. 이러한 문제는 빠른 결정화 반응에 의한 것인데, 한국화학연구원KRICT: Korea Research Institute of Chemical Technology에서는

Dimethylsulfoxide(DMSO)를 페로브스카이트 중간상인 PbI_2-DMSO-MAI에 도입하여 결정화 속도를 늦춤으로써 치밀한 박막을 제조하는 방법인 용매공학법solvent engineering process을 다음 그림과 같이 제시하였다. 이때 DMSO는 페로브스카이트 층의 균일한 결정화를 위해서만 필요할 뿐 소자제작 시에는 추출해야 하는데, 톨루엔toluene과 같은 페로브스카이트층을 손상시키지 않으면서 필요없는 이물질을 없애주는 반용매anti-solvent를 이용해서 매우 치밀하고 균일한 박막을 확보할 수 있다. 이 반용매 기술을 통해 인증효율 16.2%의 태양전지를 구현할 수 있었다.

기존의 가장 대표적인 유기－무기 하이브리드 페로브스카이트의 대표적인 조성은 유기 양이온인 MA^+와 2가 금속양이온인 납

■ **반용매 적하(anti-solvent dripping) 및 페로브스카이트-DMSO 중간상을 이용한 용매공학법(solvent engineering process) 모식도**

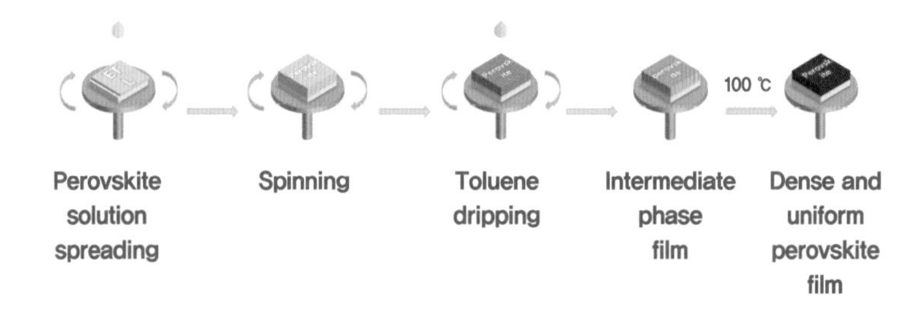

출처: Jeon et al.(2014)[8]

(Pb^{2+}), 그리고 1가 음이온인 할로겐 물질로 이루어진 $MAPbI_3$인데 이는 1.57eV의 밴드갭을 가진다. 이론적으로는 약 1.3~1.4eV의 밴드갭을 가지는 물질이 최고의 효율을 보인다고 알려져 있다. 더 많은 광전류를 확보하기 위해서는 $MAPbI_3$보다 작은 밴드갭을 갖는 물질의 개발이 필요했다. 이에 MA^+를 FA^+(Formamidinium)으로 대체하는 연구가 진행되어 $(FAPbI_3)_{0.85}(MAPbBr_3)_{0.15}$ 조성에서 아주 안정적이면서도 인증효율 17.9%의 고효율이 나오는 것을 확인했다.[9]

이 연구를 시작으로 페로브스카이트에 있는 유기 양이온과 함께 무기 양이온인 세슘(Cs) 혹은 루비듐(Rb) 등을 아주 적은 양 첨가해서 고효율과 안정성을 동시에 높이고자 하는 연구도 많이 진행되었다. 용매공학법은 지속적으로 발전 중인데, 화학연구원KRICT은 중간상을 위한 DMSO를 이용하여 PbI_2-DMSO 필름을 형성하고 유기 할로겐화물인 Formamidinium iodide(FAI)를 DMSO와 교환하여 페로브스카이트를 만드는 방법인 분자내교환법intramolecular exchange process으로 2015년 당시 세계 최고효율을 20.1%로 갱신했다.

KRICT에서는 20%가 넘는 효율을 최초로 발표한 이후에도 다양한 광활성층 처리를 통해 불순물을 제거하여 효율 22.1%를 달성했고, 정공 전달물질로 P3HT를 사용하고 N-hexyltrimethylammonium bromide을 이용한 페로브스카이트의 표면 패시베이션 방법을 통해 효율 22.7%를 달성했다. 이때까지는 KRICT가 계속 페로브스카이트 태양전지의 최고효율을 달성했는데, 이후 중국의 ISCAS가 전자

수송층으로 주석산화물(SnO_2)을 사용하고, 광활성층과 관련해서는 penethylammonium iodide와 순차적 도포방법을 이용하여 23.3%라는 세계 기록을 기록했다. 이후로 KRICT는 MIT와 공동연구를 통해 다시 효율 24.2%와 25.2%를 발표했다.

비교적 최근인 2019년 여름에 한국에너지기술연구원과 UNIST 공동연구팀은 페로브스카이트 박막 구현 시 용액공정 단계에서 염화메틸암모늄(MACl)을 첨가할 때 결정성과 광학적 특성이 크게 향상되어 24% 이상의 효율을 보인다는 사실을 밝혀냈다. 기존 페로브스카이트 용액에 MACl를 첨가하면, 크기가 작은 염소(Cl) 이온이 기존 요오드(I) 이온보다 메탈 금속에 강하게 결합돼 체심입방구조Cubic Structure가 먼저 형성되어 열을 크게 가하지 않아도 불순물이 없는 안정한 구조를 형성하여 높은 성능의 태양전지를 구현할 수 있다. 또한, 2020년 가을에는 기존 태양전지의 정공수송층(Spiro-OMeTAD)의 분자 구조에서 수소를 불소로 바꾸는 간단한 방식으로, 성능은 더 좋으면서도 수분을 흡수하지 않는 물질을 개발해서 24.6%의 인증효율을 확보했다.

이와 같이 페로브스카이트 태양전지의 고효율화 연구는 주로 소재 조성 및 박막 제어부터 시작해서 박막 표면 및 계면 제어 기술을 통해 괄목할 만한 성과를 이루었다. 여기에 전자수송층과 정공수송층을 포함하는 소자구조의 최적화가 더해지면 26% 이상의 효율도 머지않아 달성 가능할 것이다. 이는 실리콘 태양전지와 맞먹는 효율이고, 다양한 응용 가능성으로 본다면 그 성장가능성은 무궁무진하다고 할 수 있다.

탠덤 태양전지

실리콘 태양전지보다 더욱 높은 효율을 얻기 위해 개발 중인 것이 바로 적층을 통한 탠덤 태양전지다. 탠덤 태양전지는 통상적으로 무기물 반도체를 이용한 최고효율의 태양전지를 제작하기 위한 방편으로 사용되어 왔다. 실리콘과 페로브스카이트를 이용해 탠덤 태양전지를 만들면 기존의 비싼 공정가격을 획기적으로 낮출 수 있을 뿐만 아니라, 효율도 35% 이상에 달할 것으로 예상되어 태양전지 업계에서 큰 주목을 받고 있다.

탠덤 태양전지의 구조

탠덤 태양전지를 더 쉽게 이해하기 위해 식빵에 잼을 발라 먹는 것을 상상해 보자. 딸기잼 바른 식빵을 실리콘 태양전지, 땅콩잼 바른 식빵을 페로브스카이트 태양전지라고 하자. 딸기잼 바른 식빵은 남녀노소를 막론하고 가장 많은 사람이 즐겨 먹는다. 반면에 땅콩잼 바른 식빵은 특정한 사람에게 알레르기를 일으켜 매우 위태로운 상황까지 갈 수 있다. 땅콩은 매우 훌륭한 식품이므로 추후 알레르기

없는 땅콩이 개발된다면 더욱 많은 사람들이 땅콩잼 바른 식빵을 먹을 것으로 기대할 수 있다.

태양전지도 이와 마찬가지다. 여기에서 알레르기를 태양전지의 장기 안정성이라고 할 때 장기 안정성 문제를 극복한다면, 페로브스카이트는 실리콘 태양전지의 절대적인 위치를 위협할 수 있을 정도로 효율이 높을 뿐만 아니라 용액을 이용할 수 있는 공정의 장점과 다양한 응용분야로의 적용 가능성으로 인해 더 많이 사용될 잠재력을 지니고 있다.

이와 같은 원리를 기반으로 최고효율을 지닌 두 개의 태양전지를 적층해서 탠덤 태양전지를 만들면 하나의 태양전지가 지닌 효율보다 훨씬 높은 효율을 달성할 수 있다. 식빵이나 잼이 한쪽으로 치우치면 맛이 없어지는 것과 같이, 탠덤 태양전지를 만들 때도 각각의 광활성층에서 생성되는 전류의 크기가 균형을 이룰 때 효율은 극대화된다. 여기에서는 각각의 활성층이 균형을 이루는 실리콘/페로브스카이트 탠덤 태양전지를 중심으로 살펴본다.

먼저 탠덤 태양전지는 태양광에서 방사되는 스펙트럼의 이용을 최대화하기 위한 구조로 되어 있으며, 통상적으로 밴드갭이 서로 다른 2개 이상의 반도체를 이용하는 태양전지들을 전기적으로 이어서 만든다. 두 태양전지의 접합부가 이루는 전기적 결합 방식에 의해 4-terminal과 2-terminal로 구분된다. 4-terminal의 경우 탠덤 태양전지를 이루고 있는 두 태양전지의 음극과 양극이 서로 전기적으로 연결된다. 이와는 다르게 2-terminal의 탠덤 태양전지는 하부셀과 상부셀을 순차적으로 적층하는데, 각 셀에서 생성된 전자와 정공 같은 전하들이 두 셀을 직렬로 연결하는 중간층에서 재결합한다. 4-terminal 탠덤 태양전지의 구조는 단순하게 외부에 전선을 뽑아내서 연결하면 되지만, 2-terminal의 경우 재결합층의 최적화와 생성된 전류의 균형을 맞춰야 하는 등 제작공정이 매우 까다롭다.

다시 식빵에 비유해 보자. 4-terminal 탠덤 태양전지는 딸기잼을 바른 식빵과 땅콩잼을 바른 식빵을 각각 만든 다음 그 둘을 그냥 포갠 것이라면, 2-terminal 탠덤 태양전지는 하나의 식빵 앞뒷면에 딸

■ **4-terminal 실리콘/페로브스카이트 탠덤 태양전지 구조**

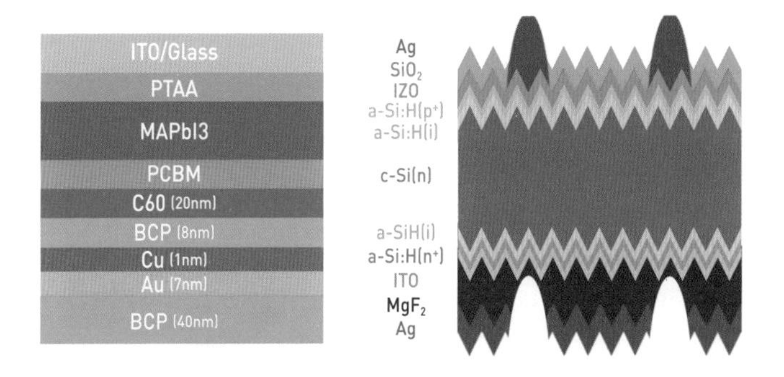

페로브스카이트 태양전지(왼쪽)와 실리콘 태양전지(오른쪽)의 음극과 양극이 전선에 의해 서로 전기적으로 연결되어 구동됨.

출처: Chen et al.(2016)[10]

기잼과 땅콩잼을 바른 다음 다른 식빵을 앞뒤에 각각 덧댄 것으로 볼 수 있다. 즉, 4-terminal 탠덤 태양전지의 경우 식빵이 4장 필요한 반면 2-terminal 구조의 경우는 식빵이 3장 필요해서 그만큼 만드는 비용도 절감하고 잼 맛도 조화롭다. 즉, 2-terminal 탠덤 태양전지의 경우 제조 단가를 절감할 수 있고, 기판과 전극에 의해 반사되어 손실되는 광량을 줄여 더 높은 광전변환효율을 기대할 수 있다. 또한, 이렇게 접합된 각각의 태양전지는 식빵에 바른 두 가지 잼이 서로 다른 맛을 내듯이, 상부셀과 하부셀에서 사용하는 반도체 물질의 밴드갭이 달라서 태양에서 나오는 빛을 이용하는 스펙트럼의 범위가 다르다.

■ **탠덤 태양전지 구조**

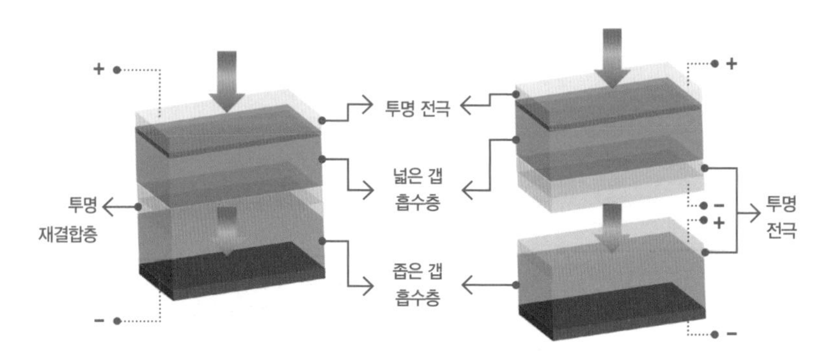

상부셀과 하부셀의 중간층에 투명 재결합층을 사용하여 2-terminal 형태의 탠덤 태양전지를 모식화함(왼쪽). 상부셀과 하부셀의 양 전극이 전선으로 연결된 4-terminal 형태의 탠덤 태양전지를 나타냄(오른쪽).

출처: 박익재, 김동회(2019)[11]

통상적으로 탠덤 태양전지에서 사용하는 반도체의 경우 밴드갭보다 큰 에너지는 거의 100% 흡수한다. 따라서 두 개의 셀을 쌓을 때 밴드갭이 작은 물질로 제작된 태양전지에 태양광이 먼저 닿으면, 여기에서 태양광을 모조리 흡수해 버려 뒤에 놓인 태양전지는 태양광을 이용할 수 없게 된다. 이렇게 되면 뒤의 태양전지에는 전류가 만들어지지 않아 앞에 있는 태양전지의 성능이 아무리 우수해도 전체적으로는 전기를 전혀 생산하지 못하게 된다.

이 문제는 밴드갭이 큰 태양전지를 앞에 놓으면 쉽게 해결된다. 앞의 태양전지가 충분히 태양광을 흡수하더라도 파장이 긴, 즉 에너지가 작은 스펙트럼이 흡수되지 않고 남아서 뒤의 태양전지로 전달되어 두 개의 셀이 모두 정상적으로 작동하는 것이다. 이렇게 되면 밴드갭이 작은 광활성층을 이용해서 단일층 태양전지를 만드는 것과 같은 정도로 태양광 스펙트럼을 활용할 수 있을 뿐만 아니라, 두 태양전지가 직렬로 연결되기 때문에 마치 건전지 두 개를 직렬로 연결하는 것과 같이 전압이 두 태양전지의 합이 된다. 실질적으로 탠덤 태양전지에서 나오는 전류가 상부셀이나 하부셀에서 나오는 전류보다 클 수는 없지만, 적절하게 작은 밴드갭은 약 1.1eV, 큰 밴드갭은 1.8eV 정도일 때 최대 40% 이상의 광변환효율을 달성할 수 있다고 알려져 있다.

앞서 언급한 것과 같이 전 세계적으로 가격경쟁력이 뛰어난 실리콘 태양전지가 태양광 시장의 90% 이상을 차지하고 있으며, 이론적

■ 실리콘/페로브스카이트 혹은 페로브스카이트/페로브스카이트 탠덤 태양전지 효율

형태	하부셀	상부셀(페로브스카이트)	효율	참고문헌
2-T	a-Si:H	$FA_{0.83}Cs_{0.17}Pb(I_{0.83}Br_{0.17})_3$ (1.63 eV)	23.6%	Bush et al. (2017)[12]
4-T	c-Si	$FA_{0.83}Cs_{0.17}Pb(I_{0.6}Br_{0.4})_3$ (1.74 eV)	25.2%	McMeekin et al.(2016)[13]
2-T	a-Si:H	$FA_{0.65}MA_{0.2}Cs_{0.15}Pb(I_{0.8}Br_{0.2})_3$ (1.68 eV)	26.7%	Kim et al. (2020)[14]
4-T	SHJ a-Si	$MAPbI_3$ (1.53 eV)	27.0%	Wnag et al. (2020)[15]
2-T	a-Si:H	$Cs_{0.2}2FA_{0.78}Pb(I_{0.85}Br_{0.15})_3$ (1.67 eV)	27.1%	Xu et al. (2020)[16]
2-T	$FA_{0.83}Cs_{0.17}Pb(I_{0.5}Br_{0.5})_3$ (1.83 eV)	$FA_{0.5}MA_{0.5}Pb_{0.5}Sn_{0.5}I_3$ (1.24 eV)	16.07%	Li et al. (2018)[17]
4-T	$FA_{0.3}MA_{0.7}PbI_3$ (1.58 eV)	$(FASnI_3)_{0.6}(MAPbI_3)_{0.4}$ (1.22 eV)	21.2%	Zhao et al. (2017)[18]
2-T	$Cs_{0.4}FA_{0.6}PbI_{1.95}Br_{1.05}$ (1.78 eV)	$Cs_{0.05}MA_{0.45}FA_{0.5}Pb_{0.5}Sn_{0.5}I_3$ (1.21 eV)	24.6%	Li et al. (2020)[19]
2-T	$FA_{0.8}Cs_{0.2}Pb(I_{0.6}Br_{0.4})_3$ (1.77 eV)	$FA_{0.7}MA_{0.3}Pb_{0.5}Sn_{0.5}I_3$ (1.22 eV)	24.8%	Lin et al. (2019)[20]
2-T	$FA_{0.8}Cs_{0.2}Pb(I_{0.6}Br_{0.4})_3$ (1.77 eV)	$FA_{0.7}MA_{0.3}Pb_{0.5}Sn_{0.5}I_3$ (1.22 eV)	25.6%	Xiao et al. (2020)[21]

인 한계에 도달한 효율을 극복하기 위해 새로운 돌파구가 필요한 상황이다. 이에 다양한 차세대 태양전지 기술 중 가장 효율이 높을 것으로 기대되는 실리콘/페로브스카이트 탠덤 태양전지 기술이 활발히 연구되고 있다. 여기에서는 4-terminal 탠덤 태양전지가 가지는 효율과 비용적인 한계로 2-terminal 탠덤 태양전지에 관한 연구 중 가장 중요하다고 판단되는 결과를 위주로 간단히 살펴보고자 한다.

탠덤 태양전지 관련 연구 현황

가장 먼저 발빠르게 움직인 그룹은 미국 스탠포드대학교의 맥기히 교수 및 MIT의 부오나시시 교수 공동연구팀이다. 이들은 단일 태양전지의 이론적인 한계 효율을 돌파하기 위한 방법으로 탠덤 태양전지를 최초로 제안했다. 비록 단일 실리콘 태양전지뿐만 아니라 페로브스카이트 태양전지의 최고효율에도 미치지 못하는 효율 13.7%의 소자를 제작하는 데 그쳤지만, 탠덤 태양전지의 잠재력은 보여주었다는 평가를 받았다.

상용화된 실리콘 태양전지의 경우 흡수되는 빛이 표면 반사로 인해 손실되는 것을 줄이기 위해 표면 텍스처texture 구조를 도입하는데, 페로브스카이트 태양전지의 경우 대부분 용액공정으로 약 1㎛ 정도의 박막을 형성한다. 고효율 실리콘/페로브스카이트 탠덤 태양전지를 제작하기 위해서 수㎛ 높이로 텍스처된 실리콘 표면 위에 용액공정으로 균일한 페로브스카이트 박막을 형성하는 것은 쉽지 않

■ **최초의 실리콘/페로브스카이트 탠덤 태양전지 모식도**

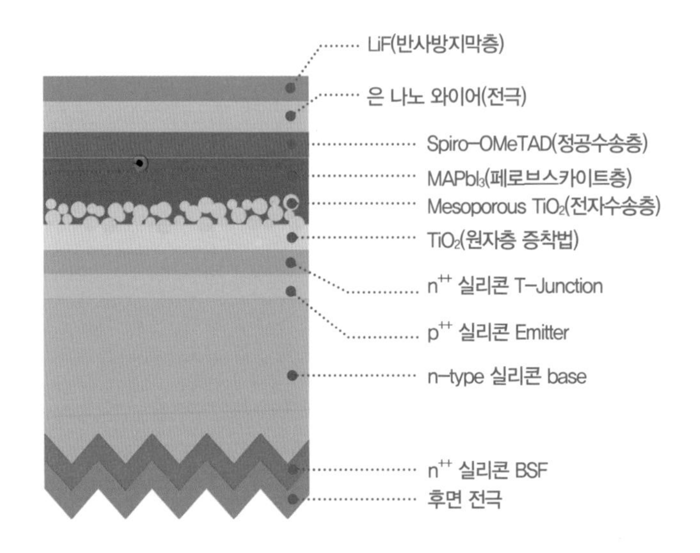

미국 연구팀은 단일 태양전지의 효율 한계를 뛰어넘기 위해
실리콘/페로브스카이트 탠덤 태양전지를 최초로 보고함.

출처: Mailoa et al.(2015)[22]

은 일이었다. 이를 해결하기 위해서 스위스 EPFLÉcole Polytechnique Fédérale de Lausanne의 크리스토프 벌리프 연구팀은 부분적으로 진공 증착법을 도입하여 페로브스카이트 박막을 텍스처된 실리콘 하부셀 표면 위에 균일하게 형성해 25.2%의 효율을 확보했다.

독일 HZBHelmholtz-Zentrum Berlin의 알브레히트 연구팀은 실리

■ **진공증착법을 도입한 실리콘/페로브스카이트 탠덤 태양전지 모식도**

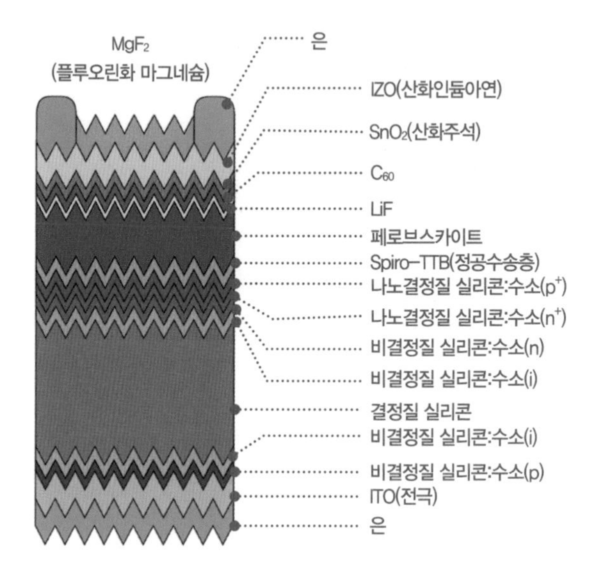

스위스 연구팀은 텍스처 구조의 실리콘 표면 위에 균일한 페로브스카이트 박막을 형성하기 위해, 진공증착법을 도입하여 25.2%의 효율을 보고함.

출처: Sahli et al.(2018)[23]

콘/페로브스카이트 탠덤 태양전지에서 많이 사용되던 PTAA라는 정공수송층을 대체하는 새로운 정공수송층을 개발하여 도입함으로써 소자에서 필연적으로 발생하는 비발광 재결합 손실을 최소화했다. 그 결과로 현재까지 보고된 효율 중에서 최고로 높은 29.1%를 달성했다.

■ 새로운 정공수송층을 도입한 실리콘/페로브스카이트 탠덤 태양전지 모식도

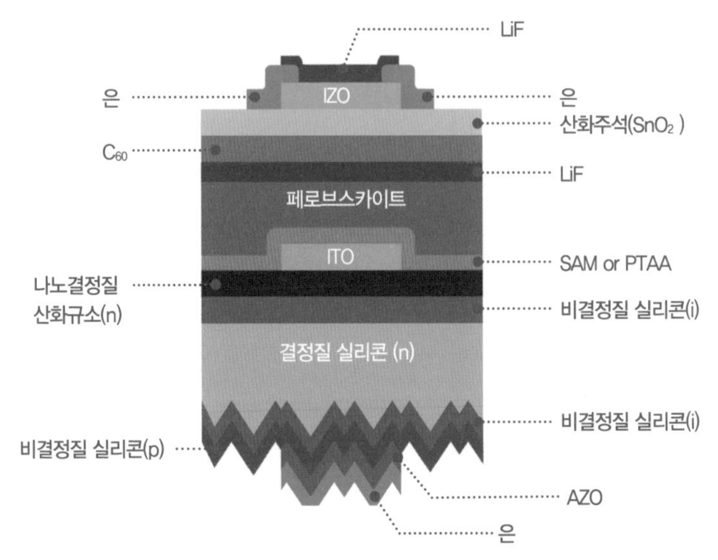

독일 연구팀은 새로운 종류의 정공수송층을 개발하여 비발광 재결합 손실을 최소화한 최고효율 실리콘/페로브스카이트 탠덤 태양전지를 제작함.

출처: Al-Ashouri et al.(2020)[24]

태양광 에너지 보급한계, 어떻게 극복할 것인가?

2021년 현재 전 지구적으로 고통받고 있는 당면과제는 코로나19로 인한 감염병이라고 할 수 있을 것이다. 그러나 이보다 더욱 시급하면서도 어려운 문제는 인류가 산업혁명 이후부터 본격적으로 내뿜기 시작한 이산화탄소를 비롯한 온실가스가 초래한 기후재앙 문제라고 할 수 있다. 특히 인류의 생존을 위해 탄소 배출량을 감축해서 달성해야 할 탄소중립은 어느 특정한 개인, 기업, 도시, 국가만이 아닌 전 지구적으로 당면한 문제다. 탄소 배출이 많은 분야는 전력생산, 운송, 건물, 산업, 농업 부분이며 기술한 순서대로 탈탄소가 가능할 것으로 알려져 있다. 여기에서는 신재생 에너지의 이용 확대를 위한 가장 큰 줄기인 태양광과 풍력 중에서도 태양광이 나아가야 할 방향에 관해 논의하고, 좀 더 많은 보급과 다양한 태양전지를 통한 전력생산의 다각화를 다루고자 한다.

과거에 가장 많이 보급되었고, 지금도 가장 많이 선택되며, 미래에도 가장 많이 이용될 발전용 태양전지는 실리콘을 기반으로 할 것이다. 이때 실리콘은 결정질로, 제조방법이 매우 복잡하고 고온 열 공정으로 인해 큰 에너지와 거대한 장비가 필요한 것이 단점이다. 이를 극복하기 위해 차세대 태양전지 중 용액공정과 저온공정이 가능한 페로브스카이트 태양전지와 유기 태양전지가 각광받고 있다. 현재 페로브스카이트 태양전지는 실리콘 태양전지를 위협할 만한 효율을 달성하고 있으며, 유기 태양전지와 같이 유연한 기판에 적용이 가능해 다양한 형태로 제작할 수 있는 장점이 있다.

지금까지 보급된 태양전지는 생산을 위해 너른 벌판이나 산을 깎아서 만든 대규모 부지가 필요하다 보니, 우리나라와 같이 국토가 좁고 인구밀도가 높은 나라에서는 그다지 우선해서 도입할 만한 전력원으로 여겨지지 않았다. 이러한 설치 혹은 보급의 한계를 극복하기 위한 가장 좋은 방법은 사람들이 많이 사는 도시의 건물에 태양광발전을 적극적으로 도입하는 것이라고 할 수 있다. 이러한 건물용 태양광발전BIPV: Building Integrated Photovoltaics 혹은 BAPV: Building Applied Photovoltaics은 태양광을 이용한 효율적인 전력생산 및 직접 소비, 그리고 온실가스 감축 측면에서 그 중요성이 점점 커지고 있다. 도심 태양광발전을 위해서는 경량이면서도 다양한 색깔을 낼 수

■ **BIPV(건물용 태양광 발전) 적용 사례**

지붕형 벽면형 창문형

있는 재료로 만드는 태양전지 개발이 반드시 필요하다. 즉, 태양광 발전의 대중화를 위해서는 발전 부지가 부족한 국내 현실을 고려하여 설치비용이 적고 도심 구조물 및 건축물과 심미적인 조화를 이루는 태양전지의 개발이 필요하다고 할 수 있겠다.

이때 실리콘 기반의 태양전지는 불투명하고 색상도 심미성 낮은 검은색 계열이어서 도심 구조물 등에 적용하기 힘들며, 딱딱한 실리콘의 특성상 다양한 곡면과 형태의 건물에 적용하기 힘든 문제점도 지니고 있다. 이를 극복하기 위한 방안으로 제시되는 것이 차세대 태양전지로 떠오른 유기 혹은 페로브스카이트 박막형 태양전지를 이용하는 것이다. 이들은 광활성층이나 기능층 등에 이용되는 주요 재료가 유기고분자, 금속 할라이드halide 반도체, 금속산화물 등 용액 공정이 용이한 물질로 구성되어 있어서 기존 고분자 인쇄 및 가공 기술을 적용하면 쉽게 조립/제작이 가능하다. 이러한 차세대 태양전지는 기존 실리콘 태양전지로는 구현이 쉽지 않았던 매우 얇은 필름형으로 제작이 가능해서 유리창은 물론 각종 도심 구조물이나 건물 외벽 등에 쉽게 부착할 수 있을 것으로 보인다. 즉, 발전용 태양전지를 설치하기 위해 산을 깎아 개발할 필요가 없고 도시의 모든 건물이 전기를 생산할 수 있어 토지 면적에 구애받지 않아도 되는 큰 장점이 있다.

차세대 에너지 전환 소자로서 태양전지를 도심형 빌딩의 유리, 자동차 창문 등 다양한 분야에 폭넓게 적용하기 위해서는 투명하게 만드는 것이 매우 중요하다. 그러나 현재 개발 중인 투명 태양전지들은 낮은 광전변환 효율 및 낮은 안정성, 무색 구현의 어려움 등으로 한계에 직면해 있다. 최근에는 가시광 영역 파장의 빛은 모두 투과시키고, 근적외선 영역의 빛만을 이용하여 전기를 생산하는 무색·투명 태양전지도 보고되었다. 그러나 투명하다는 것은 그만큼 태양광을 이용하지 못하고 통과시킨다고 볼 수 있어서 매우 낮은 광전변환효율을 보일 것이 자명하다. 따라서 상용화가 가능한 수준으로 투명한 태양전지를 개발하기 위해서는 다양한 방법으로 효율을 높여야 할 것이고, 그러려면 지금까지 생각하지 못했던 새로운 접근 방식이 필요할 것으로 보인다.

또한, 투명한 태양전지의 경우 창호에 이용할 수 있겠지만, 이 경우에도 다양한 형태의 건물 외벽에 태양전지를 부착하기 위해 딱딱한 기판을 이용하기보다는 유연해서 쉽게 구부리거나 휠 수 있는 기판을 이용한 필름형 태양전지도 개발해야 한다. 결정질 실리콘의 경우 너무 두껍고 무거워서 건물 외벽에 붙이는 것보다는 세우는 발전소 형태가 선호된다. 그러나 유기 및 페로브스카이트 태양전지는 플라스틱 기판에서도 용액공정으로 충분히 제작이 가능해서 좋은 대안이 될 것으로 기대를 모으고 있다. 특히 유기 태양전지는 다양한 색을 낼 수 있어 심미적으로 매우 우수하며, 페로브스카이트 태양전

■ **궁극적인 BIPV(건물용 태양광 발전) 모식도**

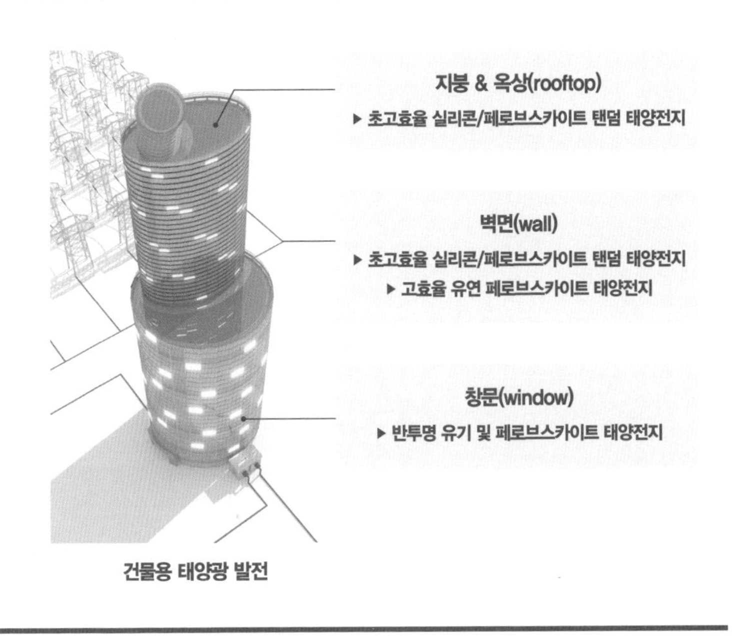

출처: 광주과학기술원 차세대 에너지 연구소[25]

지의 경우 색을 낼 수 있을 뿐만 아니라 효율도 매우 높아 머지않은 미래에 우리 주변에서 쉽게 찾아볼 수 있을 것으로 보인다. 앞의 그림은 지붕에서부터 창문까지 건물의 모든 곳에서 에너지 생산을 하는 상상도다. 그야말로 에너지 자립형 건물용 태양광 발전소의 궁극적인 모습이라고 할 수 있다.

실리콘 태양전지

결정질 실리콘 태양전지는 다른 태양전지들에 비해 광전변환 효율과 안정성이 높고, 원재료 또한 풍부하여 현재 태양전지 시장의 90% 이상을 차지하고 있다. 하지만 결정질 실리콘 웨이퍼의 불투명한 성질로 인해 이를 이용한 투명한 태양전지 개발에는 어려움이 있는 실정이다.

투명하거나 유연한 실리콘 태양전지(서관용)

앞에서 언급한 어려움을 극복하기 위해 UNIST에서는 마이크로

미터(㎛) 크기의 광투과 영역을 도입한 무색·투명 결정질 실리콘 기판을 개발하고, 이를 이용하여 무색의 투명 결정질 실리콘 태양전지를 제작했다. 먼저 가시광 영역 파장이 모두 투과하는 광투과 영역을 설계하고, 사람 시력의 한계를 고려하여 사람의 눈으로는 광투과 영역이 식별되지 않도록 했다. 그 결과 유리처럼 완벽한 투명 결정질 실리콘 웨이퍼를 개발했다. 이와 더불어, 광투과 영역을 제외한 광흡수 영역에 기존 결정질 실리콘 태양전지 제작 시 사용되는 두께와 동일한 두께를 사용함으로써 300~1,100㎚ 파장 영역을 효과적으로 흡수할 수 있도록 설계했다.

UNIST에서 개발한 투명 결정질 실리콘 태양전지는 20%의 투과도에서 12%가 넘는 매우 높은 광전변환효율을 보였으며, 50%의 투과도에서도 7%가 넘는 광전변환효율을 보였다. 이는 현재까지 개발된 다양한 종류의 무색·투명 태양전지들과 비교할 때 월등하게 높은 결과다. 이 결정질 실리콘 기반 무색·투명 기판 및 태양전지는 기존에 개발된 투명 태양전지의 한계를 뛰어넘는 매우 혁신적인 기술이라고 소개할 수 있다.

기존에 개발된 결정질 실리콘 태양전지는 딱딱하기만 하고 유연성이 없어 평평한 표면에만 설치할 수 있었다. 이와는 다르게 유연 태양전지는 굴곡지거나 움직일 수 있는 표면에 설치가 가능하기 때문에 태양전지 설치의 한계를 극복하고 다양한 분야에 적용할 수 있다. UNIST에서는 유연하지 않은 결정질 실리콘에 유연성을 부여하

■ **투명 결정질 실리콘 태양전지**

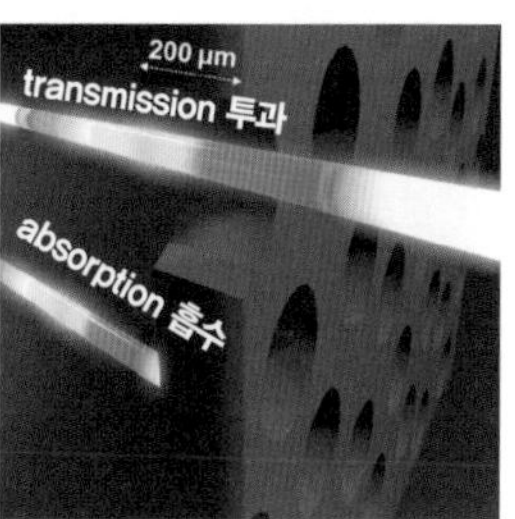

상용 결정질 실리콘 웨이퍼

투명 결정질 실리콘 웨이퍼

결정질 실리콘 웨이퍼에 사람의 눈으로 인식 불가능한 마이크로 구조를 도입하여, 세계 최초의 무색·투명 결정질 실리콘 기판 및 태양전지 개발에 성공함.

출처: Lee et al.(2020)[26]

기 위해, 사람 머리카락 절반 정도인 50㎛ 두께 이하의 얇은 박막결정질 실리콘을 사용했다. 결정질 기판의 두께가 얇아질수록 유연성이 높아진다는 물질의 기본적인 원리를 활용한 것이다. 그러나 박막결정질 실리콘의 경우, 빛 흡수 능력이 떨어져 고효율 태양전지 개발에 치명적인 한계가 있다. 기존에도 많은 연구들이 빛 흡수를 늘리려는 시도를 거듭했으나 태양전지의 유연성을 유지하지 못하는 문제가 있었다.

이에 UNIST에서는 두께가 얇은 박막결정질 실리콘의 낮은 빛 흡수를 해결하는 동시에, 안정적인 유연성을 보이는 고효율 유연 태양전지 개발에 성공했다. 먼저 박막결정질 실리콘의 빛 흡수를 늘리면서 유연성을 유지하기 위해 수직 정렬된 마이크로와이어microwire라는 독창적인 구조를 박막결정질 실리콘 태양전지 상부에 배열했다. 마이크로와이어가 배열된 박막결정질 실리콘의 경우 표면반사율이 40%에서 2% 미만으로 감소했으며, 굽힐 때 박막 선체에 힘이 고르게 가해져 유연성이 감소하지 않음이 증명되었다. 최종적으로 제작된 유연 결정질 실리콘 태양전지는 세계 최고효율(18.9%)을 달성하는데 성공했다.

■ **유연 결정질 실리콘 태양전지와 이에 적용된 마이크로와이어 구조체**

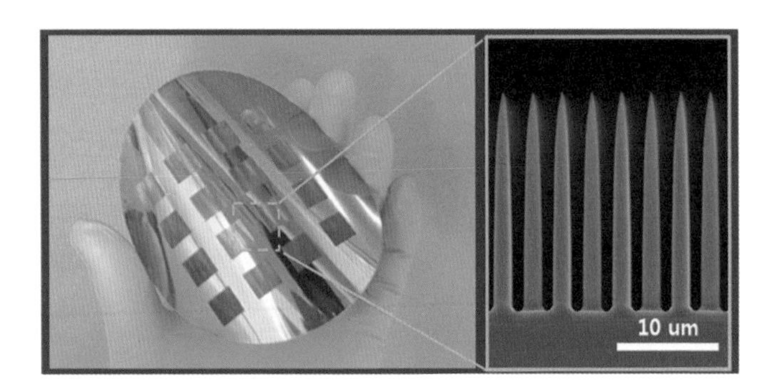

박막 결정질 실리콘의 낮은 빛 흡수를 해결하고 동시에 안정적인 유연 특성을 보이는 고효율 유연 태양전지를 개발함. 현재까지 보고된 유연 결정질 실리콘 태양전지 중 세계 최고 효율(18.9%)을 달성함.

출처: Hwang et al.(2018)[27]

페로브스카이트 태양전지

페로브스카이트 태양전지는 실리콘 태양전지와 효율이 대등하면서도 인쇄공정을 이용해 제작이 가능하다. 다양한 곳에 적용할 수 있을 것으로 기대되어 현재 많은 관련 연구가 진행되고 있다.

페로브스카이트 결함 최소화(석상일)

UNIST에서는 2017년 4월에 세계 최고의 안정성을 가진 페로브스카이트 태양전지를 만들 수 있는 핵심소재를 개발하고, 저가로 제작하는 기술을 개발해 사이언스Science지에 발표했다. 당시 UNIST에서 개발한 소재는 자외선을 포함한 태양광에 취약하던 태양전지가 태양광에 1,000시간 이상 노출돼도 안정적으로 효율을 유지해주고, 광전극 소재도 200℃ 이하에서 공정을 진행할 수 있게 해주어 페로브스카이트 태양전지의 제작을 한층 수월하게 했다. 더 나아가 온도와 압력을 가해 두 물체를 단단히 접착시킴으로써 연속적이며 대량생산 공정이 가능한 '핫-프레싱hot-pressing 공법'을 새롭게 제안했다. 이로부터 고효율과 고안정성을 지닌 페로브스카이트 태양전지를 저비용으로 제조할 수 있는 방법론이 대두되었고, 대면적 연속공정에 대한 추가 연구를 통해 상용화의 기대를 모았다.

이후 2개월여 만인 2017년 6월 다시 새로운 기록을 달성하면서 사이언스Science지에 논문을 출간했다. 이 기술의 핵심은 페로브스

■ 고효율 태양전지 제작을 위한 새로운 전극 형성 과정 모식도

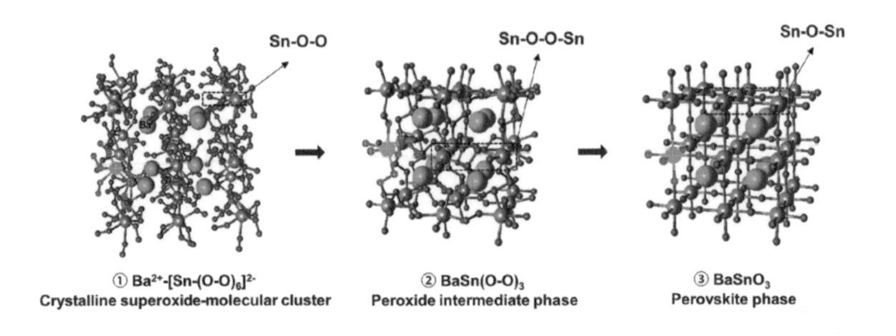

신규 금속도핑된 산화 페로브스카이트를 합성해
기존의 전자수송층인 TiO_2를 대체하여 고효율의 태양전지를 제작함.

출처: Shin et al.(2017)[28]

카이트 태양전지의 광전효율을 떨어뜨리는 것으로 알려진 할로겐화물의 결함defect을 조절하여 잡은 것이다. 페로브스카이트 박막에서 할로겐화물로 '요오드 이온(I^-)'을 사용했는데, 이것을 3개의 분자가 결합된 요오드 이온(I_3^-) 형태로 만들어 페로브스카이트 광활성층을 제작할 때 첨가했다. 그 결과 페로브스카이트 박막 내부 결함이 획기적으로 줄어들어, 미국에너지기술연구소NREL: National Renewable Energy Laboratory에서 페로브스카이트 태양전지 소자의 에너지 변환효율을 22.1%로 인증받았다. 또한, 이 기술로 만든 1㎠ 면적의 소자도 19.7%라는 세계 최고 효율을 공인받아 대면적화 모듈의 고효율

화 가능성을 확인함에 따라, 페로브스카이트 태양전지의 조기 상용화에 대한 기대감이 커지고 있다.

UNIST에서는 이후 지속적인 연구를 거듭해 2020년 10월 페로브스카이트 태양전지의 발전효율과 안정성을 동시에 끌어 올리는 방

■ A 사이트 양이온 첨가를 통한 페로브스카이트 구조 안정화 모식도

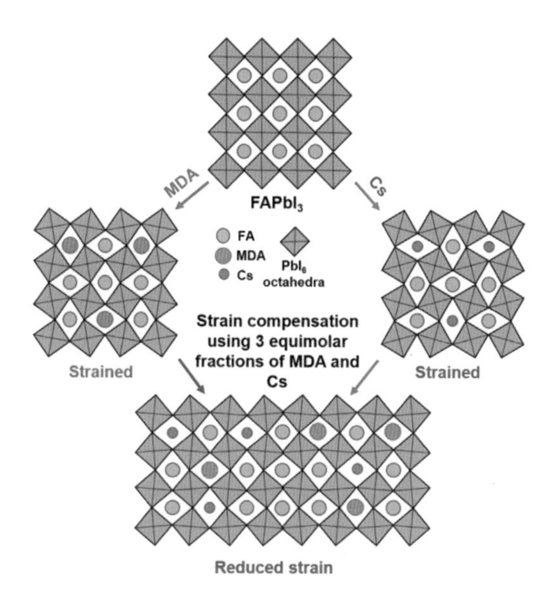

다양한 양이온들을 A 사이트에 첨가함으로써 페로브스카이트의 구조적 안정성을 높이고, 결과적으로 효율을 높임.

출처: Kim et al.(2020)[29]

법을 찾아 사이언스지에 다시 발표했다. 이 기술은 페로브스카이트 태양전지 광활성층의 미세 구조 변형을 최소화해 발전효율과 안정성을 모두 잡을 수 있는 장점이 있다. 광활성층인 페로브스카이트에서 생기는 결함의 주요 원인은 이온 크기가 서로 맞지 않아 발생하는 구조적 변형인데, UNIST에서는 구성하는 이온의 종류와 비율을 바꿔 내부 결함을 줄이고 화학적 안정성을 높였다.

크기가 큰 이온이 여러 개 있으면 내부의 미세 구조가 틀어지거나 기울어져 결함이 생긴다. 이는 마치 건축물의 철골 구조가 비틀어지거나 기울어지면 특정 부분이 파손되는 것과도 같은데, 이러한 구조적 변형은 물질에 많은 결함을 만들 뿐만 아니라 물질을 불안정하게 하고 전하 전달도 방해한다.

이에 UNIST 연구진은 광활성층을 구성하는 입자(이온) 간 크기를 고르게 맞추는 새로운 방법으로, 내부 미세 구조가 틀어지거나 기울어져 발생하는 문제점을 해결해서 25.17%의 발전효율을 기록했다.

유사 할로겐 음이온 첨가 페로브스카이트 태양전지(김진영)

UNIST에서는 고효율 페로브스카이트 태양전지를 구현하는 핵심기술인 첨가제의 작동원리를 이론적으로 밝혀 2019년 6월 줄Joule지에 게재했다. 고효율 페로브스카이트 태양전지를 제조하기 위해서는 균일한 두께의 박막으로 결정성이 우수하고 결정 크기가 큰 페로브스카이트 박막을 제조하는 것이 핵심이다. 그간 첨가제를 사용해 고효율을 구현하는 연구 결과들은 많이 있어 왔으나 그 작동 원리를 명확하게 알 수는 없었다. 이에 UNIST에서는 페로브스카이트 박막을 구현할 때 용액공정 단계에서 염화메틸암모늄(MACl)을 첨가하면 결정성이 3배 커지고, 결정 크기는 6배 향상되며, 발광 수명도 4배 이상 향상되는 등 전기화학적 성질이 기존 대비 3~4배 좋아진다는 결과를 얻었고 24%가 넘는 효율을 구현하였다.

연구진은 이러한 고효율 결과에 대한 이론적인 분석에도 성공했다. 염화메틸암모늄을 첨가하면 염소(Cl) 이온의 크기가 기존 요오드(I) 이온보다 작아서 금속 물질에 강하게 결합돼 체심입방구조를 우선적으로 형성, 열처리하지 않은 상태에서도 불순물이 없는 안정적인 구조를 형성한다는 것을 밝혀냈다. 여기에 열처리 과정을 더하면 염소이온은 날아가고 페로브스카이트의 체심입방구조가 더욱 견고해지면서 결정성이 월등히 좋아져 전자와 정공의 재결합recombination을 크게 줄여준다는 것 또한 밝혀냈다.

UNIST에서는 유사 할로겐 음이온을 이용하여 세계 최고효율의 페로브스카이트 태양전지를 개발했다. 지금까지 ABX_3(A:1가 양이온, B:금속 양이온, X:할로겐 음이온)의 화학식으로 구성된 페로브스카이트 물질에서 A와 B 위치에 적합한 1가 양이온이나 금속 물질에 대한 연구는 다양한 데 비해, 할로겐 음이온에 대한 연구는 낮은 안정성과 높은 민감도로 인해 상대적으로 부족한 실정이었다.

이에 UNIST에서는 포메이트($HCOO^-$)라는 유사 할로겐화물Pseudo-

■ **A 사이트 치환을 통한 중간 구조 안정화 모식도**

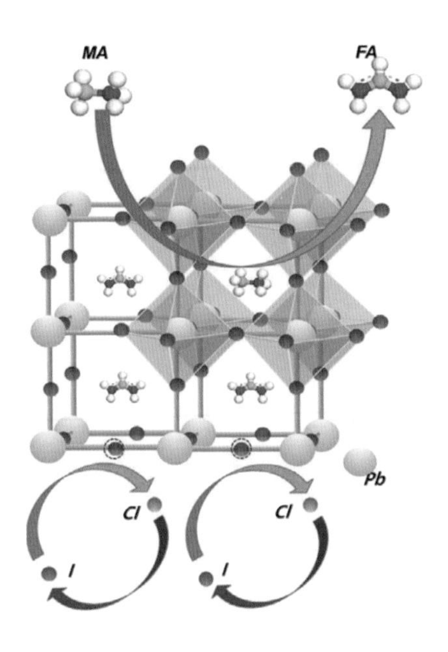

휘발성이 큰 메틸암모늄 양이온을 이용해 중간 구조를 안정화시켜
고효율의 태양전지를 제작하는 데 도움을 줌.

출처: Kim et al.(2019)[30]

halide(전하 분포가 매우 대칭적이고 다원자적인, 공명 안정적인 1원자가 음이온의 그룹) 음이온을 페로브스카이트 결정 주위에 도입하여 광활성층의 결함을 막고 결정성을 향상시켜 전기적·광학적 성질을 크게 개선함으로써 페로브스카이트 태양전지의 전력변환효율을 향상시켰다. 이

연구는 처음으로 유기 유사할로겐화물 음이온 물질을 개발하여 고성능 페로브스카이트 광활성층의 형성에 새로운 방향을 제시했다는 데 의의가 있다. 태양전지뿐만 아니라 발광소자, 포토디텍터, 열전소자 등 페로브스카이트를 활용하는 다양한 연구분야에 적용할 수 있어 새로운 장을 여는 마중물의 역할을 할 것으로 기대된다.

UNIST에서 사용한 페로브스카이트 태양전지의 구조는 평면구조에 비해 소자의 안정성이 뛰어나고 페로브스카이트의 히스테리시스 Hysteresis 특징을 효율적으로 억제할 수 있는 메조스코픽 구조였다.

■ 유사 할로겐화물(Pseudo-halide)을 사용한 페로브스카이트 격자구조 및 태양전지 구조 모식도

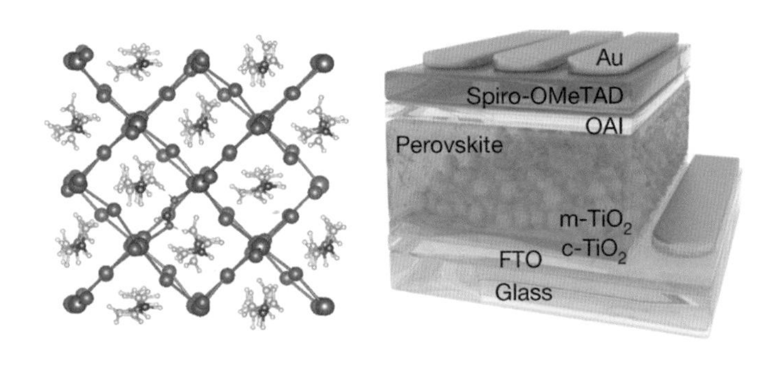

유사 할로겐화물인 포메이트($HCOO^-$)를 이용해 음이온 결함을 줄여 최고 효율의 페로브스카이트 태양전지를 제작함.

출처 : Jeong et al.(2021)[31]

유사 할로겐화물을 사용한 페로브스카이트 태양전지의 전력변환효율은 현재 보고된 효율 중 가장 최고효율인 25.7%를 상회했고, 미국의 공인인증기관인 Newport에서 25.21%의 전력변환효율을 인증받았다. 이러한 기록적인 전력변환효율은 페로브스카이트 박막 내의 비방사재결합non-radiative recombination을 유사 할로겐화물이 효과적으로 줄여줬기에 가능했다.

소자의 높은 안정성도 향후 페로브스카이트 태양전지의 상용화나 대량생산적인 측면에서 기대감을 주는데, 봉지Encapsulation 없이 상온에 보관했을 때 1,000시간 동안 초기효율의 87% 이상을 유지했으며 60°C 이상의 온도에서도 80% 이상의 열적 안정성이 확인되었다. 더욱이 태양광을 계속 가하는 것과 같은 조건 아래에서의 작동 안정성Operating stability에서도 450시간 동안 80% 이상의 초기효율을 확보했다. 이는 현재 페로브스카이트 태양전지의 문제점으로 지적되는 안정성 측면에서 많은 발전을 보여주는 것이다. 이 결과는 2021년 4월 네이처Nature지에 발표되었다.

페로브스카이트 태양전지 정공수송층(양창덕)

UNIST에서는 2020년 9월 페로브스카이트 태양전지의 광활성층이 수분에 노출되는 것을 막으면서 전지효율을 높이는 유기 정공수송층 물질을 개발하여 사이언스지에 발표했다.

UNIST에서는 '불소 도입'이라는 간단한 방식으로 정공수송층과

■ **UNIST가 개발한 새로운 정공수송층의 구조**

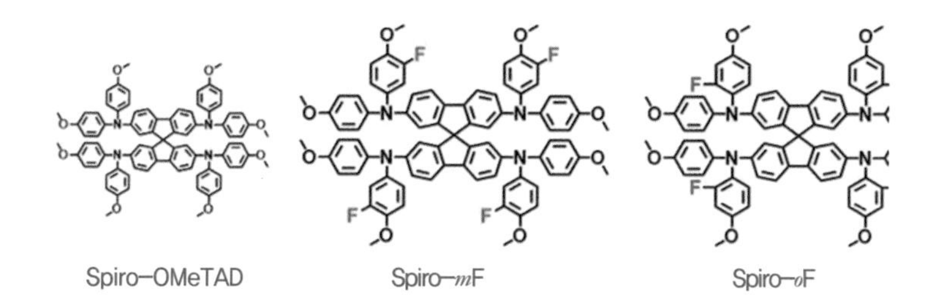

정공수송층으로 사용되는 Spiro-OMeTAD는 물질의 구조적 불안정한 단점을 해결하기 위해 수소를 불소로 일부 치환함으로써 안정화시켜 높은 효율과 뛰어난 재현성을 지닌 페로브스카이트 태양전지 연구결과를 발표함.

출처 : Jeong et al.(2020)[32]

광활성층을 안정화했다. UNIST가 개발한 정공수송층(Spiro-OMeTAD, 스파이로 구조를 갖는 물질) 물질은 기존 정공수송층의 수소를 불소로 바꿔 성능이 우수하면서도, 기름처럼 물과 섞이지 않는 성질(소수성)이 강해 수분을 흡수하지 않는다. 따라서 기존 정공수송층이 대기 중 수분을 흡수하는 문제를 해결해 오래도록 높은 효율을 유지할 수 있다.

특히 공인 인증된 전지의 경우 1.18V의 높은 개방 전압을 보였다. 전지 제조를 담당한 한국에너지기술연구원에 따르면, UNIST가 개발한 정공수송층을 이용하여 현재까지 보고된 전압 손실 중에서 가장 낮은 값인 0.3V의 전압손실(페로브스카이트 태양전지 기준)을 기록하면서 이론치에 근접한 개방 전압을 얻었다고 한다. 또한, 전지를 대면적(1cm²)으로 제작해도 효율(22.31%)이 매우 높고, 소면적 대비 효율의 감소가 적어 상용화에 매우 유리하다고 밝혔다.

탠덤 태양전지

현재 태양광 산업의 90% 이상을 차지하는 실리콘 태양전지 기술은 효율을 높이거나 제조비용을 낮추는 부분에서 모두 한계에 도달했다. 실리콘 태양전지의 효율은 이론적 최대효율인 29%에 육박하는 26.76%(n-type, Heterojunction Back contact 구조)에 이르렀고, 태양전지 단가는 1W당 0.16달러(PERC 태양전지) 이하로 떨어졌다. 좁은 면적에서 더 많은 전기에너지를 생산하기 위해서는 제조단가를 최소한으로 추가하면서 효율을 극대화하는 기술이 요구된다. 이에 페로브스카이트/실리콘 탠덤 태양전지가 실리콘 태양전지의 기술적 한계를 극복하고 효율과 단가 문제를 해결할 수 있는 방법으로 대두되었다. 이는 기존 실리콘 태양전지 생산공정을 그대로 쓰면서 간단한 페로브스카이트 태양전지의 제조공정을 더하면 되기 때문에 저비용으로 초고효율 태양전지를 제작할 수 있는 장점이 있다.

물리적 접합 탠덤 태양전지(최경진)

세계적으로 많은 연구진이 고효율 실리콘/페로브스카이트 탠덤 태양전지 개발에 도전하고 있으며, UNIST에서도 마찬가지로 탠덤 태양전지를 활발히 연구 중이다. UNIST에서는 현재 태양전지 시장의 주류를 차지하며 제조 단가가 가장 낮은 실리콘 태양전지(p-Si Al-BSF Solar Cell)를 하부셀로 활용하고, 상부셀에는 고효율 페로브스카이트 태양전지를 쌓아 탠덤 태양전지를 제작하였다. 최적구조 광학 계산 설계로 저비용·고효율 탠덤 태양전지를 개발하여 효율 21.19%를 확보했는데, 이는 실리콘 태양전지 효율 대비 증가폭이 가장 크며 Al-BSF 구조 실리콘 태양전지 기반의 동종 탠덤 태양전지에서 세계 최고 기록을 확보했다.

UNIST에서는 두 층의 연결부에 '투명 전도성 접착층'을 이용하는 신개념 탠덤 태양전지를 개발했는데, 제조과정을 단순화할 수 있어 상용화에 아주 적합한 것으로 평가된다. 앞서 기술했듯이 탠덤 태양전지는 광흡수층으로 두 가지 이상의 물질을 사용한다. 이 두 가지 물질에서 받아들이는 태양광의 파장이 다르므로 흡수 가능한 에너지 영역이 넓어 태양광을 훨씬 효율적으로 이용할 수 있다. 두 태양전지 사이에서 전하들이 원활하게 흘러가야 하기 때문에 서로 다른 광흡수층을 연결하는 방식이 문제가 된다.

기존에는 실리콘 태양전지 위에 페로브스카이트 박막을 쌓아 올리는 방식으로 탠덤 태양전지를 제작했는데, 이 경우 실리콘 기판의

■ 일체형 실리콘/페로브스카이트 탠덤 태양전지 구조 모식도

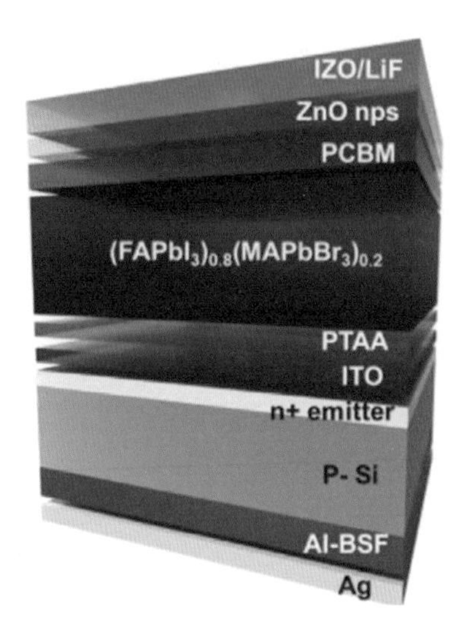

탠덤형 태양전지에서 발생하는 전하가 재결합하는 층인 인듐주석산화물(ITO)을 기준으로, 아랫부분에는 실리콘 태양전지가, 윗부분에는 페로브스카이트 태양전지가 위치함.

출처: Kim et al.(2019)[33]

피라미드 구조 때문에 페로브스카이트 박막이 제대로 코팅되기 어렵다. 이를 극복하기 위해서 UNIST에서는 따로 완성한 실리콘 태양전지와 페로브스카이트 태양전지를 기계적으로 붙이는 간단한 방법을 제안했다. 이 방법에 따르면 투명 전도성 접착층이 실리콘 기판에 있는 피라미드 구조 사이를 잘 메꿔 주고, 은(Ag)이 코팅된 고분자

■ **투명 전도성 접착층을 이용한 일체형 태양전지 구조 모식도**

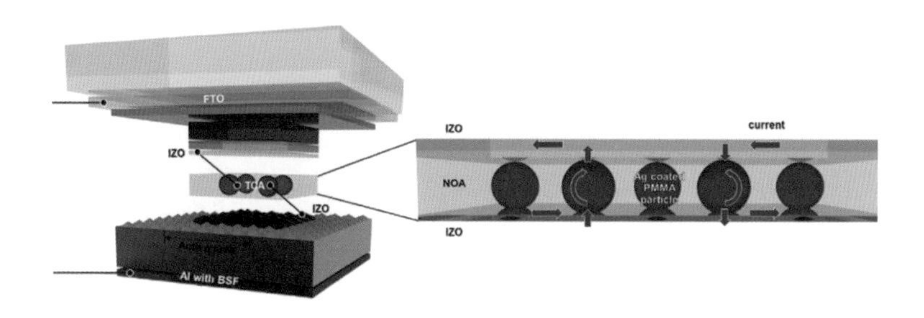

재결합층으로 작용하는 투명 전도성 접착층인 TCA를 통해 윗부분인 페로브스카이트 태양전지와 아랫부분인 실리콘 태양전지를 기계적으로 연결함. 이때, 은으로 코팅된 고분자 나노 입자가 전류의 흐름이 원활해지도록 도와줌.

출처: Choi et al.(2019)[34]

나노 입자들이 실리콘과 페로브스카이트 사이에 전자가 잘 이동하도록 돕는다.

퀀텀닷 하이브리드 탠덤 태양전지(장성연)

UNIST에서는 퀀텀닷quantum dot을 이용해 태양광을 전기로 바꾸는 '퀀텀닷 태양전지[35]'의 세계 최고 공인인증효율을 보유하고 있다. 반도체 소재가 나노 크기로 매우 작아질 때 나타나는 양자구속 효과를 이용하여 퀀텀닷을 광활성 소재로 활용하면 흡수하는 태양광의 영역을 제어할 수 있다. 습식방법을 통해 콜로이드 용액 상태로 퀀텀닷을 합성하는 것이 가능해진 이후, 그 활용도와 가공성이 급격히 향상되었으며 다양한 전자소자로 응용하는 방법에 대한 시도도 활발히 이루어져 왔다.

지난 20여 년 동안 퀀텀닷을 차세대 태양전지의 광활성 소재로 활용하기 위해 많은 노력이 있어 왔고, 2001년 광전변환효율 3%의 태양전지 소자가 최초로 보고된 이후 매년 꾸준히 향상된 효율의 소자가 보고되고 있다. 2017년 페로브스카이트 결정을 퀀텀닷으로 합

■ **태양전지의 NREL 공인 최고 효율 차트**

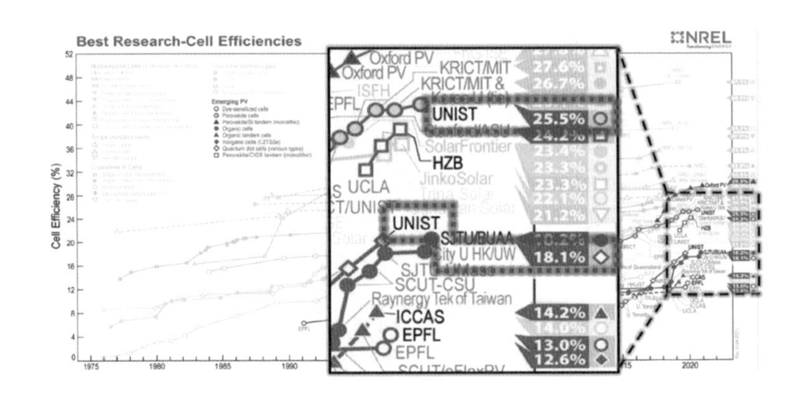

UNIST는 페로브스카이트 및 퀀텀닷 태양전지 분야에서 국제 공인 인증기관인
미국 국립재생에너지연구소(NREL)로부터 수차례 최고효율을 인증받음.

출처: National Renewable Energy Laboratory(2021.4.1)[36]

성하여 태양전지 소자에 활용함으로써 효율 13%를 달성한 이후, 소자의 효율은 더욱 급격히 향상되기 시작했으며 해당 분야의 관심도와 경쟁도 더욱 높아지고 있다.

UNIST에서 최근 개발한 페로브스카이트 퀀텀닷의 표면결함을 제어하는 새로운 기술은 소자의 효율을 18.1%까지 향상시켜 NREL의 세계공인 인증 차트에 최고효율로 등재되었다. 나노 크기로 존재하는 퀀텀닷의 경우, 태생적으로 비표면적이 넓어 산재하는 표면결함들이 소자의 효율 손실을 일으키는 주요 원인이었다. 이에 UNIST

■ **UNIST에서 개발한 콜로이드 퀀텀닷 용액(왼쪽)과 퀀텀닷의 구조(가운데) 및 이를 이용한 태양전지의 구조(오른쪽)**

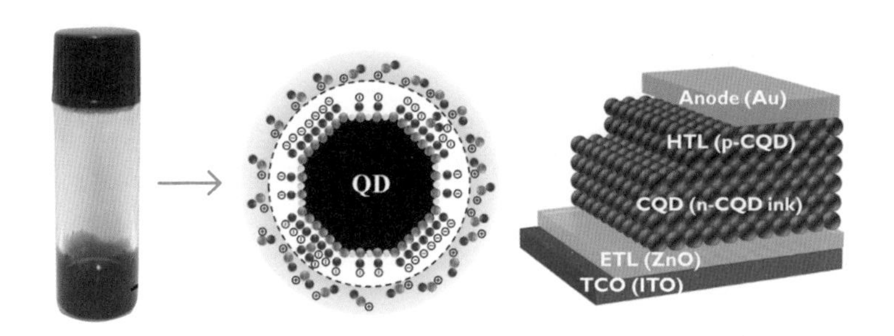

나노 단위 크기로 존재하는 퀀텀닷 소재를 이용하여 태양전지를 제작할 경우,
크기를 제어하는 것만으로 태양전지의 밴드갭을 조절할 수 있는 장점이 있음.
하지만 퀀텀닷에 남아 있는 리간드들에 의해 효율이 저하되는 단점이 있는데,
UNIST에서 표면결함 제어기술을 개발해 퀀텀닷 태양전지 최고효율 달성에 성공함.

출처: Aqoma et al.(2017)[37], Azmi et al.(2018)[38]

에서는 새로운 리간드ligand 치환방법 기술을 개발해 표면결함을 최소화하고 소자 내의 전하 확산을 최대화하여 세계 최고효율 달성에 성공했다.

또한, UNIST에서는 실리콘/페로브스카이트 탠덤 태양전지와 비슷하게 두 가지 이상의 광활성 소재를 하나의 소자에 탠덤 구조로 제작하는 기술을 보유하고 있다. 이종의 광활성 소재를 탠덤화할 경우, 각 소재가 가지는 장점을 극대화할 수 있어서 단일 소재 기반

■ **다양한 구조의 일체형 하이브리드 탠덤 태양전지의 구조 모식도**

페로브스카이트 및 퀀텀닷 태양전지와 유기 태양전지를 전기적으로 연결해
고효율의 일체형 하이브리드 탠덤 태양전지를 제작함.

출처: Aqoma et al.(2020)[39, 40]

의 소자보다 더 높은 효율의 소자를 같은 면적 내에 구성할 수 있다. UNIST에서는 최근 퀀텀닷과 유기 소재를 직렬 탠덤화하는 데 성공하여 각각의 단일소재 기반의 소자보다 15% 이상 향상된 광전변환 효율을 달성했으며, 페로브스카이트와 유기 소재를 탠덤화하는 데도 성공하여 각각의 단일소자보다 무려 45% 이상 향상된 소자 효율을 달성했음을 보고한 바 있다.

태양광 에너지와 탄소중립

탄소중립과 관련해 가장 공격적인 목표를 세우고 현재 앞서 있는 EU는 2030년과 2050년 기후 목표를 달성하기 위해 온실가스 배출을 줄이는 정책을 마련하고 있으며, 세계 각국은 이에 공조해서 목표를 달성하려 노력하고 있다. EU는 온실가스의 대부분을 배출하는 5개 영역을 운송(28%), 산업(26%), 전력(23%), 건물(13%), 농업(12%) 순으로 파악하고 있다. 화석연료 연소는 탄소를 다량 배출하는 영역 전반에 걸쳐 온실가스 배출의 가장 큰 원천으로 전체 배출량의 80%를 차지한다고 한다.[31]

신재생 에너지 및 지역난방 등으로 화석연료의 사용을 감소시키는 기술들은 명확하지만, 탄소를 배출하는 공정과 없애는 공정이 섞여 있어 복잡한 계산이 필요한 분야도 있다. UNIST나 다른 대학 혹은 정부출연연구소에서 담당할 수 있는 부분은 화석연료 사용을 줄이는 방향 중에서도 원천기술을 확보할 수 있는 신재생 에너지 관련 연구개발 분야라고 봐야 할 것이다.

신재생 에너지 중에서도 전력을 생산할 때 가장 잠재력이 큰 분야로 풍력과 태양광을 꼽을 수 있다. 만약 "단위 면적당 풍력으로 가능한 전력 생산량이 태양광에 의한 발전량과 비슷하다면 어떤 신재생 에너지를 선택할 것인가?"라는 질문을 받는다면 어떤 답을 내놓을 수 있을까? 풍력은 태양처럼 아침에 떴다가 저녁에 지는 것이 아니라 밤낮 가리지 않고 부는 바람을 이용하기 때문에 지속적으로 이용할 수 있다는 장점이 크다.

그러나 바람의 간섭이나 돌아가는 날개에서 나오는 저주파와 마찰에 의한 소음으로 인해 도시 가까이에 설치하기 힘들다는 단점이 이러한 큰 장점을 지워 버린다. 이 때문에 풍력 발전기는 지금까지 주로 산 위에 세워졌고 최근에는 도시와 멀리 떨어져 있는 바다에 해상풍력 단지를 세우는 계획이 나오고 있다.

우리나라의 국토는 인구에 비해 매우 협소한 편이라 가능한 한 단위면적당 전력량이 우수한 신재생 에너지를 선택해야 한다. 이와 더불어 설치 장소도 도심과 멀리 떨어지지 않은 곳이라면 더할 나위가 없을 것이다. 이런 측면에서 볼 때 태양광은 풍력에 비해 장점이 훨씬 많다고 할 수 있다. 따라서 둘 중에서 선택해야 한다면 설치 장소의 제약이 큰 풍력보다는 활발히 연구개발 중인 차세대 태양광 분야를 선택해야 할 것이다. 앞에서도 언급했듯이 지금까지 설치된 태양전지의 90% 이상이 실리콘을 기반으로 하는 태양전지로서, 주로 발전소와 같은 대단지 규모로 조성되어 왔다. 이러한 추세를 지속적으로 이어가기 위해서는 초고효율 태양전지의 개발이 매우 중요하다고 할 수 있다. 이와 더불어 대규모 태양광 발전소를 계속해서 건설하려면 앞에서 언급한 좁은 국토의 한계로 인해 새로운 방안을 마련해야 한다.

이론적인 한계에 도달한 실리콘 태양전지의 효율을 극복하기 위해서는 실리콘/페로브스카이트 탠덤 태양전지 기술을 확보해야 한다. 실리콘을 이용한 단일 태양전지의 이론적인 한계 효율은 30%가 채 되지 않는 데 비해 탠덤 태양전지의 경우에는 40% 이상으로 알려져 있다. 따라서 현재 설치되는 태양광 발전소 면적의 3/4을 사용하더라도 같은 전력을 생산할 수 있다. 이렇게 일부러 발전소를 조성하지 않아도 사람들이 많이 살고 있는 건물에 태양광 발전 개념을 적극적으로 도입하면 부지 문제를 해결할 수 있다. 그뿐만 아니라 자신이 사는 건물에서 효율적인 전력생산과 함께 직접 소비를 통해 제로에너지 건물을 현실화할 수도 있을 것이다. 이를 위해 UNIST에서 연구 중인 실리콘/페로브스카이트 탠덤 태양전지를 통해 발전소 건설을 위한 초고효율 태양전지를 개발할 필요가 있다.

또한, 태양광 발전을 좀 더 적극적으로 보급하기 위해서는 반투명하거나 심미적으로 아름다운 태양전지와 함께, 유연하게 제작하여 어떤 형태의 건물이든 외벽과 창문에 부착 가능한 태양전지의 개발이 필요하다고 할 수 있겠다. 이러한 개발이 이루어지고 모든 건물이 태양전지를 이용해서 외벽을 치장하고 창문을 여닫을 때, 비로소 진정한 도심형 태양광 발전소가 완공되었다고 말할 수 있을 것이다.

핵융합 에너지

- 핵분열과 핵융합
- 핵융합 에너지 핵심기술
- 핵융합 연구, '30'년의 비밀
- 핵융합 에너지 분야의 UNIST 연구 현황

소형모듈형원자로(SMR)

- 소형모듈형원자로와 대형원전
- 소형모듈형원자로 핵심기술
- 소형모듈형원자로 분야의 이슈들
- 소형모듈형원자로 분야의 UNIST 연구 현황

차세대 원자력 에너지와 탄소중립

CHAPTER 4

차세대 원자력 에너지

| 방인철·윤의성 |

Carbon Neutral

핵융합 에너지

핵융합 에너지는 인류가 달성해야 할 궁극적인 에너지원으로 손꼽힌다. '인공 태양'이라는 비유로 많이 알려져 있어 지구상에 또 하나의 태양을 만드는 것으로 오해하는 경우도 있지만, 핵융합 발전은 태양과는 다른 방식으로 우리 주변에서 흔히 쓰이는 플라스마를 자기장 내에 가두어 전기 에너지를 발생시키는 방법이다(우리가 매일 쓰는 형광등도 사실 플라스마를 가두고 있다).

핵융합이 매력적인 주된 이유 중 하나는 핵융합 반응으로 일어나는 에너지 생산 과정에서 이산화탄소가 생성되지 않아 온실가스 배출을 줄이는 데 큰 역할을 할 수 있기 때문이다. 또한, 핵융합 반응의 연료인 중수소는 바닷물에 일정 비율로 녹아 있어 무한에 가깝게 이용할 수 있으니 삼면이 바다인 우리나라에서 핵융합의 장점은 두말할 필요가 없다. 이에 더하여 핵융합 반응은 에너지 밀도가 매우 높아서 노트북 컴퓨터 배터리와 욕조에 절반쯤 차는 물만으로, 석탄 40

톤을 태워 얻을 수 있는 에너지를 생산할 수 있다. 이는 산업화된 도시에서 한 사람이 평생 쓸 수 있는 정도의 에너지에 해당한다. 내가 평생 쓸 에너지가 눈앞에 보이는 작은 욕조 안에 담겨 있다니 정말 꿈같지 않은가. 하지만 사실이다. 덤으로 화력발전에 의한 이산화탄소 발생도 그만큼 줄어든다고 보면 된다.

이제 우리가 주로 알고 있는 원자력 발전소에서 사용되는 핵분열 에너지와 비교하며 핵융합 에너지의 생산 원리를 간단히 알아보고, 실험로를 넘어 상용로를 향해 가는 데 필요한 핵심기술들을 살펴보고자 한다. 또한, '30년 후에도 30년'이라는 우스갯소리의 진실과 상용로 달성을 위해 해결해야 할 남은 문제들, 그리고 이를 해결하기 위한 UNIST의 연구를 알아보고자 한다.

핵분열과 핵융합

핵융합Nuclear fusion 에너지와 핵분열Nuclear fission 에너지는 원자를 구성하는 원자핵의 질량 결손에 의해 얻어진다는 점에서 동일한 물리적 근원을 가지고 있다. 이는 원자력의 바탕이 되는 아인슈타인의 질량－에너지 등가 관계식 $E=mc^2$으로 기술된다(E: 에너지, m: 질량, c: 빛의 속도). 하지만 핵융합 에너지는 두 원자핵이 결합할 때 발생하는 에너지인 반면, 핵분열 에너지는 한 원자핵이 분열할 때 발생하는 에너지라는 점에서 차이가 있다.

그렇다면 인위적인 기술로 아무런 두 원자를 하나로 합치거나 또는 하나의 원자를 여러 개로 쪼갠다고 해서 에너지가 항상 발생할까? 그렇지 않다. 원자핵을 구성하는 핵자들, 즉 중성자와 양성자는 강한 핵력으로 서로를 잡아당기는데, 이들을 하나씩 뜯어내는 데 주입해야 하는 평균 최소 에너지를 결합 에너지Nuclear binding energy라고 한다. 즉, 결합 에너지가 클수록 모든 핵자들을 분리하기 위해 더 많은 에너지를 원자핵들에 주입해야 하므로 그만큼 핵자들을 뜯어내기가 힘들다. 핵자들을 뜯어내기 힘들다는 것은 다시 말하면 원자핵 자체가 외부 충격에 보다 안정되어 있다는 의미이기도 하다.

다음 그림은 원소들의 결합 에너지를 보여준다. 철이 가장 안정된 원소임을 알 수 있는데 철보다 원자 번호가 작은 원소들은 핵융합

■ 핵자당 평균 결합 에너지

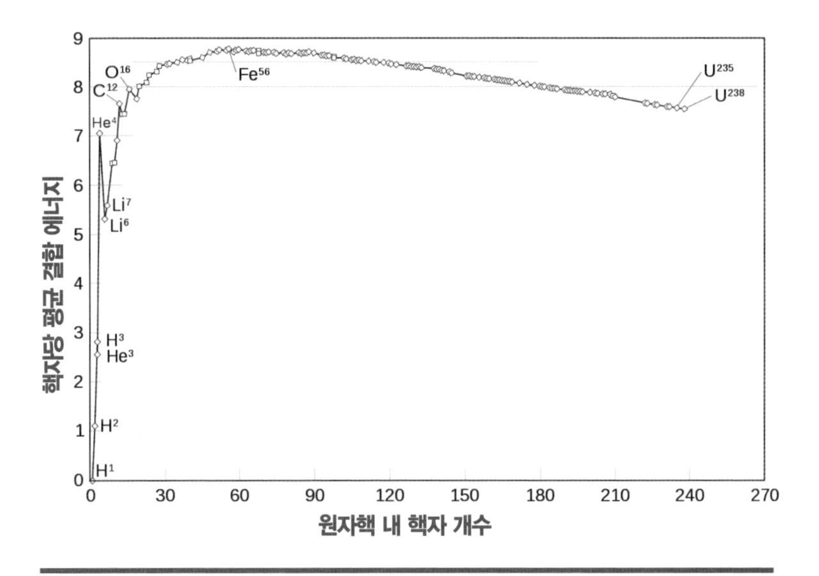

출처: Wikipedia[1]

반응을 통해 원자 번호를 높임으로써, 철보다 원자 번호가 큰 원소들은 핵분열 반응을 통해 원자 번호를 낮춤으로써 에너지를 발생시킬 수 있음을 알 수 있다.

그렇다면 핵융합이 가능한 원소들을 무작위로 골라 핵융합 반응을 시도해 보면 어떨까? 무작위로 고르는 방법은 핵융합 반응을 일으킬 수 있을지는 몰라도 에너지 수확 관점에서는 비효율적이다. 선택된 원소들의 짝pair이 잘 합쳐질 수 있는지를 보여주는 물리량을 반응 단면적cross-section이라고 하는데, 각각의 원소들 짝마다 반응 단면적, 즉 핵융합 반응이 일어날 확률이 다르다. 따라서 핵융합 반응 확률이 가장 큰 원소들의 짝을 고를 필요가 있다. 또한, 발전소급의 거대한 핵융합 에너지를 얻으려면 높은 밀도(단위 부피당 입자 개수)의 입자들을 한곳에 가두고, 원소들을 더 많이 충돌시켜 핵융합 반응이 많이 일어나도록 유도해야 한다. 마지막으로 핵융합 반응은 두 입자의 충돌 시 양전하를 띤 두 원자핵의 전기적으로 밀어내는 힘을 이겨내야 하므로 가두어둔 입자들에 에너지, 즉 열을 가해 고온의 입자들을 만들고 유지해야 한다.

이를 한 번에 나타내는 핵융합로의 대표적인 성능 지표가 핵융합 삼중곱Triple product으로 불리는 $nT\tau_E$(n: 밀도, T: 온도, τ_E: 고에너지 유지 시간)다. 다음 그림은 핵융합로 실험장치들의 핵융합 삼중곱 값을 보여준다. 핵융합로 외부의 에너지 주입 없이도 플라스마가 계속해서 타는 '스스로 타는 플라스마Burning plasma'까지의 발전단계를 나타낸다.

■ 컴퓨터 칩의 트랜지스터 집적도 기준이 되는 무어의 법칙(Moore's law)과 핵융합로 성능의 지표인 핵융합 삼중곱(Triple product)의 비교

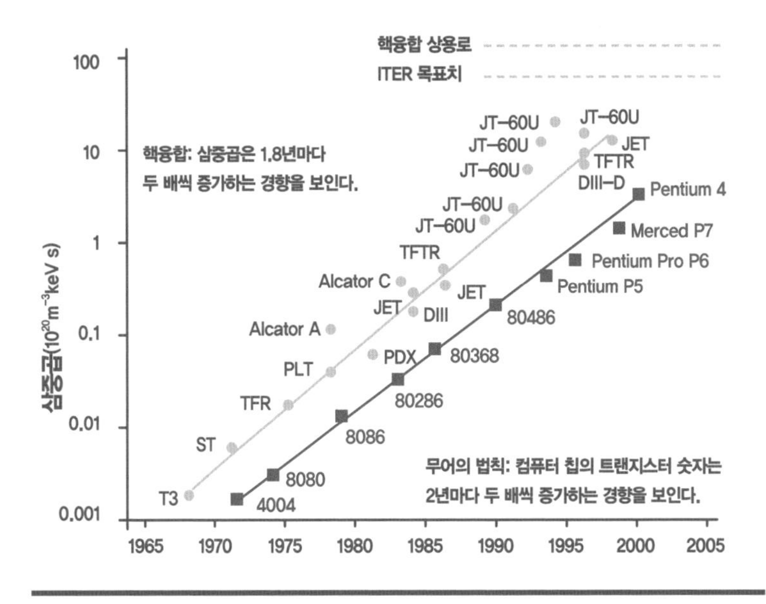

출처: IAEA(2014. 9. 18)[2]

우리나라에서는 미래 에너지원으로서 핵융합 에너지의 중요성을 인지하고 그간 대학에서 소규모 핵융합 장치 개발 및 실험을 수행해 왔다. 그러다가 1995년 국가 핵융합연구개발 기본계획부터 정부 차원에서 본격적인 연구가 시작되었고, 1996년에는 한국 핵융합 실험로인 KSTAR 사업에 착수했다. 2003년에는 국제핵융합로실험 ITER 프로젝트에 공식 가입했으며, 2005년에는 현재 한국핵융합

에너지연구원의 전신인 국가핵융합연구소를 설립했고, 2006년에는 「핵융합에너지개발진흥법」 공포 및 2007년 『국가핵융합에너지개발진흥기본 계획』 수립을 통해 핵융합 연구의 제도적 기틀을 마련했다. 2007년에 완공된 KSTAR는 2018년 이온 온도 1억℃를 달성했으며, 2020년 세계 최초로 이온 온도 1억℃ 온도를 20초간 유지하는 데 성공하여 기술력을 입증했다. 2025년까지 사실상 24시간 가동이 가능하다고 여겨지는 300초 이상 고온 플라스마 상태 유지에 도달하는 것을 목표하고 있다.

핵융합 연구는 국제핵융합 실험로인 ITER 사업을 중심으로 전 세계에서 활발히 진행되고 있다. ITER는 한국을 포함하여 미국, 러시아, 유럽연합, 일본, 중국, 인도가 참여한 가운데 프랑스 카다라쉬 Cadarache에 건설 중이며 2025년 첫 플라스마를 켜는 것을 앞두고 있

■ 핵융합 실험로 KSTAR(왼쪽)와 ITER의 단면도(오른쪽)

출처: 한국핵융합에너지연구원[3], ITER[4]

다. ITER의 목적은 실제 핵융합 반응이 가능한 상용로로 사용할 수 있음을 실증하는 DEMO를 위해, DEMO에서 필요로 하는 기술들을 개발 및 검증하는 실험을 수행하는 것이다. 즉, KSTAR 장치의 목적이 고온·고밀도 플라스마의 연료를 모아 두는 기술을 위한 것이라면, ITER의 목적은 연료가 스스로 타게 하는 핵융합 연소 기술을 확보하는 것, DEMO의 목적은 핵융합 에너지를 전기로 변환하는 기술을 확보하고 실증하는 것으로 생각할 수 있다.

핵융합 에너지 핵심기술

핵융합 발전에 필요한 기술들은 자연 과학 및 공학 분야 대부분을 아우를 정도로 방대하고 다양하다. 일반적인 기계 또는 사람의 건강은 한 부분이라도 미흡하여 문제가 생기면 불편해지거나 수명이 줄어들고, 다른 부분으로 문제가 전파되면서 작동이 불가능해진다. 이러한 유기적인 관점에서 볼 때 핵융합 발전에 필요한 모든 기술들이 중요하다고 볼 수 있다. 또한, 연구자마다 핵융합 달성을 위해 중요하게 생각하는 핵심기술들이 각각 다를 수 있어 몇 개의 핵심기술들을 선정하는 것은 주관적이거나 무의미할 수도 있다.

여기서는 국제핵융합로 실험인 ITER 프로젝트에서 달성하고자 하는 목표에 필요한 기술을 핵심기술로 소개하고 그 중요성에 대해서 다루고자 한다. ITER가 앞서 언급한 7개국에서 상당한 인적·물적 자원 및 시간을 투자하여 진행 중인 프로젝트인 만큼, 그 목표를 달성하기 위해 필요한 기술들에 대한 검증이 충분히 이루어졌으리라 판단하기 때문이다. 셀 수 없을 만큼 많은 전문가 회의를 통해 수정 및 결정되어 왔을 것이므로, 상용로로 다가가기 위한 기술 중 대다수 연구자들이 생각하는 핵심기술로 간주할 수 있을 것이다.

ITER에서 소개하는 목표는 다음과 같다.[5]

1. 500MW의 핵융합 에너지를 400초 동안 생산
2. 핵융합 발전소의 통합 운전 기술 시연
3. 자가 가열을 통한 중수소 – 삼중수소 플라스마의 핵융합 반응 유지 달성
4. 삼중수소 생산 실험
5. 핵융합 장치의 안전성 시연

여기에서는 이를 달성하기 위해 필요한 기술들을 조금 더 자세히 살펴보기로 한다. 앞서 KSTAR의 2020년 1억℃ 온도 20초 달성 성공 및 2025년 300초 유지 목표에서 살펴볼 수 있듯이, 고온·고밀도 플라스마를 장시간 유지하는 것은 단순한 일은 아니다. ITER의 목표인 50MW의 외부 가열을 통해 500MW 이상의 핵융합 에너지를 생산할 (에너지 이득 Q≥500MW/50MW=10) 수 있는 고온·고밀도 플라스마를 장

시간 운전하기 위해서는 많은 기술들이 필요하다.

핵융합로 시스템 및 핵융합 플라스마 시뮬레이션 기술

ITER와 같은 고비용 고가치 장치는 한 번을 실험하더라도 최대한 장치에 손상을 주지 않도록 주의할 필요가 있다. 그러려면 실험 이전에 실험 운전 시나리오 설계에서부터 플라스마의 거동 및 시스템 전반의 예측을 위해, (슈퍼)컴퓨터를 이용한 신뢰할 수 있는 플라스마 시뮬레이터와 시스템 시뮬레이터의 예측 결과가 뒷받침되어야 한다. 이러한 시뮬레이터는 이론 물리와 과거의 실험 결과에 근간한 컴퓨터 프로그램이며, 여기에는 자연에 대한 인류의 이해가 녹아들어 있다. 핵융합 장치에도 원자력 발전과 같이 이러한 시뮬레이션 기술이 필수적이다.

플라스마 제어, 진단, 운전 기술

플라스마를 어떤 파라미터로 운전할지를 결정하는 시나리오에 따라 실질적으로 핵융합 실험을 하기 위해서는 외부 장치들을 사용하여 온도, 밀도, 속도, 위치, 모양, 크기 등 다양한 주요 플라스마 파라미터를 제어할 필요가 있다. 플라스마 파라미터를 제어하는 이유는 플라스마가 운전 중에 사라지거나 붕괴, 벽면에 부딪히는 사고 등을 피하기 위해서다. 제어에 필요한 외부 장치들에 대한 주요 기술로는 플라스마 가열 장치 기술, 자기장 생성 및 조절 기술 등이 있다.

대부분의 제어 또는 운전에는 외부에서 가하는 섭동 또는 입력에 대해 플라스마의 움직임이 어떻게 변하는지에 관한 피드백이 필요하며, 플라스마의 특이 거동에 대한 물리적 분석을 위해서라도 플라스마를 관찰할 필요가 있으므로 플라스마 진단 기술 또한 필수적이다. 이렇듯 외부에서 플라스마를 제어 및 진단하는 장치가 갖춰져 있더라도, 플라스마의 특성을 이해하여 스스로 타는 플라스마 Burning plasma까지 어떠한 파라미터로 운전할지 결정하는 시나리오를 만드는 기술, 즉 운전 기술이 반드시 필요하다.

블랑켓(Blanket) 기술

핵융합로에서 블랑켓Blanket은 여러 역할을 한다. 먼저 융합로 내에 연료만 존재하게 하는 진공 상자의 테두리 역할, 핵융합로 내의 자기장을 만드는 두꺼운 코일(전선)들을 핵융합 반응으로부터 나오는 고에너지 중성자로부터 보호하는 역할, 현재 목표로 하는 중수소－삼중수소 핵융합 반응의 삼중수소를 리튬으로부터 만드는 역할, 삼중수소의 지속적인 제공을 위해 중성자 수를 늘리는 역할, 전기 생산을 위한 터빈을 돌리는 데 필요한 중성자의 운동에너지를 열에너지로 변환하는 역할 등이 있다.

이러한 각각의 역할을 만족시킬 수 있는 기술이 필요할 뿐 아니라, 장기 사용이 가능하도록 블랑켓 내의 구성 물질들 구조 디자인, 건전성을 보장하는 재료 기술 또한 필요하다.

핵융합로에 적합한 재료 기술

핵융합로 중심에서 벗어난 플라스마와 연료의 재가 닿게 되는 다이버터Divertor, 벽면에 위치한 가열장치 등을 플라스마로부터 보호하기 위한 리미터Limiter 등 플라스마 접경 구조물들Plasma facing components은 가장 뜨거운 핵융합로 중심부에서 상당히 멀어져도 큰 열량을 받게 된다. 따라서 이러한 높은 열속(단위 면적당 받게 되는 에너지)을 견딜 수 있는 재료를 개발하는 기술이 필수적이며, 재료가 견딜 수 있는 허용 열속이 높으면 높을수록 핵융합로 운전 시 기술적으로 난해한 벽면 근처에서의 플라스마 강제 냉각 정도를 줄일 수 있기 때문에 지속적으로 개발할 필요가 있다.

가능한 한 높은 자기장을 지속적으로 낼 수 있는 초전도체 전자석의 재료 개발도 필요하다. 물리적으로 토로이달 방향(도넛 모양의 핵융합로에서 큰 반경의 각 방향) 자기장이 세면 셀수록 플라스마 가둠 성능이 높아지는 것으로 알려져 있다. 그러므로 이용 가능한 자기장이 높으면 높을수록 핵융합로 수준의 플라스마를 만들기가 더욱 수월해지고 핵융합로의 크기를 줄일 수 있어 보다 경제성 있는 핵융합로를 구축할 수 있다. 또한, 핵융합로를 24시간 상시 운전할 경우에는 전류를 전자석에 지속적으로 흘려서 자기장을 만들기 때문에 전자석 코일에서 줄열Joule's heat(전류에 의해 도체 내에서 발생하는 열)이 발생하지 않는 초전도체가 필요하다.

핵융합 플라스마 물리

모든 필요 기술들이 근원 물리를 가지고 있지만, 그중에서도 핵융합로의 중심에서 핵융합 반응을 일으켜 에너지를 만드는 핵융합 플라스마 물리는 지속적으로 연구하고 발전시켜야 할 대상이다. 물리는 인간이 자연을 이해하는 정도 또는 한계를 나타내는 것으로, 에너지 생산을 목적으로 자연을 이해하는 것을 뛰어넘어 이를 이용하기 위해서는 충분한 물리적 이해의 뒷받침이 필수적이다. 이러한 물리적 이해는 공학적·경제적 최적화 과정에도 도움을 준다.

이론의 중요성은 아무리 여러 번 강조해도 충분하지 않다. 제어 가능한 또는 제어 불가능한 다차원 파라미터 공간에서 각각의 실험과 시뮬레이션은 하나의 파라미터 세트parameter set에 대한 결과를 제공할 뿐이지만, 이론은 파라미터 공간의 전반적인 특성 변화에 대한 정보를 제공해 준다. 이것은 마치 나무를 보느냐, 숲을 보느냐의 차이와도 같다. 이론 또한 모델에 불과해 자연 현상을 정확히 기술할 수 없는 경우가 많다. 그러나 실제 자연 현상과 이론의 간극을 좁혀가는 것이야말로 궁극적으로 모든 기술 발전의 초석일 뿐 아니라, 대도약을 뜻하는 퀀텀 점프Quantum jump와 같은 신기술의 발전으로 이어지는 징검다리 역할을 할 것이다.

핵융합 연구, '30년'의 비밀

30년 전에도 30년 후, 지금도 30년 후?

위 질문은 핵융합 연구를 하면서 가끔씩 들려오는 이야기이기도 하고, 핵융합 기술 개발에 부정적인 사람들이 흔히 하는 질문들 중 하나이기도 하다. 하지만 이러한 질문들에 대해 조금만 더 진지하게 관심을 가지고 배경을 조사해 보면 질문의 답을 의외로 쉽게 찾을 수 있다. 이 질문은 "왜 이렇게 기술 발달이 더딘가? 현실적으로 불가능한 일을 하고 있는 것은 아닌가?"라는 뉘앙스를 담고 있다. 그렇다면 연구의 발전에 대해서 좀 더 근본적으로 생각해 보자.

연구가 발전하고 완성되려면 보통 다음 세 가지가 모두 갖춰져야 한다. 바로 사람, 돈, 시간이다. 사람(연구 인력)은 시장 경제에 따라 돈(연구비)이 많이 투자되면 급여가 높아지는 경우도 있으므로 자연스레 따라오는 경우가 많다. 하지만 장치가 고비용이면 장치를 만드는 데 연구비가 많이 투입되므로 연구 인력은 충분하지 못한 경우도 있다.

또한, 사람과 돈은 시간과 상관관계가 있는데 사람과 돈이 연구에 많이 투입되면 그만큼 연구기술의 성취 속도가 빨라진다. 핵폭탄 개발을 목표로 했던 맨해튼 프로젝트, 달에 사람을 보냈던 아폴로 프로그램이 그 실제 사례다. 단기간에 반드시 끝내야 한다는 목표 아래 이들 프로젝트에는 천문학적인 자금이 투입되었다. 이 중에서도 맨해튼 프로젝트의 성공이 평화적인 원자력 이용인 원자력 발전에 밑거름이 된 것은 두말할 필요가 없다.

뒤에 나오는 표는 앞서 언급한 프로젝트들과 현재까지 세계적으로 핵융합에 투자하고 있는 프로젝트인 ITER를 비교한 것이다.

이 표에서 ITER 프로젝트와 타 프로그램 및 프로젝트, 그리고 전쟁까지 비교했을 때 두드러지는 점은 ITER의 경우 총 프로젝트 기간에 비해 투입되는 금액이 타 프로젝트에 비해 적다는 것이다. 연관된 인력 숫자도 상당히 적음을 알 수 있다. 연간 예산이나 총 인력이 맨해튼 프로젝트 대비 1/10 수준에 불과하다. 예를 들어, 투입된 예산 및 인력 대비 프로젝트 기간이 반비례한다면, 성공적이었던 맨해튼 프로젝트의 연구개발 속도와 비교할 때 프로젝트 기간을 대략 50년 정도로 추정할 수 있다. 이는 실제 프로젝트 예상기간인 40년과

■ 아폴로 프로그램, 맨해튼 프로젝트, 이라크 전쟁 vs ITER

	기간	전체 예산 (현재 기준으로 추정 환산한 금액)	연간 예산 (현재 기준으로 추정 환산한 금액)	총 인력
아폴로 프로그램[6]	13년 (1961~1973)	254억 달러 (1,560억 달러)	(120억 달러)	40만 명
맨해튼 프로젝트[7]	5년 (1942~1946)	20억 달러 (230억 달러)	(46억 달러)	〉13만 명
이라크 전쟁[8]	9년 (2003~2011)	(〉1조 7,000억 달러)	(1,900억 달러)	?
ITER[9]	40년 (2005~2045)	(220억 달러 추산)	(5억 5,000만 달러)	7,000명 (최대)

비슷하다. 단순히 개별 프로젝트만으로 비교할 수는 없지만, 타 프로젝트들 또한 대형 프로젝트 이전에 지속적인 연구 및 투자가 있어온 점을 감안하면 비교에 큰 무리가 없을 것이다.

이쯤에서 다시 한번 '30년'에 대해서 생각해 보자. 그동안 투여한 노력은 생각지 않은 채 단지 소요된 시간만을 생각하여 빨리 결과를 얻기 원하는가? 집 한 채를 한 사람이 건설하는 것과 열 사람이 건설하는 것의 시간 차이는 어떨까? '여전히 30년'이라는 조롱 섞인 농담이 정당하다고 생각하는가? 그것도 인류의 궁극적 에너지원으로 불리는 신기술 개발을 두고 말이다.

이렇듯 투입되는 예산 및 인력이 적음에도 불구하고 핵융합 기술은 비약적인 속도로 발전해 왔다. 앞에서 나왔던, 빠른 기술 개발 속도의 대명사인 컴퓨터 칩 내 트랜지스터 집적도의 기준이 되는 무어의 법칙Moore's law과 핵융합로 성능의 지표인 핵융합 삼중곱을 비교한 그림을 다시 떠올려보자. 그래프의 기울기에서 나타나듯 핵융합 발전의 기술속도가 무어의 법칙과 버금가거나 조금 더 빠름을 알 수 있다.

자신의 눈높이에서 불가능해 보인다고 비난만 하면서 시도하지 않으면 그 어떤 새로운 기술도 실현될 수 없다. 기술적 어려움에 부딪혔을 때 문제점만을 지적하며 연구를 중단시키는 것이 아니라, 문제점의 해결 방향을 찾아가는 것이야말로 점진적이고도 건설적인 기술 발전을 도모하는 미래지향적인 움직임이라고 할 수 있다. 그런 의미에서 넬슨 만델라(1918~2013)의 격언을 언급하며 이 장을 마무리하고자 한다.

It always seems impossible until it's done.

— Nelson Mandela

핵융합 에너지 분야의 UNIST 연구 현황

UNIST에서는 원자력공학과와 물리학과의 2개 학과에서 핵융합 연구를 수행하고 있다. 원자력공학과에서는 핵융합 플라스마의 가둠 향상을 위한 근원 물리 규명 연구, 실험 결과 해석을 수행 중이며, 이를 위해 슈퍼컴퓨팅을 이용한 플라스마 난류수송현상 전산모사를 수행하고 있다. 또한, 전산모사 컴퓨터 프로그램 개발과 함께 검증verification과 확인validation 작업을 연구하며 한국핵융합에너지연구원, 한국과학기술원과 협력관계를 맺고 있다. 물리학과에서는 순간적으로 큰 열속이 다이버터 및 벽면에 가해져 장치에 손상을 입힐 수 있는 경계면 불안정 현상edge localized mode 제어 연구를 위해 KSTAR 실험 및 실험 분석을 수행하고 있으며, ITER 장치에서 다이버터가 받는 열속을 줄이기 위한 다이버터 모양 최적화의 시뮬레이션 연구를 하고 있다. 여기에서는 원자력공학과에서 진행 중인 연구 현황을 중심으로 소개하고자 한다.

플라스마 온도와 밀도를 떨어뜨리는 난류 전산모사 및 연구

핵융합로 내에서 플라스마가 스스로 타기 위해서는 플라스마를 필요한 온도와 밀도까지 높여야 한다(앞에서 나온 핵융합 삼중곱을 상기해 보자). 목표치까지 도달하는 길은 생각보다 쉽지 않다. 국소 공간에 에너지가 모여 높아지면 분산되려고 하는 엔트로피 법칙과 같이, 자연은 외부 가열 장치를 통해 플라스마 내에 주입된 에너지의 열(입자)을 전도, 대류, 복사(확산과 대류)라는 방식을 통해 핵융합로 바깥으로 빠져나가게 하여 플라스마 온도(밀도)를 낮추려 한다.

핵융합로 내로 주입되는 에너지가 밖으로 손실되는 에너지보다 크면 플라스마의 온도가 상승하는데, 이는 핵융합로 중심부와 주변부의 큰 온도 차를 야기하고 큰 온도 차는 난류를 발생시켜 내부 에너지를 더 빠른 속도로 손실되게 만든다. 이러한 이유로 외부 가열 에너지가 충분하지 못할 경우 플라스마가 핵융합 반응으로 스스로 타기 시작하는 온도까지 도달하지 못한 채 에너지 주입량과 손실량이 같아지는 정상 상태steady state에 도달하게 된다. 이 경우, 핵융합 에너지는 미미하여 핵융합 발전을 기대할 수 없다.

1982년 ASDEX 장치 실험 논문에서 특정 값 이상의 파워(시간당 에너지)로 에너지를 주입하자, 어느 순간 에너지 손실 값이 급격히 줄어든 채로 유지되는 현상이 발표되었다. 이 실험이 바로 고성능 운전 모드로 항상 언급되는 H-modeHigh confinement mode의 시초다. 반면에 활발한 난류로 인해 잘 가둬지지 않는 플라스마는 L-modeLow confinement mode로 불린다. H-mode 발견 이후로 과학자들은 H-mode의 원리 규명에 노력을 기울여 많은 실험 진단 값들을 바탕으로 이론들을 제시해 왔다. 현재 정설로 받아들여지는 H-mode 발생 이유는 작은 스케일scale의 난류에 의해 자발적으로 발생하는 큰 스케일의 유속 차이로 인해 난류 소용돌이를 비틀거나 더 작게 만들어 열의 확산 단위를 줄이는 것으로 이해되고 있다. H-mode의 주요 요인으로 언급되는 이러한 플라스마 흐름을 대상류zonal flow라고 한다. 이것은 플라스마의 난류에 의한 비선형적 스케일 간 에너지 전달로 인해 자발적으로 만들어진다.

뜨거운 핵융합로 내에서 원하는 모든 물리학적 파라미터들을 진단하는 것은 불가능하므로 실제 핵융합로 내 흐름의 구조, 다양한 난류 스케일과 대상류 간의 상호 작용, 다양한 자기유체역학적 불안정 상황하에서 대상류와 난류의 변화 등을 자세히 알기 위해서는 자이로 동역학gryokinetic 모델을 사용한 전산모사가 필수적이다.

UNIST 원자력공학과의 핵융합 및 플라스마 응용연구실에서는 자이로 동역학 모델을 입자 기반으로 계산하는 XGC 코드와 격자 기반으로 계산하는 GENE 코드를 사용하여 난류와 대상류의 생성과 형성을 전산모사하고, 여러 상황 아래에서 작용하는 물리적인 기본원리에 대해 연구하고 있다.

앞서 언급한 코드들의 자이로 동역학 모델은 3차원 실공간과 2차원 속도 공간에서 시간에 따른 플라스마 입자들의 확률 분포 변화를 기술한다. 따라서 이러한 모델을 이용하기 위해 모델의 지배방정식에 대한 이해 및 특성에 대한 연구, 수치해석법 연구 또한 수행되고

■ 자이로 동역학 코드인 XGC와 GENE을 활용한 핵융합로 내의 난류 형성 연구

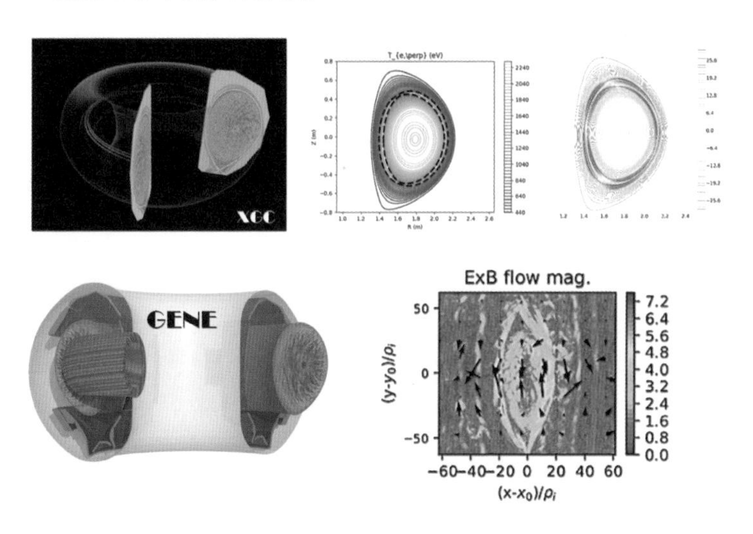

있다. 지배방정식의 특성과 지배방정식을 컴퓨터로 구현한 코드의 특성은 어떠한 수치 방법을 쓰느냐에 따라서 차이를 가져오는데 보존량(입자 개수, 운동량, 에너지)을 수치적으로 보존하는 방법, 대칭성이나 수리물리학적 구조를 수치해석에서도 유지하는 방법 등의 예가 대표적이다.

이를 이용하여 실제 핵융합로 플라스마 크기를 전산모사하는 데는 메모리, 저장용량, 컴퓨터 계산 속도 및 시간 측면에서 상당히 큰 컴퓨터 자원이 필요하다. 따라서 슈퍼컴퓨터를 활용해야 하는데, 최신 컴퓨터 CPU 특성인 멀티코어와 GPU의 스레딩threading 활용, 벡터화vectorization(한 clock에 여러 변수를 한 번에 처리), 그리고 작게는 두 개부터 많게는 만 개 정도의 컴퓨터를 로컬 네트워크로 엮어 동시에 한 문제를 쉬지 않고 병렬로 풀어야 하기 때문에, 슈퍼컴퓨팅을 위한 프로그래밍 알고리즘 및 프로그램 최적화 연구를 수행하고 있다.

Virtual Demo – 핵융합 Digital Twin의 개발

Virtual Demo(V-DEMO)는 말 그대로 컴퓨터 프로그램으로 만든 가상의 핵융합 발전소다. 이는 발전소 내 핵융합로 노심(원자로에서 연료가 되는 핵분열성 물질과 감속재가 들어 있는 부분) 시뮬레이션을 포함한 에너지 생산부터 터빈을 돌려 전기가 발생되기까지 발전소 전기 생산을 전반적으로 예측해 볼 수 있는 시뮬레이터다(보통 이런 프로그램을 시스템 코드라고 한다).[10] 이러한 시뮬레이터는 핵융합 발전소 운전 시 운전원들에게 발전소 거동의 변화 예측에 대한 정보를 제공할 뿐만 아니라, 발전소의 인·허가 시 필요한 안전 평가에 대한 기반이 되며, 핵융합로의 최적화를 위해 사업자나 학계에서 지속적인 연구가 가능한 기틀이 된다.

V-DEMO는 컴퓨터 프로그램 구조로 보면 하나의 큰 패키지package로 볼 수 있다. 이러한 큰 패키지는 여러 개의 작은 라이브러리library들로 구성되는데, 각각의 라이브러리는 핵융합로 모사, 열수력 모사, 증기발생장치 모사, 터빈을 통한 전력 생산 모사[11] 등을 담당하게 된다. 사실상 핵분열 원자력 발전과 비교하여 노심이 핵융합로로 바뀌었을 뿐, 대부분의 계통과 관련해서는 비슷한 점이 많다.

패키지의 핵심개발 부분인 핵융합로 라이브러리는 여러 개의 모듈module로 구성된다. 여기에는 플라스마의 거동 및 핵융합 반응, 자기장 조절을 통한 플라스마 제어, 가열 장치, 벽면 재료와 플라스마의 상호작용, 블랑켓 내에서의 중성자 분포와 열교환 등의 수많은 모듈들과 이들의 유기적 상호작용을 다루는 모듈이 필요하다. 플라스마의 거동을 다루는 모듈의 경우, 각기 다른 시공간 스케일에서 일어나는 불안정성뿐만 아니라 벽면에서 노심 중앙으로 들어오는 불순물들의 영향, 고속 입자의 영향, 핵융합 반응으로부터 발생하는 헬륨 이온의 영향 등 7차원 시간 – 실공간 – 속도공간에서 일어나는 주요 현상들을 모사할 수 있어야 한다.

핵융합로 내의 다차원·다종·다물리를 초정밀하게 모사하면서도 적절한 시간 내 또는 실시간으로 계산하는 것을 목표로 한다면, 현실적으로 양자컴퓨터와 같은 획기적인 컴퓨터 계산 속도의 개선

■ **한국핵융합에너지 연구원과 공동 개발 중인 자이로 동역학 코드의 격자 관점 개발도**

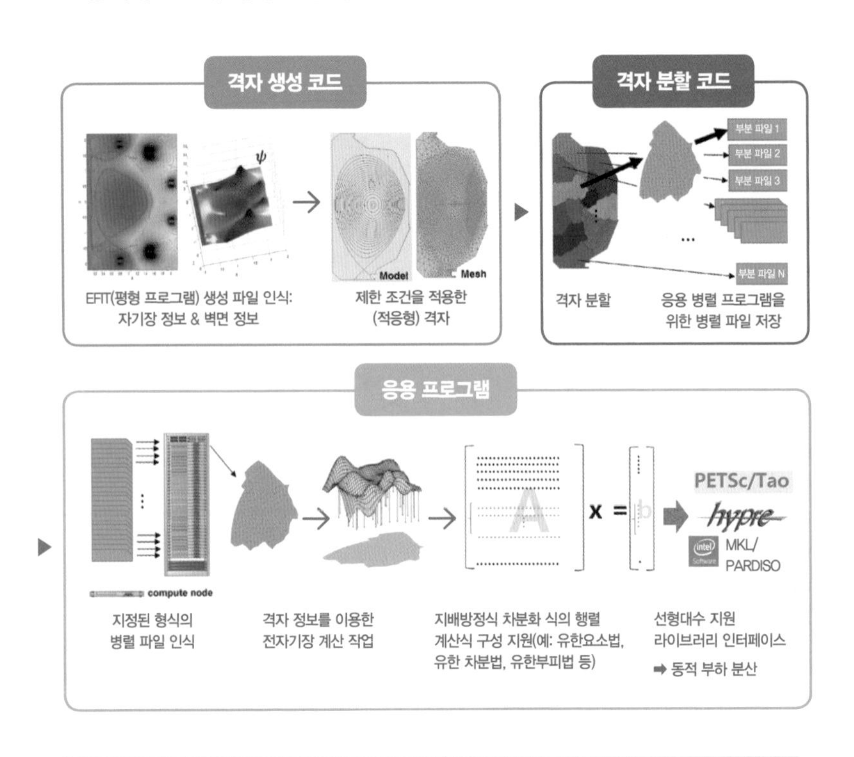

을 기다리는 수밖에 없다. 하지만 이러한 목표는 과장되게 비유하자면 치과에서 충치 치료를 위해 전자 현미경을 사용하여 이빨 구조에 있는 충치균을 하나하나 살펴보는 것과도 같다. 충치균은 분명 충치의 원인이다. 하지만 치료 시 충치균이 어떻게 움직이고 번식하는지를 살펴볼 필요가 있을까? 그렇다고 충치균의 특성을 무시할 수도 없다. 이런 측면에서 핵융합 물리에서 활발히 연구되고 있는 분야가 멀티 스케일 상호작용이다. 아주 작은 스케일에서 일어나는 현상이 큰 스케일에 영향을 미치는 것을 뜻한다. 비유하자면 mm 수준의 변화들이 모여 km 수준에서 영향이 나타난다고 할 수 있겠다. 따라서 우리에게는 작은 스케일을 보는 현미경도 필요하고 큰 지도를 한 순간에 찍을 수 있는 인공위성도 필요하다. 이때 큰 지도에는 작은 스케일이 큰 스케일에 미치는 영향이 반영되어야 한다.

UNIST 원자력공학과의 핵융합 및 플라스마 응용연구실에서는 한국핵융합에너지연구원과 함께 현미경에 해당하는 실제 핵융합로 구조를 반영한 자이로동역학 코드를 개발 연구 중이다. 구체적으로는 자이로 동역학 필드 계산을 위한 실제 핵융합로 구조의 격자 생성과 입자 충돌 모델 개발 및 개선, 코드 최적화 과정을 수행하고 있다. 이러한 현미경과 같은 고차원 코드의 결과들은 향후 기계학습 machine learning을 이용하여 차원을 줄이는 데이터 압축 과정을 거쳐 고차원 물리 효과를 고려하면서도 빠른 속도로 핵융합로 전반의 큰 스케일을 전산모사할 수 있는 저차원 코드의 개발에 사용될 예정이다.

소형모듈형원자로(SMR)

소형모듈형원자로SMR: Small Modular nuclear Reactor는 약 300MW급 이하의 출력을 지닌 원자로를 의미한다. 이 원자로는 외부로부터 전기 공급이 어려운 오지나 건설 현장 등에 트럭이나 기차, 배 등 운송 수단을 활용해 비교적 쉽게 설치가 가능하다는 장점이 있다. 이를 위해 SMR은 주요 구조물, 계통, 기기의 크기를 줄였을 뿐만 아니라, 공장에서 모듈 단위로 생산하는 것을 목표로 하고 있다. 최근 개발 중인 SMR은 경제성과 핵비확산성을 동시에 만족시키기 위해 장기간 핵연료를 교체하지 않도록 설계하고 있는 추세이며, 피동안전설계를 포함한 다양한 안전 장치들에 대한 연구 개발도 동시에 이루어지고 있다.

SMR은 상용 원자력 발전소들에 비해 출력이 낮으나, 공장에서 제작되어 현장에 설치된다는 점에서 건설 기간이 짧으며, 필요한 부지가 작고, 다양한 안전 기술이 적용되어 안전성과 신뢰성이 높다는 장점을 가지고 있다. 현재는 대형 원자력 발전소를 설치하기 어려운 곳에 전력을 공급하거나 대형 선박의 추진동력원으로 각광받고 있으며, 관련 핵심 기술들에 관한 연구가 활발히 진행 중이다.

소형모듈형원자로와 대형원전

원자로 안전성 분야: 원자력 발전과 안전

원자력 발전은 1950년대 최초의 상업 운전 이후, 높은 경제성과 친환경적 에너지원으로 오랜 기간 세계 여러 나라에서 이용되어 왔다. 그러나 1979년 미국 TMI-2 원전사고, 1986년 소련 체르노빌 원전사고, 2011년 일본 후쿠시마 원전사고와 같은 사고를 겪으면서 우리는 자연재해, 인적오류, 기기 고장 등 복합적인 위험 요소로 인해 원자력 발전소에 언제든 중대사고가 발생할 수 있음을 확인했다. 원전사고는 사회적, 경제적으로 미치는 영향이 매우 크기 때문에 원자력 발전에서 안전성은 그 무엇보다 중요하다.

최근 원자력 에너지 활용 환경이 변화함에 따라, 기존 대형원전에 비해 전기출력이 작고 모듈 형식으로 수요에 따라 규모를 조절할 수 있어 경제성 확보가 용이한 소형모듈형원자로SMR: Small Modular Reactor가 각광받고 있다. 특히 SMR은 출력이 작아 기본적으로 안전성이 높고, 최신 안전기술들을 적용해 기존 대형원전보다 더 안전하다.

방사선 안전 분야: SMR의 탄소중립과 방사선 안전

원자력 에너지가 이산화탄소와 같은 온실가스를 배출하지 않는다는 것은 이미 알려진 사실이다. 반면에 초기 건설비용이 상당히 요구되고, 원자력 발전을 하면서 많은 방사성 핵종이 나타나고 방사성폐기물이 발생한다는 문제점이 있다. 이런 점 때문에 우리는 방사선으로 인한 불안감을 가지기도 한다. 그런데 SMR은 온실가스 제로뿐만 아니라 적은 건설비용으로 에너지를 생산하고 방사선적으로도 향상된 안전성을 가지고 있다.

SMR은 1,000MW급 이상의 기존 대형 원자력 발전소와는 달리 배관 없이 주요 기기들을 하나의 용기 안에 배치하는 형태의 300MW급 이하 소형 원자로를 말한다. SMR의 건설비용은 대형 원자력발전소보다 1/6~1/12 수준으로 저렴하고, 복잡한 배관 구조가 없어 원자로 냉각재 배관이 깨져서 방사능이 유출될 가능성이 근본적으로 존

■ 소형모듈원자로

출처: IAEA(2020.4.20)[12]

■ 원자력 수소 생산

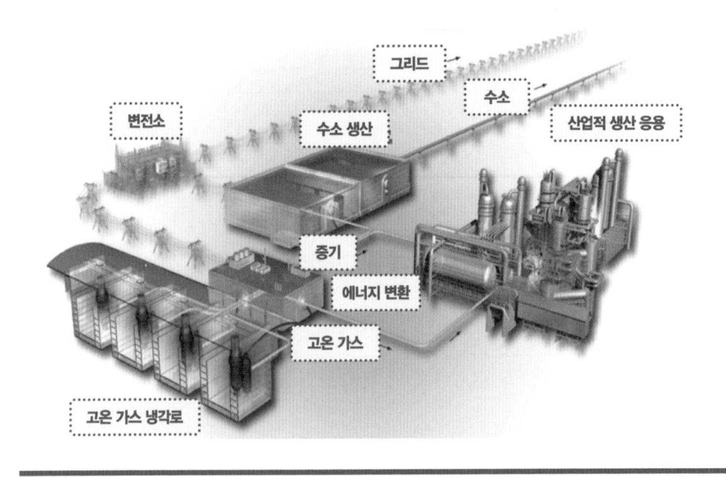

재하지 않는다. SMR은 방사선적으로 안전하고, 경제적이면서도 청정한 지구 환경을 유지할 수 있는 지속적인 에너지 생산원으로서 주목을 끌고 있다. 세계적으로도 캐나다에서는 2050년 탄소중립 목표 달성을 위해 SMR 개발 로드맵을 제시했고, 미국은 청정 에너지 기술 중 하나로서 첨단 원전advanced nuclear을 선정했다. 이는 과거 산업화를 통한 지구온난화 경험으로부터 탄소중립의 핵심이 원자력이라는 것을 가감 없이 보여주는 것이다. 국내에서는 UNIST의 초소형 원자로 개발을 통해 탄소중립의 혜안을 마련할 수 있을 것으로 생각된다.

SMR과 방사선 환경 영향

SMR을 건설하는 동안에는 방사성 물질이 없으므로 방사선적으로 대기, 토양 및 물과 같은 환경에 미치는 영향은 나타나지 않는다. SMR을 운영 및 해체하는 동안 방사선적으로 나타나는 영향을 살펴보면 다음과 같다.

대기

원자로를 운영하는 동안에는 방사성 핵종이 발생하므로 이에 의해 영향을 받게 되는데 SMR이 대형 원자력 발전소보다 출력이 작고 크기 또한 작으므로 영향의 정도 또한 작다. 수명이 다한 후 해체 시에도 마찬가지로 SMR과 대형 원자력 발전소 사이에 본질적인 영향에는 큰 차이가 없으며 영향의 정도도 작다.

토양

원자로를 운영하는 동안 환경에 방출되는 방사성 핵종의 양은 원자로의 출력과 크기에 비례한다. SMR은 출력과 크기가 작아 방사성 물질의 방출로 인해 토양에 미치는 방사선적 영향이 대기에 미치는 영향과 마찬가지로 작다. 해양이나 선박용으로 건설되는 SMR은 육상에 건설되는 SMR과 비교할 때 토양에 미치는 방사선적 영향이 상대적으로 낮은데, 이는 해양에 짓는 원자로의 경우 육상의 토양과 멀리 떨어져 있어 서로 간섭할 가능성이 낮기 때문이다.

이것은 거꾸로 생각하면, 방사선적 영향이 토양보다 해양 환경에 상대적으로 큰 영향을 미친다는 것을 의미한다. 즉, 육상에 SMR을 짓는 경우 해양 환경이나 지표수에 미치는 영향이 작게 나타나고, 해양에 짓는 경우 토양에 미치는 영향이 작게 나타나는 등 서로 보완적인 관계를 형성한다. 육상 또는 해양의 SMR을 해체할 때 미치는 방사선적 영향은 토양 환경에 직접적으로 미치게 된다. 육상에 지어진 SMR의 경우 지하 설비를 해체할 때 토양에 미치는 영향이 상대적으로 커질 수 있으며 해체 방법에 따라 그 정도가 다르게 나타날 수 있다. 예컨대 설비를 완전히 제거 후 처분할 것인가 또는 원자로 현장에서 해체 절단할 것인가에 따라 주변 토양이 받는 영향은 다르다. 해양용 SMR의 경우 수중에서 해체하면 주변 토양에 미치는 영향이 작다.

물

SMR이 지표수, 지하수 및 바닷물에 미치는 영향은 SMR 설계나 지어진 곳의 부지 특성에 따라 다르게 나타날 수밖에 없다. SMR의 냉각 계통이나 폐기물 처리 계통으로부터 방출된 방사성 물질이 주변의 물 환경에 미치는 영향은 원자로의 출력이나 방출 물질에 섞여 있는 핵종이 무엇인가에 따라 달라진다.

해양 SMR의 경우 원자로를 운영하는 동안 물속이나 물 위에 있는 원자로 구조물에서 방출하는 방사성 물질에 의해 지하수가 받는 영향은 육상 SMR보다 작다. 마찬가지로 지하 구조물이 있는 육상의 SMR은 해양 SMR에 비해 바닷물에 상대적으로 영향을 작게 미친다. 따라서 SMR은 지하수의 흐름, 방사성 방출 물질과의 상호작용에 의한 오염, 지하수와 지표수의 상호 간섭 등을 고려하여 설계되는데, 출력이 작고 배관구조가 없는 SMR의 특성상 방사성 방출의 정도가 작아 이로 인한 영향은 근본적으로 작다.

해체 시 SMR 설비가 물 환경에 미치는 영향은 토양과 마찬가지로 다르게 나타난다. 특히 해양 SMR의 경우 부지나 해수면의 교란, 물 위에 떠다니는 부유물이 최소화되도록 불필요한 설비는 해체하지 않음으로써 해체로 인한 방사선적 영향을 최소화한다.

원자로 계통 기기 분야

가까운 시일 내에 도입할 수 있는 SMR은 경수로 기술을 이용하는 SMR로서 현재의 대형원전(대형 LWR)에 지식 기반을 둔 사람들에게도 친숙한 기기(components)를 이용한다. 그러나 이러한 대다수 기기들의 크기나 위치는 SMR(또는 iPWR: integral pressurized-water reactor)의 다양한 설계 목표를 만족시켜야 한다.

현재의 대형원전과 비교할 때 SMR을 설명하기에 상대적으로 가장 쉬운 방법은 '더 많은 물과 더 적은 배관'이라고 할 수 있다. SMR은 소형원전의 통합된 형태, 즉 일체형의 특성으로 인해 물의 부피가 상대적으로 크게 증가하게 된다. 반면에 원자로 냉각재 계통RCS: Reactor Coolant System의 크기와 길이는 현재 대형원전과 비교하여 상당히 줄어들게 된다. 이로 인해 대형원전에 특징적으로 설치된 전력을 필요로 하는 대다수의 능동형 안전 계통 기기들Active safety system components의 필요성이 줄어들고, 결국 발전소 비상 상황에 운전원이 대응할 수 있는 시간이 증가하게 된다.

소형원전은 1개의 압력용기로 설계되며 원자로 노심, 증기 발생기 및 가압기를 통합하여 포함한다. 따라서 루프형 대형원전(가압 경

■ 대형원전과 소형원전의 계통 및 기기 설계 특성의 비교

경수로 계통/기기	대형원전(PWRs)	소형원전(iPWRs)
압력용기 높이 대 폭의 비	2~2.5배	4~7배
대구경 냉각재 계통 배관	있음	없음
원자로 냉각재 펌프	있음	없음(설계에 따라 있음)
가압기	분리 설치	통합(일체형) 설치
증기발생기	분리 설치	통합 설치
비상 노심 냉각 계통	능동형	피동형
제어봉 구동 장치	외부 설치	내부 또는 외부 설치
격납건물 스프레이	있음	없음
디젤 발전기	안전 등급	비안전 등급
공기 냉각 기능 (Air cooled secondary)	없음	가능함

수로, PWR)에서 볼 수 있는 배관 및 1차측 루프가 없다. 소형원전의 노심 냉각은 이 압력용기 내에서 물의 강제 또는 자연 순환에 의해 달성된다. 즉, 펌프 없이 자연 순환에 의해 냉각 가능하게 설계하는 것이 최근 특징이다. 2차측 터빈 발전 계통은 현재 대형원전과 거의 차이가 없다.

■ 일반적 일체형 소형원자로 설계 특성

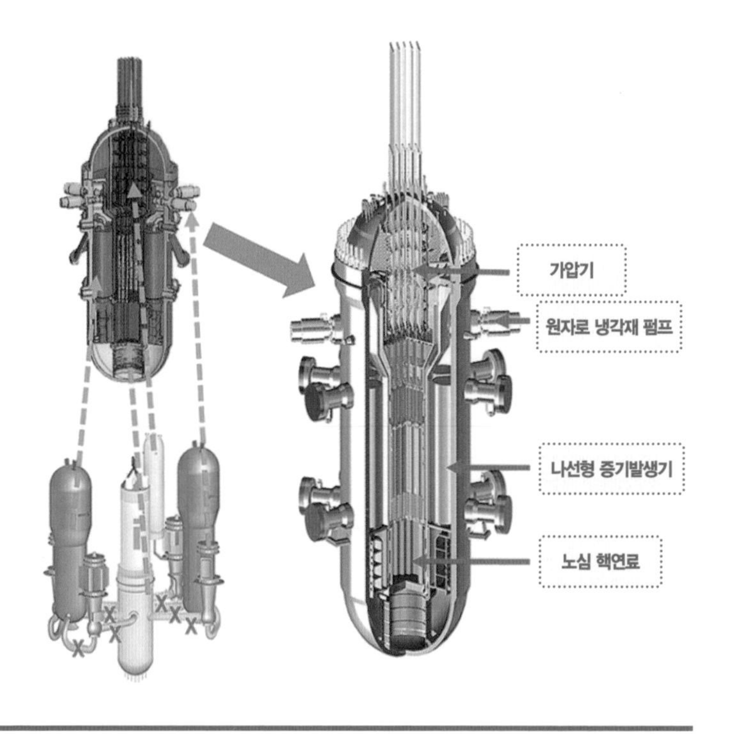

출처: 한국원자력연구원[13]

원자로 핵연료 분야

SMR은 원전의 발전용량을 줄여small 면적당 전력수요가 크지 않은 섬이나 극지·오지에서 효율적으로 원자력 에너지를 활용할 수 있도록 하기 위해 세계적으로 개발 붐이 일고 있는 원자로의 한 분류다. 그런데 발전용량 감소는 경제성 악화(단위전력 생산비용 증가)와 직결되므로, 모듈화된Modular 부품의 대량 생산을 통해 건설비용을 최대한 절감하려는 노력이 전개되고 있다. 이러한 SMR의 설계는 해당 노형의 경제성을 더욱 향상시키기 위해 핵연료 재장전이 대부분 아예 필요하지 않거나 재장전주기를 최대한 길게 도모하는 특징을 지닌다. 여기에 후쿠시마 원전사고 이후 촉발된 사고저항성 핵연료 도입에 대한 범사회적 요구가 합쳐져 최근의 세계적인 핵연료 연구 추세를 형성하고 있다.

원자로 노심 분야

근현대의 인구 증가와 산업 발달에 따라 증가하는 전력수요를 감당하기 위해 1950년대부터 세계 각국은 대형원전 위주로 원자력 발전소를 건설해 왔다. 그러나 대형원전의 경우 건설회사가 값비싼 건설비용(1기당 약 5조 원)을 감당하지 못해 파산하는 경우가 발생하고 있다. 핀란드 원전 건설 지연으로 인한 프랑스 아레바AREVA의 파산, 미국 웨스팅하우스WEC를 인수한 일본 도시바Toshiba의 파산 등이 그 예다. 과도한 초기비용은 원자력 발전소를 건설하려는 국가 입장에서도 부담스럽다 보니 전 세계 원자력계의 관심이 비교적 저렴한 SMR로 모이고 있다. 특히 섬이나 사막과 같이 인구 밀도가 높지 않아 대규모 전력망과 연결하기 어려운 곳에서는 더욱 SMR을 선호한다. SMR의 경우 공장에서 조립해서 발전소 부지로 배달이 가능하므로 공사 기간을 절반 이하로 단축할 수 있고, 필요한 전력 규모에 따라 모듈 단위로 용량을 늘리거나 줄일 수 있으므로 경제성을 끌어올릴 수 있다.

SMR 노심은 대형원전 노심에 비해 크기가 작아서 임계 상태를 유지하는 데 붕산수를 사용하지 않아도 된다는 이점이 있다. 붕산을 첨가하지 않은 무붕산 경수를 냉각재로 사용할 경우, 화학체적제어계통CVCS을 제거할 수 있어 SMR 발전소 부지를 줄일 수 있고, 붕산으로 인한 부식 가능성을 원천적으로 제거하여 깨끗하고 효율적이며 신뢰할 수 있는 에너지 생산이 가능하다. 이때, 노심의 임계는 가연성 흡수체와 제어봉만으로 조절 및 유지해야 하며, 이로 인해 축방향 출력 분포의 찌그러짐 현상이 발생할 수 있다. 무붕산 SMR을 상용화하려면 출력의 찌그러짐 현상을 방지하기 위한 새로운 전략이 필요하다.

방사성폐기물과 사용후핵연료 분야

SMR의 운전 중에도 대형원전과 마찬가지로 사용후핵연료를 포함하여 다양한 종류의 기체, 액체(물), 고체 방사성폐기물이 발생할 수 있다. 발생하는 방사성폐기물의 방사능 농도, 물리적, 화학적 특성은 사용되는 핵연료 및 냉각재의 종류, 운전 방식에 크게 좌우되며, 처리방법도 각 원자로의 특징에 따라 매우 다르다. 일반적으로 물을 냉각재로 사용하는 대형원전에서 기체 방사성폐기물은 원자로 냉각재의 부피를 조절하는 탱크 등 원자로 시스템과 직접 연결된 곳에서 발생하는 상대적 고방사성 기체와 건물 내 공기의 배기 및 순환 과정에서 발생하는 저방사성 기체로 분류된다.

기체 상태로는 장기간 안정적으로 보관하기가 어렵다. 따라서 헤파필터를 사용하여 입자상 방사성물질을 제거하고, 활성탄을 통해 방사성 아이오딘(요오드)을 제거한 뒤, 감쇠탱크 또는 지연대 등을 통과시켜 방사능 농도를 충분히 낮춘 뒤 환경으로 배출한다. 액체 방사성폐기물은 원자로 냉각재, 사용후핵연료 저장조, 방사성폐기물의 처리 과정을 거치는 동안 발생할 수 있다. 액체 방사성폐기물 또한 오랜 기간 보관하기에는 적합하지 않다. 수용액의 경우 역삼투필터, 이온교환수지, 증발기, 침전기 등을 사용하여 방사성물질을 제거한 이후 기체 방사성폐기물과 마찬가지로 배출관리 기준에 적합한 경우에는 환경으로 배출한다. 액체 방사성폐기물 중 유기용매와 같은 비수용액 폐기물은 방사성물질을 충분히 제거한 이후 산업폐기물로 처리한다.

고체 방사성폐기물은 기체 및 액체 방사성폐기물의 처리 과정에서 발생한 폐필터, 이온교환수지, 증발기 농축물 및 원자로의 유지

보수과정에서 사용된 피복, 종이, 플라스틱 등의 폐기물로 분류된다. 고체 폐기물 중 분진이나 과량의 수분을 포함해 유동성이 있는 물질은 시멘트, 폴리머 등을 사용하여 단단한 형태로 고형화한다. 유동성이 없는 일반 잡고체 폐기물은 압축기를 사용하여 부피를 최소화한다. 처리된 고체 방사성폐기물은 최종 처분시설(예: 경주 중저준위 방사성폐기물 처분시설)의 인수기준에 적합한지 확인을 거쳐 인도된다.

이와 같은 대형원전의 운영 중에 발생하는 기체, 액체, 고체 방사성폐기물의 처리방법은 SMR에도 대부분 동일하게 적용된다. 다만, SMR은 대형 상용원전과 달리 액체 금속(예: 납-비스무스 합금) 또는 초임계 이산화탄소를 원자로의 냉각재로 사용하기도 한다. 이런 경우, 비스무스의 방사화로 폴로늄 기체가 생성되거나, 이산화탄소의 방사화로 C-14를 포함한 이산화탄소가 생성되는 등 기존 상용원전과는 다른 방사성폐기물이 발생할 수 있다. 이러한 방사성폐기물 중 일부는 기존 처리방법으로 충분히 제거하기 어려울 수도 있다. 따라서 SMR의 초기 설계 단계에서부터 예상되는 방사성폐기물의 방사선적, 물리적, 화학적 특성을 파악하여 처리기술을 개발할 필요가 있다.

원전에서 발생하는 물질 중 가장 방사능이 높은 물질은 사용후핵연료다. 국내 경수형 대형원전에서는 이것을 원전 건물 내 사용후핵연료 수조에 보관하며, 중수형 원전에서는 사용후핵연료 수조와 더불어 공기로 냉각되는 금속·콘크리트 구조물(예: 사일로, 맥스터)에 장기간 보관 중이다. 미국, 유럽 등에서는 경수형 원전의 사용후핵연료도 공기로 냉각되는 금속·콘크리트 구조물 내에 수십년간 안전하게 보관하고 있다. 국내에서는 사용후핵연료를 원전 부지 내에 보관하고 있어 사용후핵연료를 장거리 운반한 경험이 거의 없으나, 국외에서는 도로, 철로 및 해상을 통해 사용후핵연료를 이동한 사례가 매우 많다. 즉, 사용후핵연료 저장 및 운반 기술은 이미 확립되어 상용화된 기술이다. SMR에서 발생한 사용후핵연료도 열 발생량 및 방사능 농도가 대형원전의 사용후핵연료에 비해 매우 높지 않다면, 이미 확립된 기술을 바탕으로 저장 및 운반할 수 있다.

사용후핵연료로부터 우라늄 및 초우라늄 원소와 같은 유용한 물

■ **항공모함에서 사용된 사용후핵연료의 철로 운반 사례**

출처: Oak Ridge National Laboratory(2016.12)[14]

질 및 스트론튬과 세슘 같은 고방사성 물질의 화학적 추출을 통한 사용후핵연료의 재활용 및 폐기물 부피 감량 기술로는 프랑스, 영국 등에서 상용화된 수용액 기반 공정(예: Purex, 습식공정)과 우리나라를 포함한 다양한 국가가 개발 중인 비수용액 기반 공정(예: Pyroprocessing, 건식공정)이 있다. 사용후핵연료를 재활용하지 않고 지하 수백 미터에서 처분하는 기술에서는 스웨덴과 핀란드가 가장 앞서 있으며, 핀란드는 2023년, 스웨덴은 2030년대에 사용후핵연료 처분시설을 운영하는 것을 목표로 하고 있다.

현재까지 개발된 사용후핵연료 재활용, 처분 기술은 대형원전에서 발생한 이산화우라늄(UO_2) 형태의 사용후핵연료를 중심으로 개발되었다. SMR에서 발생한 사용후핵연료의 화학적 형태 및 방사능 농도, 열 발생량이 대형원전과 크게 차이를 보이지 않는다면, 기존에 개발된 기술을 활용하는 것도 가능하다. 그러나 SMR에서 기존 대형원전에서 사용된 경험이 없는 질화물, 규화물 등의 핵연료를 사용하는 경우, 기존 사용후핵연료 재활용 공정의 활용가능 여부(화학반응 및 주요 원소별 회수율 확인 등)와 지하 처분환경에서의 방사성원소의 침출 거동에 대한 연구가 필요할 수 있다.

소형모듈형원자로 핵심기술

원자로 안전성 향상 분야

혁신안전기술 활용

SMR의 안전성 향상과 관련된 주요 기술 중 하나인 고유안전기술은 비정상 상태에 대한 원전의 기본적이고 고유한 물리현상인 자연순환, 부력, 중력, 압력 등에 의해 안전한 방향으로 결정되도록 시스템을 설계하는 기술이다. 이러한 기술은 원전의 비정상 상태에도 실패 가능성이 있는 기기의 작동이나 기능에 의존하지 않고 지속적으로 원전의 안전성을 확보하는 데 도움이 되며, 체르노빌과 같은 사고를 원천적으로 방지할 수 있다. 따라서 SMR뿐만 아니라 4세대 원자로에는 모두 고유안전기술을 채택하여 설계하는 추세로 가고 있다.

한편, 후쿠시마 원전사고 이후 전원이나 신호 없이도 작동 가능한 피동안전기술이 활발하게 연구되고 있다. 피동안전기술이란 작게는 자동 또는 운전원에 의한 수동 작동 신호가 필요하지 않은 시스템 설계 기술이며, 더 나아가서는 구동에 전력이 필요하지 않은 시스템을 설계하는 기술을 의미한다. 이러한 피동안전기술은 작동 신호의 필요성을 원천적으로 없애 사고 발생 시 사고를 완화하여 그 결과의 심각성을 줄여준다. 피동안전기술은 이미 기존의 대형원전에도 안전 주입 탱크safety injection tank, 압력 경감 밸브pressure relief valve와 같은 계통과 기기에 적용되고 있는 기술이다. SMR에는 이러한 피동안전기술이 필수적으로 적용될 뿐 아니라 다중화, 다원화되어 후쿠시마와 같은 사고로부터 안전을 확보한다. 특히 별도의 전원이 없이도 피동안전시스템에 의해 자연 냉각이 이루어지기 때문에 사고 확산을 방지하거나 지연시켜 안전성을 대폭 높일 수 있다.

또한, 혁신안전기술 중 하나인 사고저항성 재료기술은 중대사고 시 재료적 특성을 통해 안전성을 확보함으로써 노심 손상에서 일차적으로 버틸 수 있는 기술로, 주로 사고저항성 핵연료 개발에 이용된다. 이러한 사고저항성 재료기술은 후쿠시마 원전사고 이후로 각광받기 시작했다. 기존 대형원전에 사용되는 핵연료 피복관은 사고 시 고온 상태에 노출되는데, 이때 지르칼로이로 만들어진 피복관의 산화로 인해 다량의 수소가 발생하여 후쿠시마 사고와 같이 수소가 폭발하면, 발전소 건물 및 안전 계통 설비들이 파손될 수 있다. 따라서 사고저항성 재료를 핵연료에 적용하면 이러한 사고를 미연에 방지 또는 완화할 수 있다. SMR에도 이러한 기술을 적용하여 사고 시 노심 용융을 방지하거나 최대한 늦출 수 있어 안전성이 크게 증진되었다.

뿐만 아니라 SMR은 소형, 모듈형으로 설계되면서 기본적인 안전성이 상대적으로 높아졌다. 기존 대형원전의 복잡한 구조와 달리 계통 및 기기를 원자로 용기에 모두 넣어 디자인을 단순화함으로써 배관 파단으로 인한 냉각재 상실사고, 열제거원 상실사고 등과 같은 초기사건을 원천적으로 배제하고, 노심 구조·계통·기기 등 원전 설비의 신뢰도가 향상되어 안전성이 크게 향상되었다. SMR은 체르노빌, 후쿠시마, 트리마일까지 3차례의 중대한 사고를 교훈 삼아 지진, 쓰나미를 포함한 자연재해, 화재와 같은 인공재해, 인적오류, 기기고장 등 다양하고 복합적인 위험 요소를 고려하여 설계될 뿐만 아니라, 이를 넘어서는 극한 사건에 대해서도 최대한 대중과 환경을 보호하도록 디자인되고 있다.

이상에서 알 수 있듯 SMR은 고유안전기술, 피동안전기술, 사고저항성 재료기술 등 혁신 안전기술과 안전을 고려한 새로운 디자인을 통해 사고 발생 확률을 크게 낮추고, 사고가 발생하더라도 사고를 완화 및 지연시켜 노심 용융을 방지함으로써 사고의 영향을 효과적으로 감소시킬 수 있는 매우 안전한 원자로다.

자율운전기술 활용

국제원자력기구IAEA의 조사에 따르면 원전에서 발생한 사건들 중 인적오류가 기여한 사건이 약 80%를 차지한다고 한다. 원전과 같이 복잡하면서도 안전이 중요한 시스템에서는 인적오류 발생 가능성을 최소화하는 것이 중요하다. 이에 운전원의 영향을 최소화하여 원전을 운전하는 자율운전에 관한 연구가 지속적으로 이루어지고 있으며, 최근에는 4차 산업혁명과 더불어 특히 인공지능을 활용한 자율운전이 각광받고 있다.

원전 자율운전은 사람의 실수를 최소화할 수 있도록 원전을 자율적으로 운전하는 기술을 의미한다. 인공지능이 원전을 구성하는 기기를 포함해 전반적인 원전의 상태를 신속하게 파악하고 예측함으로써 원전의 상태에 맞춰 최적의 제어를 스스로 수행하는 기술이다. 자율운전을 활용하면 궁극적으로 운전원의 오류에 영향 받지 않고 안전하게 운영할 수 있다. 특히 SMR은 상대적으로 구조와 운전이 간단하므로 자율운전 기술을 적용하기가 수월하며, 특성상 오지에 설치되어 장기간 운전이 필요한 경우도 있어서 자율운전 기술이 더욱 중요한 역할을 한다.

방사선원항 및 방사선 비상계획구역 감소

원전의 사고 시 방사성물질 누출에 대비하여 원전 주변에는 주민보호조치를 효율적으로 수행하기 위한 방사선 비상계획구역

Emergency Planning Zone을 설정한다. 이러한 비상계획구역 크기는 방사선원항에 기반하여 원전의 운전 특성, 원전 주변의 지리적, 환경적 특성과 주변 인구 및 동식물을 고려하여 결정된다. 기존 대형원전에 비해 출력이 낮은 SMR은 기본적으로 노심에 방사성 물질이 적게 들어 있어 후쿠시마 사고와 같은 대형사고가 일어나지 않을 뿐 아니라, 사고 시에도 핵분열 생성물 및 기타 방사성 핵종의 양, 즉 방사선원항의 양이 기존 대형원전에 비해 작아서 상대적으로 안전하다. 사고가 발생하더라도 방사능 물질의 방출양이 적고, 격납건물 및 다중 방벽의 물리적 경계를 통해 주위 환경에 방사능 물질이 방출되는 것을 효과적으로 제어할 수 있다. 결론적으로 SMR은 기존 대형원전에 비해 비상계획구역이 작고 대중에 대한 방사성 위험이 줄어 안전성이 높다.

원자로 계통 기기 분야

일체형 설계

현재 대형원전에서 원자로 압력용기는 연료집합체, 제어봉, 원자로 냉각재(감속재 역할 수행)를 포함하고 있다. 기능적으로 원자로 압력용기는 핵분열 생성물의 방출에 대한 안전 방벽의 역할 및 제어봉지지, 핵연료와 냉각재 유로를 형성하는 압력용기 내부 구조물에 대한 구조적 지지 역할을 수행한다. 원자로 압력용기는 바닥 헤드가 반구형인 실린더 용기이고, 바닥 헤드와 마찬가지로 반구형인 상부 헤드에 플랜지와 가스켓이 설치되어 있다. 바닥 헤드는 실린더 몸체에 용접하고, 상부 헤드는 플랜지 형태로 실린더 모체에 볼트로 체결한다.

SMR의 원자로 압력용기에는 대형원전처럼 연료 집합체 및 제어봉이 있으며, 특히 SMR의 원자로 압력용기는 가압기와 증기발생기를 함께 포함하는 것이 특징이다. 화학 체적 제어계통 같은 분리 가능한 지지계통들을 제외하고, 사실상 전체 원자로 냉각재 재고량은 SMR 압력용기 내에 포함된다. 기능적으로 소형원전 압력용기는 현재의 대형원전과 같은 역할을 수행한다. 소형원전 압력용기 플랜지는 전형적으로 연료의 상부 위쪽 그리고 일체형 증기 발생기 아래에 위치하여 기존 대형원전과는 확연히 다르다. 이러한 구조는 상대적으로 키가 큰 기다란 형태의 소형원전에서 핵연료 재장전 및 증기발생기 조사를 용이하게 한다. 다만, 한국의 스마트 소형원전의 경우는 플랜지가 용기 헤드에 위치하며, Holtec SMR-160 소형원전의 경우는 증기발생기가 별도로 분리 설치되어(offset) 플랜지가 용기 헤드에 위치할 수 있다. Holtec 설계는 증기발생기들을 압력용기 외부에 플랜지해야 하고 용기 내에 있지 않기 때문에 사실 일체형이라고 할 수는 없다.

소형원전의 핵연료 높이는 대형원전의 절반 크기인데, 이것은 용접 부위를 줄여 압력용기 조사 취하embrittlement(재료가 쉽게 깨지는 현상) 문제를 없애는 긍정적인 효과가 있다. 키가 큰 소형원전 설계에서 Riser 부위는 제어봉 이동을 수용할 수 있도록 직경이 충분히 커야 할 필요가 있다. 결과적으로 증기발생기의 압력용기 내부 통합 설치는 핵연료로부터 압력용기 벽이 대형원전에 비해 훨씬 멀어지게 만든다. 그러므로 압력용기의 downcomer 지역에 water shielding 효과가 추가로 나타나고, 결과적으로 원자로 압력용기에 더 낮은 플루언스가 더해져 압력용기 조사 취하 걱정을 사라지게 한다. 재료가 대형원전과 동일하고 낮은 플루언스 및 벨트라인 용접부위 조사 취하 문제가 소형원전에서는 사라지게 되어 결과적으로 원자로 가압열충격PTS: Pressurized thermal shock 효과도 대형원전에 비해 낮아지게 된다.

소형원전 설계 시 일부에서는 제어봉 구동 장치를 용기 내부에 설치하고, 일부에서는 정상운전 중 보론 Chemical Shim의 이용을 배제하는 것을 계획하고 있다. 붕산수는 1차측 냉각재인 물과 관련하여, stress corrosion을 악화시킨다. 그러므로 정상 운전 중 보론을 사용하지 않는 설계는 소형원전 압력용기의 1차측 water stress corrosion cracking 이슈를 제거할 것으로 보인다. 소형원전 압력용기의 체적은 대형원전보다 작으나 원통 직경 대비 높이의 비는 근사적으로 4에서 7까지로, 대형원전 압력용기의 원통 직경 대비 높이의 비가 2에서 2.5인 것에 비해 훨씬 크다. 이는 비상 운전 및 일부 설계의 정상 운전 시 자연순환을 증진시키기 위해서인데, 대형원전과 달리 소형원전은 전체 원자로 냉각재 재고량이 원자로 압력용기 내에 있고 루프 배관이나 다른 기기들에 분포되지 않기 때문에 자연순환 냉각이 효율적이고도 효과적으로 이루어진다. 이러한 소형원전 압력용기의 높이 증가와 직경 감소는 공장에서 제조한 후 트럭으로 배달하기 쉽게 만드는 장점도 있다. 또한, 대형원전과 달리 소형원선의 경우 압력용기에 부가적 기기들이 포함되기 때문에 노심 열 출력 대비 물의 체적이 상당히 증가되었다.

소형원전의 냉각재 설계 압력은 대형원전과 동일하거나 약간 더 낮을 수 있다. 소형원전 압력용기의 용기 관통부에는 대형원전에 비해 상당히 다른 특징이 있는데 소형원전의 경우 핵연료 상부 아래에는 관통부가 없으며, 계측을 할 때도 항상 핵연료 위쪽에서 접근하게 된다. 더욱이 외부 냉각재 루프가 없어서 대형원전들에 있는 입출구 배관 관통부, 전형적으로 70~79cm(27.5~29inches) 크기의 관통부가 사라지며, 이 덕분에 대형원전에서 생기는 대형파단 냉각재상실사고 Large-break LOCA: large-break Loss-Of-Coolant Accident의 염려가 효과적으로 사라진다. 결과적으로 대형파단 냉각재상실사고에 대응하기 위해 필요한 대형원전의 고압 주입 펌프 같은 능동형 비상 장비가 소형원전에는 더 이상 필요하지 않게 된다.

소형원전에서 보조계통support systems을 위한 최대 용기 관통부는 전형적으로 5cm(2inches)로 대형원전에 비해 훨씬 작고, 상대적으로 원자로 핵연료 상부 위쪽에 위치한다. 이것은 소형원전에서 소형

파단 냉각재 상실 사고small-break LOCA 시 원자로를 냉각하기 위해 상당한 양의 물을 지속적으로 이용할 수 있음을 의미한다.[15]

■ 일체형 소형 원자로 열전기 변환 사이클

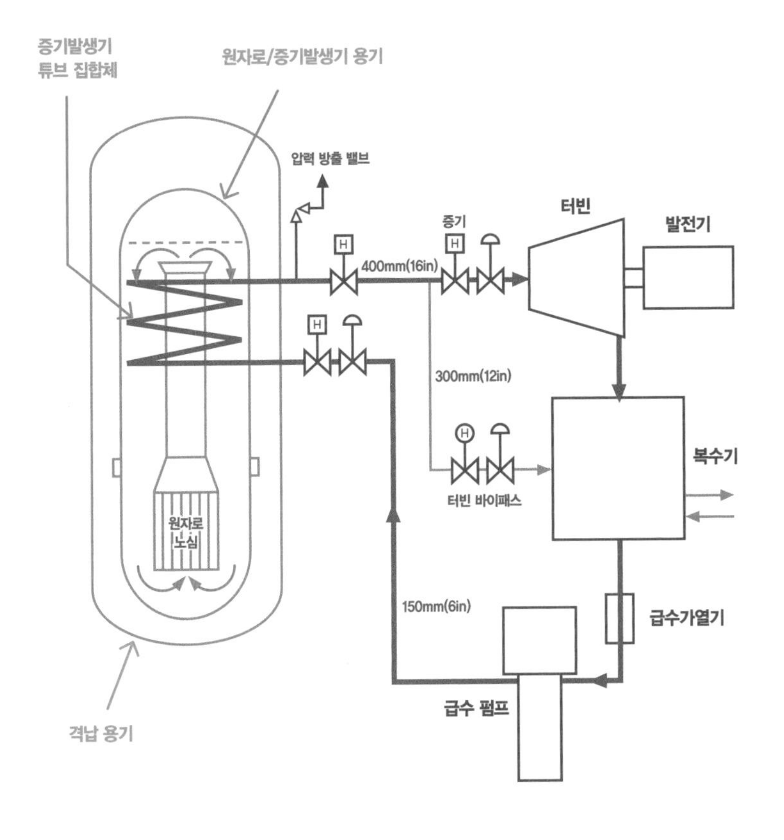

출처: Carelli and Ingersoll(2015)[16]

핵연료 분야

경수형 SMR 핵연료는 원자로 전 수명(60~100년) 또는 초장기(10~20년)의 재장전주기 동안 지속적으로 고온(~300℃) 냉각수에 노출되므로, 부식저항성을 확보하기 위해서는 기존 대형원전용 지르칼로이 핵연료 피복관보다는 스테인리스강 기반의 피복관을 사용하는 것이 바람직하다. 그러나 대부분 스테인리스강은 다량의 니켈을 함유하여 중성자 흡수가 심각하고, 이로 인해 피복관 내 헬륨기체 발생과 조사 손상이 누적되어 치수안정성이 크게 떨어지므로 초장주기 경수형 SMR 내 스테인리스강 기반의 핵연료 피복관 사용은 사실상 불가능하다. 이런 문제는 니켈 함량을 최소화한 페라이트–마르텐사이트Ferritic–Martensitic강의 사용을 통해 어느 정도 극복 가능하지만, 지르칼로이에 비하면 중성자 흡수가 여전히 심각해 원자로 노심의 크기가 커져야 하는 문제가 있고 SMR의 경제성을 악화시킨다는 점에서 수용하기 어렵다. 이런 노심 대형화 문제는 고농축 우라늄 핵연료 또는 우라늄과 플루토늄을 섞은 혼합핵연료(MOX) 사용을 통해 일부 완화할 수 있다. 그러나 비핵국인 대한민국에서는 현실성이 크게 떨어지는 해법이다.

따라서 중성자 흡수를 최소화할 수 있는 기존 피복관 재료를 바탕으로, 초장주기 경수형 SMR 핵연료 피복관 재료 분야에서는 부식저항성을 크게 강화한 신형 피복관 재료 개발을 위해 주로 ① 나이오

븀(Nb) 함량 증가 등 합금 성분 변경, ② 질화크롬(CrN) 등 산화저항성 재료를 사용한 피복관 표면 코팅, ③ 산화이트륨(Y2O3) 등 분산강화물 첨가 등의 방법론을 주요 원전기술보유국(대한민국, 미국, 러시아, 프랑스, 일본, 중국 등)에서 연구 중이다.

또한, 극·오지에 설치되어 원격으로 운전 및 모니터링되는 SMR의 경우 사고 상황 시 즉시 현장 조치를 하는 것이 어려울 수도 있으므로, 사고 대응에 필요한 시간grace period를 벌어주는 원전 설계가 요구된다. 후쿠시마 원전사고에서도 익히 경험했듯이, 사고 상황 시 가장 문제가 되는 것은 핵연료 용융이다. 따라서 최대한 열전도도가 높은 고열전도 핵연료의 연구·개발 및 설계를 채택해 운전 시 핵연료 중심부 온도를 최대한 낮출 필요가 있다.

대형원전용 핵연료로 널리 쓰이는 산화우라늄(UO_2)은 모든 핵연료 화합물 중 열전도도가 가장 낮고 그 어떤 방식으로도 이를 극복하기 어려우므로, 기존 핵연료를 고열전도 세라믹 핵연료(UN, U_3Si_2) 또는 부식저항형 금속핵연료(Zr-U, Mo-U) 등으로 변경할 필요가 있다. 문제는 이러한 핵연료들은 피복관 부분파단 시 고온·고압의 냉각재 환경에서 빠르게 산화하는 경향이 있다는 것이다. 이를 극복하기 위해서는 UN, U_3Si_2 등 세라믹 핵연료의 경우 UO_2와의 혼합핵연료 개발(UN-UO_2, U_3Si_2-UO_2)을 통해 부식저항성을 유지하면서도 핵연료 중심부 온도 저감이 가능한 기술을 확보할 필요가 있다. 또한, Zr-U 등 금속핵연료의 경우 Zr 함량을 최소화하여 노심 소형화 기술을 확보하면서도 해당 핵연료의 부식저항성 및 조사저항성을 최대한 유지할 수 있는 최적 핵연료 성분 실험 검증 연구가 필요하다.

통상 18개월에서 24개월에 한 번 핵연료를 재장전하고, 핵연료집합체가 원자로 노심 내에 머무는 기간이 4~5년에 불과한 대형원전의 경우, 앞에서 언급한 부식저항성을 크게 강화한 피복관을 채택할 필요성이 높지 않다. 피복관 생산비용 증가로 인한 경제적 부담이 부식저항성 증가로 인한 안전성 강화 편익을 능가할 가능성이 크기 때문이다.

그러나 최근 미국 등을 중심으로 활발히 연구 중인 고열전도 사고저항성 핵연료는 경우가 다르다. 해당 기술 개발이 완료되면 SMR뿐만 아니라 기존 대형원전에서도 채택할 가능성이 농후하다. 운전 시 핵연료 중심부 온도 저감 및 저장 에너지stored energy 감소를 통해 후쿠시마형 원전사고 가능성을 원천 봉쇄에 가깝게 낮추고, 설령 사고가 발생한다고 해도 조치에 필요한 시간을 충분히 확보할 수 있기 때문이다.

노심분야

앞에서 서술한 바와 같이, 경수형 SMR 노심은 대형원전보다 크기가 작아서 냉각재의 붕산을 제거하고 제어봉과 가연성 흡수체만으로 임계를 조절할 수 있다. 무붕산 SMR은 대형원전에 필요한 기반 시설을 갖추지 못한 개발도상국에 적합하며, 일차 냉각계통에서 발생하는 열을 이용해 해수의 담수화를 진행할 수 있어 식수 부족을 겪는 국가에서 도입하기에 매우 적절하다.

2011년 후쿠시마 원전사고 이후 보다 안전하고 경제적인 SMR 수요 및 기술개발의 필요성이 전 세계적으로 증대되고 있다. 이에 따라 세계원자력 산업계에서 SMR 노심 설계 관련 경쟁력을 확보하려면, 혁신적인 SMR 개발 및 설계를 위한 전산코드 체계개발이 반드시 이루어져야 한다. 붕산을 대체할 반응도 제어 방법으로 방대한 양의 가연성 흡수체 사용 및 새로운 형태의 가연성 흡수체 개발도 필수적이다.

이에 따라 가연성 흡수체에 사용되는 핵종을 다양하게 변경하고, 가연성 흡수체 및 핵연료집합체 내부 구조 역시 다양하게 바꾸어 노심해석을 수행할 수 있어야 한다. ANC, SIMULATE-3, PARCS, MASTER 등과 같은 기존의 노심해석코드를 사용해도 가연성 흡수체 및 핵연료집합체 내부 구조 변경에 대한 해석을 수행할 수 있으나, 기존 노심해석코드는 다루는 핵종 수가 제한적이라는 단점이 있다. 또한, SMR 노심설계에서는 물뿐만 아니라 흑연, 스테인리스강 등 다양한 반사체 물질을 다룰 수 있어야 한다. 무붕산 운전 중 효과적인 반응도 제어를 위한 제어봉 개발 및 원자력 발전량 증가로 인한 출력 변동요구에 따라, SMR에 적합한 부하추종제어기 개발도 필수적이다. 즉, 다양한 반사체 물질 및 부하추종 모사 가능한 노심해석코드의 개발이 요구된다.

SMR의 핵심기술 중 하나는 자율운전 기술이라고 할 수 있다. 인공지능을 활용하는 운전 자동화를 도입하여 자동 부하추종 운전이 가능한 SMR을 개발할 수 있다면, 운진원 질감을 통해 운영비용 감소 효과를 얻을 수 있다.

현재 운전 및 건설 중, 혹은 설계가 진행 중인 SMR은 세계적으로 약 60여 기에 달한다. 인도의 PHWR-200 등은 현재 상용 운전 중이며, 중국의 HTR-PM 등 5기의 원자로는 건설 중이다. 또한, 우리나라의 SMART와 미국의 NuSCALE 등의 SMR은 현재 개념설계가 완료되어 가까운 미래에 건설이 기대된다. 한국원자력연구원이 개발 중인 SMART는 안전성이 획기적으로 강화된 일체형 원자로로서 2012년에 표준설계인가를 획득했으며, 2015년부터 사우디아라비아가 1억 달러, 우리나라가 3,000만 달러를 분담하는 SMART 건설전 설계 사업이 진행 중이다.

원자로 재료 분야

소형, 저출력, 긴 수명의 특성을 가지고 있는 SMR에는 기존 상용 원자력 발전소와는 다른 운전 환경이 적용된다. 여러 핵심기술 중

재료 측면에서 가장 우려되는 부분은 SMR의 긴 수명 동안 구조 재료들에 발생할 장기 열화 문제라고 할 수 있다.

핵연료 피복관 측면에서는 기존 상용 원자로에서 주로 사용되는 지르코늄 합금 핵연료 피복관이 장시간 고온 고압의 일차수 환경에 노출될 경우, 모재 내부에서 산화막이 급격하게 성장하여 피복관의 내구성 약화 및 수소 취화 등 건전성에 문제가 발생할 수 있다. 이에 대한 대안으로 SMR에는 지르코늄 합금 기반의 피복관이 아닌 크리프 저항성이 매우 높은 페라이트-마르텐사이트강이 적용될 가능성이 높다. 하지만 이 소재는 경수로 환경에서 중성자 흡수 측면에서 문제가 있다고 알려져 있어, 개선된 핵연료 피복관의 소재 개발이 필요한 실정이다.

SMR의 구성 요소 중 control rod drive mechanism, 핵연료집합체를 지지하는 내부구조물, 증기발생기 등에는 기존 원자로에서 사용되는 소재가 동일하게 적용될 가능성이 높다. 이들 구조물은 주로 니켈계 합금 Alloy 690과 스테인리스강 316L 소재로 구성되어 있다. 상용 원전에서는 이러한 소재들을 큰 문제없이 사용하고 있으나, 용접부나 응력이 집중되는 부위에 응력부식균열 등의 문제가 발생할 수 있다는 연구결과도 보고되고 있어서 건전성에 대한 평가를 장기간 지속적으로 수행해야 할 필요가 있다.

기존 대형원전에서도 핵연료 지지격자처럼 크기가 작고 구조가 복잡한 구조물의 경우 가공에 어려움이 있어서, 이를 해결하기 위한 노력의 일환으로 3D 프린팅과 같은 새로운 제작 방법론이 대두되고 있다. SMR의 경우 지지격자 외에도 구조물이 전반적으로 크기가 작고 복잡해질 전망이므로, 3D 프린팅과 같은 새로운 접근이 SMR의 안전성 및 경제성 향상에 도움이 될 것으로 판단된다.

소형모듈형원자로 분야의 이슈들

종합적으로, SMR은 안전성 향상을 통해 기존 대형원전들에 비해 안전성을 더욱 확보했다. 다음에 나오는 표는 기존 원전과 SMR의 안전성 측면을 비교한 것이다.

SMR은 고유안전기술, 피동안전기술, 자율운전기술을 접목하고 사고저항성 핵연료를 사용하기 때문에 기존의 대형원전에 비해 매우 안전하다. 특히 원전의 안전성을 평가하는 척도인 노심손상빈도와 대량조기방출빈도를 SMR과 기존의 원전과 비교할 때 10배 이상 낮춰 안전성을 매우 높였다. 뿐만 아니라 앞에서도 언급했듯, 비상계획구역 또한 기존 원전에 비해 1/30 정도로 낮췄으며, 사고의 인적오류를 원천적으로 없앨 수 있는 자율운전을 통해 사고를 예방하

■ 기존 대형원전과 SMR의 안전성 특징 비교

	대형원전	SMR
노심손상빈도	1.0E-4/ry 이하	1.0E-5/ry 이하
대량조기방출빈도	1.0E-5/ry 이하	1.0E-6/ry 이하
비상계획구역	비상대피구역 30km	노형에 따라 1km 내외
냉각재 주입 필요 여부	고압/저압 안전 주입 필요	능동 안전 주입 불필요 (피동형 노심냉각)
AC 교류 전원 필요 여부	능동 안전 주입계통 작동을 위해 필요	피동 설계에 따른 비상 전원 불필요 (필요시 DC 배터리 사용)
격납용기 냉각 여부	능동 격납용기 냉각 필요	능동 격납용기 냉각 불필요(피동 열제거 계통을 통한 냉각, 피동 감압 밸브를 통한 감압)
자동화 여부	현재 불가능, 운전원에 의한 운영	운영 자동화 가능(인적오류 최소화)
지진 대비 여부	규모 6.5~7.0 대비	소형화로 인한 면진/제진 설계 가능, 지하 매립을 통한 대비 가능

고 완화할 수 있다. 이 밖에도 기존의 원전과 달리 SMR은 능동 안전계통을 피동형으로 대체하거나 동시에 활용하고, 전원이 없어도 안전계통이 작동되기 때문에 중대사고를 원천적으로 방지할 수 있다. 따라서 SMR은 기존의 대형 원자로 설치가 어려운 해양·해저·극지 등의 환경에서도 안전하고 경제적이며 친환경적으로 전력을 생산할 수 있을 것으로 판단된다.

핵연료 분야

앞에서 언급한 부식저항성 강화 핵연료피복관 및 고열전도 핵연료를 채택한 초장주기 또는 무교체 핵연료 설계를 도입한 경수형 SMR의 경우, 대형원전 대비 줄어든 발전 용량, 핵연료 생산비용 단가 증가 등의 이유로 인해 현재 널리 사용되고 있는 대용량 원전에 비해 단위전력당 생산비용을 낮추기는 어려울 것이다. 그러나 현지에서 활용 가능한 태양광·풍력을 총동원해도 대용량 전력을 확보하기 힘든 북극·남극권(일조량 부족 및 극저온에 따른 태량광·풍력 발전기 활용 난항)이나 섬 등의 격오지(태양광·풍력 발전기 설치 부지 부족)에서 지하자원 탐사·개발 등의 이유로 대용량 전력이 필요한 경우에는 SMR보다 더 나은 대안이 현재 인류 기술 수준에서는 없다고 봐도 무방하다.

안전성 관점에서도 목적에 맞게 감소시킨 발전(열)용량, 모듈형 부품 생산 및 안전성 증대를 가능하게 하기 위한 일체형 격납용기 설계, 초장기 무인 운전을 대비하여 사고저항성을 극대화한 핵연료 설계 등으로 SMR이 대형원전의 안전성을 압도하는 면이 있으므로 크게 걱정할 것은 없을 것이다. 다만, 기존 원전과 확연히 달라진 운영·관리 방식에서 오는 예상치 못한(주로 인적오류) 문제가 운영 초기에 발생할 수 있으므로, 사고 시나리오에 따른 대응 매뉴얼 등 해당 부분에 대해서는 만반의 준비를 할 필요가 있다.

노심분야

SMR은 대형원전을 제외한 다른 에너지원과 비교할 때 가격 대비 경쟁력이 아주 우수하다. 하지만 대형원전과 비교할 경우, 초기 건설비용은 저렴한 반면에 건설단가가 크게 증가한다는 난섬이 있다. OECD 원자력기구NEA: Nuclear Energy Agency의 SMR 원자로 기술 및 경제성 분석 보고서에 따르면 설비용량 90MW급 SMR의 현재 단가는 kW당 647만 원, 이용률이 90%일 경우 발전단가는 kWh당 62원으로 산출된다. 설비용량이 1,400MW인 대형원전과 비교했을 때 건설단가는 2.5배, 발전단가는 1.8배 수준으로 추정된다.

하지만 향후 SMR 보급이 지속적으로 확대된다면 SMR의 제작 기간 또한 단축될 것이고, SMR의 설계 또한 간소화/자동화되고, 공장제작도 대량화되는 등 여러 면에서 SMR 생산비용을 절감할 수 있어 대형원전 대비 최소 10~40% 수준에서 가격이 형성될 것으로 전망된다. 물론 이러한 전망은 세계 원자력 시장의 환경 변화 등을 감안해 지속적으로 검토할 과제이기도 하다.

IAEA는 2050년까지 전력 기반 시설이 부족한 저개발 국가와 독립 계통이 유리한 산간 도서 벽지 등을 중심으로 전 세계에서 500~1,000기의 SMR이 운영될 것으로 전망하고 있다. 이는 약 3,500억 달러 규모의 SMR 시장이 형성될 것을 의미한다. 이러한 이유로 미국 등 원전 강국은 SMR의 초기 건설비용을 실현할 방법을 모색하면서 앞으로 SMR 시장을 선점하기 위해 국가적인 연구 역량을 집중하고 있다.

SMR의 발전 규모는 약 100MW 내외로 기존의 대형원전 발전의 약 1/10이다. 원자력 발전소 사고의 주요 원인인 방사성 붕괴열은 원자로가 소형화될수록 그 규모가 감소한다. SMR은 별도의 비상냉각장치나 비상 전원이 없어도 원자로 외벽을 통해 자연적으로 방사성 붕괴열을 외부로 방출할 수 있어 안전성이 매우 뛰어나다.

원자로 재료 분야

SMR의 상용화를 위해 현시점에서 극복해야 할 가장 중요한 이슈로는 가동 및 제작비용의 절감과 장기 운전 시의 안전성 확보를 꼽을 수 있다. SMR을 필요로 하는 섬이나 대형 선박의 경우 태양광 발전 또는 풍력 발전과 같은 신재생 에너지의 활용이 가능하기 때문에, SMR이 이들과 비교하여 경쟁력을 갖기 위해서는 경제성을 확보해야 한다.

장기간 운전의 안전성이 보장될 경우에는 SMR의 유지 보수비용이 신재생 에너지에 비해 저렴할 수 있으며, 설치에 필요한 부지 측면에서도 신재생 에너지에 비해 경쟁력이 있다고 볼 수 있다.

또한, SMR은 모듈형 시스템을 차용하여 설계에 따라 시설의 증축 및 감축에 유연하고, 신재생 에너지에 비해 기후 등 환경에 영향을 받지 않아 다양한 수요에 맞춰 제작할 수 있다.

SMR은 다양한 피동 및 능동 안전장치를 포함하기 때문에 설계기준사고를 초과하는 상황이 발생할 가능성은 극히 낮다고 볼 수 있다. 하지만 SMR을 구성하는 소재의 측면에서 볼 때, 기존 대형원전에 사용되는 소재를 많이 활용할 가능성이 높으므로 이들 소재의 장기 건전성 및 안전성이 반드시 보장되어야 한다. 다수의 안전장치 덕분에 방사성 물질의 누출과 같은 사고가 발생할 확률은 매우 낮지만, 잦은 가동 정지나 원전을 구성하는 재료의 문제 등은 사회적 수용성 측면에서 반드시 해결해야 할 과제다.

방사선적 안전성

SMR이 주변에 미치는 방사선적 영향을 방사선량 측면에서 살펴보면, 전기 출력 100MW급 SMR의 정상 운전 시 원자로에서 500m 떨어진 곳의 최대 방사선량은 일반인 선량한도의 약 5% 수준으로 평가된다.

또한, 사고 시 최대 방사선량은 일반인 선량한도의 약 40% 수준으로 평가된다. 이러한 평가 결과는 SMR에서 사고가 발생하더라도 원자로 반경 수백 미터 바깥 지역으로 대피하는 등 거주 지역 전체

■ 정상운전 시 거리에 따른 유효 방사선량

(단위: mSv/연, km)

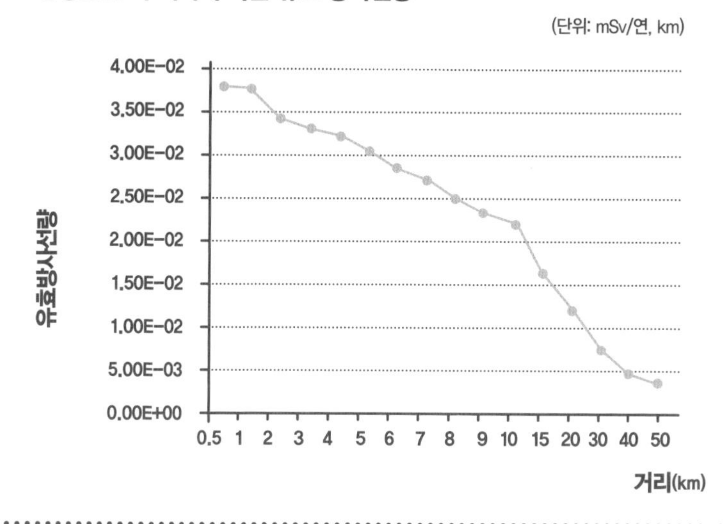

■ 정상운전 시 바람 방향에 따른 유효 방사선량

(단위: mSv/연, 섹터)

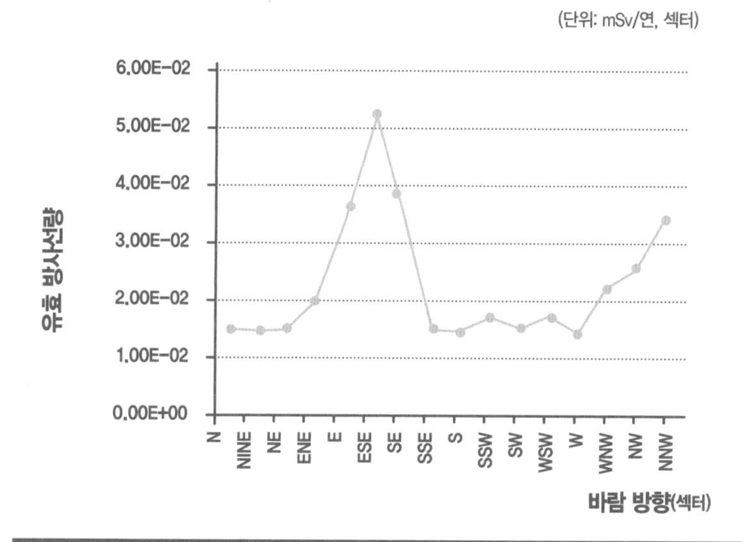

차원에서 대응하거나 활동할 필요가 없다는 것을 말해 준다. 이처럼 SMR은 출력이나 규모가 작고 방사성 핵종 방출 가능성이 근본적으로 작은 특성이 있어 방사선 측면에서 본질적으로 안전성을 지닌다.

소형모듈형원자로 분야의 UNIST 연구 현황

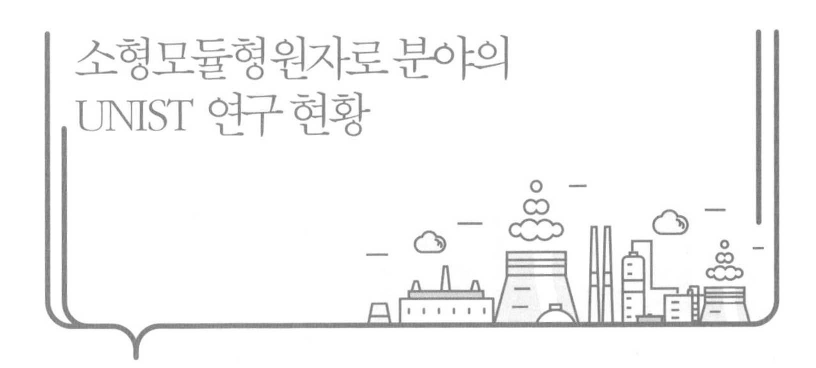

원자로 계통 기기 분야

UNIST에서는 일체형 원자로 압력용기 내에 자연순환 유량을 안정적으로 확보하기 위한 설계와 실험 및 해석을 수행하고 있다. 기존 루프타입 대형원전 축소 모델에서의 사고 모의 연구를 통해 계통과 기기의 설계능력을 확보한 경험을 바탕으로 일체형 원전의 특징적인 계통 기기 설계를 연구하고 있다. 특히 일체형의 경우 펌프를 이용한 원자로 열출력 제거와 자연순환을 이용한 열출력 제거를 혼합, 혹은 단일로 이용 가능한 설계들이 가능하다. Nuscale의 경우처럼 단일 자연순환으로 능동형 기기인 펌프를 제거하는 경우, 무엇보

■ UNIST에서 연구 중인 루프타입 대형원전 축소 모델 '우리로'(위) 및 일체형 소형원전 축소 모델'싱크로'(아래)

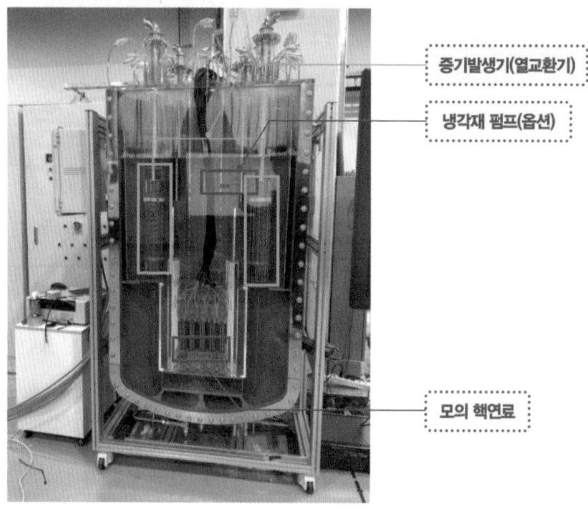

다도 자연순환 유로의 형성 및 압력강하 등 유량 공급에 대한 신뢰성이 안전의 핵심이 될 것이다.

또한, 정전이나 소형냉각재 상실 등의 사고 시에 핵연료 붕괴열을 제거할 때도 자연순환 유량의 확보가 필수적인데, 이에 대한 효과를 정확히 예측하여 설계하기 위한 특성 연구를 수행하고 있다. 쉬운 예로, 압력용기 내의 노심(모의) 핵연료부터 열이 발생하면 냉각재에 밀도차가 발생하여 냉각재가 가벼워진다. 고온관을 거쳐 증기 발생기에서 열이 제거되 냉각재는 다시 무거워지고, 저온관을 거쳐 모의 핵연료로 순환되면서 핵연료에서 나오는 에너지가 냉각되어 증기 발생기를 통해 제거되도록 안전하게 구동하기 위해 연구하고 있다.

핵연료 분야

현재 UNIST에서는 2015년부터 앞의 핵연료 분야에서 언급된 모든 종류의 고열전도 핵연료에 대한 실험 연구를 이미 수행 중이며, 2020년에 이르러서는 대학 수준에서는 미국 등 선진국 대학에서도 경쟁 상대를 찾기 어려울 만큼 충분한 실험 인프라를 확보한 바 있다. 그러나 현재 탈원전 정책으로 인해 국내 유일 실험용 원자로인 하나로를 수년째 거의 운영하지 못하여, 핵연료 설계 검증 및 안전성 테스트에 가장 필수적인 원자로 내 중성자 조사 실험의 수행은 불가능한 상황이다. 이에 핵연료 제조 및 가공 공정 개발, 열전도도, 상변이 온도 등 핵연료 주요 열물성 측정, 다양한 우라늄 합금 및 화합물 상평형도 검증, 재료확산쌍을 이용한 핵연료-피복관 반응모사 실험, 신형핵연료 미세구조 및 결정구조 재료특성화 시험 등 실험적인 기초 연구를 주로 수행하고 있다.

이 외에 사고저항성 핵연료 조사저항성 검증 연구 기반 마련을 위한 노력을 지속하고 있으며, 다년간의 협의를 통해 2020년 4월 국내 최초로 한국원자력연구원-양성자과학연구단(경주 소재) 내 중이온가속기를 활용한 핵연료재료 방사선조사손상 모사실험을 수행한 바 있다. 그러나 해당 규제기관인 한국원자력안전기술원에서 조사 시편 특성화 시험을 위한 시편 제작 장치의 사용을 불허하면서 해당 연구 진척이 중단된 실정이다.

노심분야

앞에서 기술한 무붕산 SMR의 출력 찌그러짐 현상을 방지하기 위해 UNIST 노심해석그룹에서는 고리 모양의 새로운 가연성 흡수체(R-BA)를 개발하여 그 성능을 평가한 바 있다. 또한, R-BA를 해석하기 위한 무붕산 SMR 해석용 노심해석코드 RAST-K를 신규 개발했으며, RAST-K로 가연성 흡수체 종류, 반사체 물질, 제어봉 물질에 대한 무붕산 SMR의 민감도를 분석하여 2019년 "Conceptual design of long-cycle boron-free small modular pressurized water reactor with control rod operation"이라는 제목의 논문(장재림 저)을 International Journal of Energy Research에 수록한 바 있다.

무붕산 SMR 해석용 노심해석코드인 RAST-K는 물뿐만 아니라 흑연, 스테인리스 스틸과 같은 다양한 반사체 물질에 적용할 수 있다. 또한, 무붕산 운전 중 효과적인 반응도 제어를 위한 제어봉 모사와 SMR용 부하추종제어기 모사가 가능하다. 미시연소계산 기법을 적용하여 연소도에 따른 정확한 핵종별 수밀도 추적이 가능하며, 크러드 해석 기능 등 다양한 공학적 기능을 탑재하여 SMR 해석에 매우 적합하다.

원자로 재료 분야

UNIST에서는 상용 원전의 여러 운전 환경을 모사 가능한 설비를 설계, 제작하여 여러 구조 재료의 모재 및 용접부에 대한 장기 건전성 연구를 수행하고 있다. 또한, 재료의 장기 열화와 관련된 다양한 연구를 원활히 수행할 수 있는 인적, 기술적 자원을 보유하여 원자력 발전소의 안전성 확보에 크게 이바지하고 있다. 특히 원자력 발전소 일차 계통 수화학 환경에 노출되는 재료의 경우, 상용 지르코늄 합금

핵연료 피복관을 대체하기 위한 고온 산화 저항성 및 크러드 흡착 저항성이 향상된 사고 저항성 핵연료 피복관의 설계 및 성능 평가를 수행한 바 있어 추후 SMR에 적용할 수 있는 미래 지향적 소재 개발 연구에도 경쟁력과 역량을 보유하고 있다.

아울러 소재의 제작 및 설치 중 발생하는 가공 경화가 재료 열화

■ 크러드 흡착 저항성 피복관 및 크러드 흡착 모식도

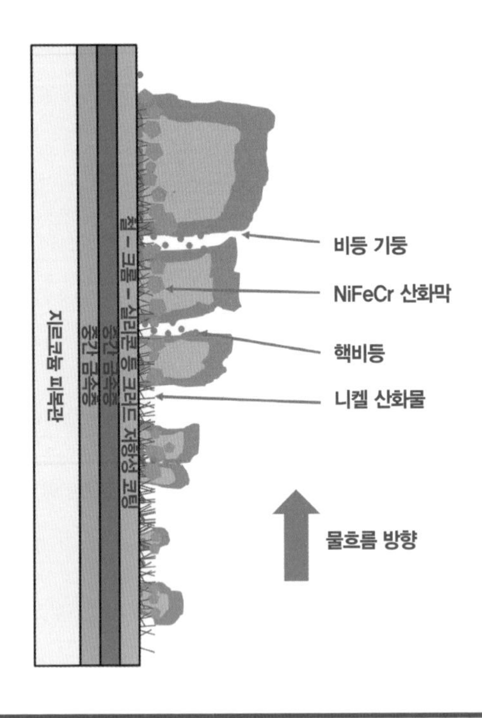

에 미치는 영향을 다방면으로 평가하여 구조물의 수명을 예측하고, 더 나아가 수명 연장을 위한 솔루션 제시를 목표로 장수명을 갖는 SMR의 안전성 확보라는 최대 과제를 해결하기 위한 여러 연구들을 수행하고 있다. 또한, 원전 구조 재료의 열화에 큰 영향을 미치는 방사선 조사의 영향 및 그 열화 기구를 규명하기 위한 연구를 지속적으로 수행하고 있으며, 3D 프린팅과 같은 원전 구조 재료의 차세대 제작 방법론의 가능성에 집중하여 SMR의 경제성 및 장기 운전에 따른 안전성을 확보하기 위한 연구를 수행하고 있다.

■ **3D 프린팅을 활용하여 제작한 핵연료 지지격자 예시**

방사성폐기물, 사용후핵연료 분야

현재 UNIST에서는 금속 방사성폐기물로부터 방사능이 높은 원소와 낮은 원소를 화학적으로 분리하여, 방사성폐기물의 부피를 줄이고 재활용이 가능하도록 하는 기술을 개발 중이다. 한 가지 예로, 원자로의 구조재료 및 핵연료 피복관으로 사용되는 지르코늄 합금으로부터 상대적으로 방사능이 낮은 지르코늄 원소를 용융염 기반 전기화학 기술로 분리하는 기술을 개발하여 특허 출원 중이다. 또한, 원전 증기발생기에 사용된 니켈계 합금으로부터 방사능이 높은 코발트 등의 원소를 분리하여 니켈 합금을 재활용하는 기술도 개발 중이다. 사용후핵연료의 재활용 측면에서는 용융염 및 액체금속을 사용하여 우라늄 및 악티나이드 원소를 99.99% 이상 회수하기 위한 기술을 개발 중이며, 방사성폐기물 및 사용후핵연료의 안전한 처분을 위해 지하 처분환경에서의 방사성 물질의 침출 등의 연구를 수행 중이다.

비경수로 소형원자로 연구 활동

UNIST에서는 전기출력 20MWe 규모의 해양선박용 초소형 원자로인 MicroURANUS(전체 지름 약 5m, 전체 높이 약 9m)를 개발하고 있다.

■ **MicroURANUS의 개념**

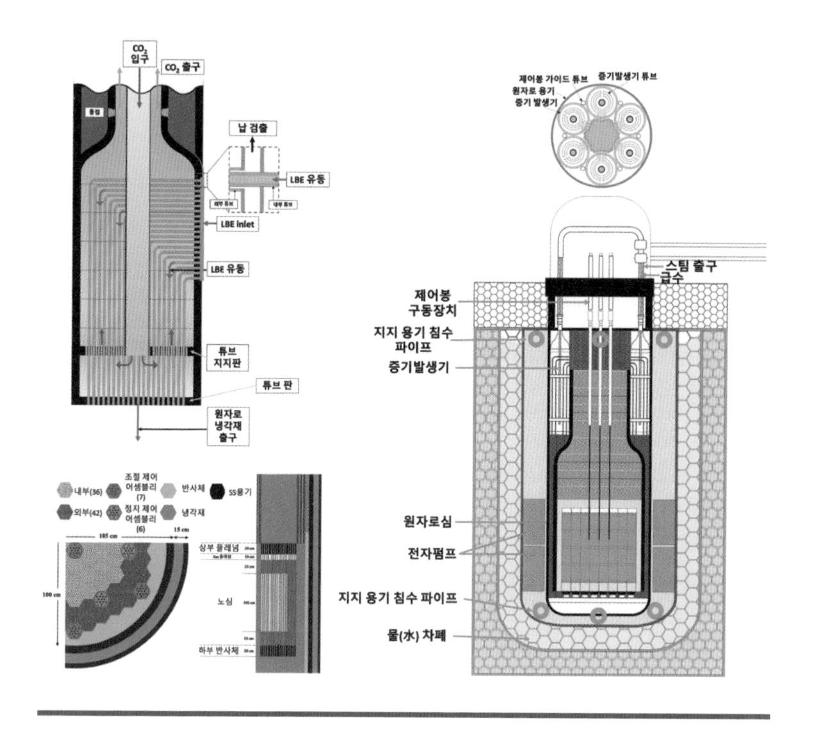

MicroURANUS는 기존의 물 냉각 방식이 아닌 납 계통의 액체금속을 냉각재로 사용하고 자연 순환 및 강제 순환 방식을 병행함으로써 사고 시에도 기능적 안전성을 유지한다. 특히 MicroURANUS는 냉각재 누출과 같은 사고 시에도 금속액체 냉각재인 납이 물속에서 가라앉으며 굳어 고체 상태로 되므로, 기존 원자로에서처럼 방사성을 띤 물이 누출되어 바닷물과 섞여 주변 생태 환경으로 확산되는 것

과 같은 현상을 근본적으로 막을 수 있다. 또한, 전자기 방식의 냉각재 펌프와 원자로가 일체가 되도록 만들어 원자로의 공간을 줄일 수 있을 뿐만 아니라 냉각재가 흘러가는 공간으로 활용할 수 있다. 향후 비상계획구역(제로 EPZ) 개념을 기반으로 선박 위에 지어서 운영하는 초소형 원자로의 사고 및 비상 시, 선박 또는 주변 환경의 방사선 안전성을 더욱 향상시키기 위한 연구가 이어질 예정이다.

분산형 전원 및 고립된 지역에서의 에너지 공급을 위해 이동형 발전차 형태의 초소형 용융염 원자로 시스템 개념도 연구 중이다.

최근 극지방, 원거리 광산, 군기지 혹은 섬 등에 적극 활용할 수 있는 마이크로 그리드 기반 분산형 전력 시장의 수요가 높아짐에 따라, 초소형모듈형원자로MMR: Micro Modular Reactor 기술이 각광받고 있다. 종래 대용량 기저전력을 담당했던 경수로 이외의 개념을 적극 차용함으로써 전력원뿐만 아니라 지역 난방, 히트펌프 접목, 해수 담수화, 수소 생산 등 다목적으로 활용할 수 있다. 비경수로 LWR 초소형 원자로는 넓은 범위의 운전 조건을 적극 활용할 수 있어서 발전로뿐만 아니라 우주선 및 선박용 추진로, 군사용, 우주 탐사용, 공정열 등에 활용이 가능하다.

용융염(용융염 형태의 액체연료) 기반 초소형 모듈형 원자로는 차세대 원자로 중·고온 운전범위에 따른 재료적 한계 문제를 극복하여, 고온 범위를 다목적으로 활용할 수 있는 차세대 원자력 에너지로 주목받고 있다.

UNIST에서는 5M(Micro 초소형, Modular 모듈형, Mobile 이동형, Multi-mission 다목적, Molten salt reactor 용융염 원자로)을 제안하고, 액체 연료를 사용함으로써 후쿠시마와 같은 용융Melt-down 사고가 없는 혁신형 안전을 확보하여 수소 생산, 담수화 및 지역 난방 및 히트펌프 등 다목적으로 활용하는 개념을 도출하고 있다.

■ **탄소중립형 차세대 원자력 에너지 요소기술 UNIST 연구 현황**

분야	연구 내용	UNIST 고유기술
핵융합 분야 (윤의성)	• 컴퓨터 상의 가상 핵융합로 구현을 위한 핵융합 플라스마 난류 전산 모사 코드 개발 진행 중 • 핵융합로의 가둠 성능 향상을 위한 플라스마 난류 연구 수행 중 • 기계 학습(Machine Learning)을 사용한 핵융합 전산 모사 코드 가속화 연구 수행 예정	• 자이로 동역학 코드 개발 • 슈퍼컴퓨팅을 위한 소프트웨어 최적화
SMR 분야 전략 (방인철)	• SMR 도입을 통한 탄소 저감 효과 정량화(kWh당 10g 수준) • SMR 의 혁신적 안전성을 유지하면서 경제성(이용률 90% 가정시) kWh당 40원 수준으로 현재 예측값의 절반이하로 낮추는 혁신 연구를 수행 중	
원자로 핵연료 (안상준)	• 초소형 자율운전 원전, 해양 원전 등 원자력 에너지 범용성 확대를 위해 필수적인 신형 핵연료 개발, 제조 및 가공, 특성화 시험, 재료 물성 DB생산 등 연구 수행 중 • 사용후핵연료의 안전한 보관 및 처분을 위해 필요한 중성자 흡수재의 극한환경 초장기 사용을 가능케 하기 위한 신형 흡수재 연구 개발 중	• 스파크 플라스마 소결법을 이용한 고열전도 고밀도 질화우라늄(UN) 핵연료 소결체 제조방법 특허 출원 중

분야	연구 내용	UNIST 고유기술
원자력 재료 (김지현)	• 초소형원전에 사용되는 기기 및 재료들의 장기 건전성 평가를 위해 필요한 다양한 수명 성능 시험, 기계적/구조적 특성 평가 실험 등의 연구 수행 중 • 향후 초소형원전을 포함한 다양한 원전의 안전성 확보를 위해, 사고 저항성 피복관 등 주요 기기 부품의 신소재 개발 연구 수행 중 • 기기 및 부품 제작 및 사용 중 발생하는 재료적 문제점들에 미치는 영향을 다방면으로 평가하여 수명을 예측하고, 더 나아가 성능 향상을 위한 솔루션 제시를 목표로 장수명을 갖는 SMR의 안전성 확보를 위한 연구 수행 중	
원자로 노심 (이덕중)	• 차세대 원전, 중소형원전, 고속로 등 노심해석 전산 체계 개발 진행 중 • 중소형 납냉각고속로 노심 및 차폐 설계, 사고저항성 연료 장전 노심 평가 진행 중	• 핵단면적 라이브러리 생산 및 노심해선 전산 코드 프로그램 등록
원자로 계통및기기 (방인철)	• 계통 및 기기 모듈화 연구 • 일체형 원자로 압력용기 내에 자연순환 유량을 안정적으로 확보하기 위한 설계와 실험 및 해석을 수행 • 단일 자연순환으로 능동형 기기인 펌프를 제거하는 경우 자연순환 유로의 형성 및 압력강하 등 유량 공급에 대한 신뢰성 연구 • 또한 정전, 소형냉각재 상실 등의 사고 시에 핵연료 붕괴열 제거를 위해서도 자연순환 유량의 확보는 예측 및 설계 개선 연구 • 완전 피동형 수력 제어봉 및 열전도관 제어봉 연구	• 열전도관 제어봉 및 수력제어봉 특허 등록
원자로 안전성 (이승준)	• 운전원의 인적오류를 줄여 원전의 안전성을 높이기 위해 인공지능 기술을 활용한 비정상 상태 조기 진단, 자율운전에 대한 연구를 수행 중 • 원전의 안전성을 보다 정확하게 평가하기 위한 동적 확률론적안전성평가 방법론을 연구 중이며 기하급수적으로 늘어나는 시뮬레이션 수를 최적화하기 위해 인공지능을 활용하는 연구를 수행 중	

분야	연구 내용	UNIST 고유기술
방사선 안전 (김희령)	• 초소형 원자로 냉각재 계통의 방사선적 안전성을 향상하기 위하여 회전 부분과 같은 내부 구조가 존재하지 않아 방사성 냉각재의 누출이 근본적으로 없고 유지보수가 편리한 원자로 일체형 액체금속 전자펌프 설계제작 연구를 수행 중 • 초소형 원자로 격납용기 방사성 핵종 누출시 방사선학적 선량 평가 및 비상 계획 구역 설정 평가에 관한 해석 연구를 가우스 플륨 모델에 기반하여 수행 중 • 원전 발생 삼중수소를 현장에서 연속적으로 검출하기 위하여 전기 분해 기반의 수중 삼중수소 현장 모니터링 기술을 개발함 • 원전 주변 환경방사선과 방사성 핵종을 실시간으로 모니터링하고 방사선량 분포를 평가하는 핵종인식 이동형 방사선 분포 모니터링 기술을 개발함	
원자로 해체 (김희령)	• 원전 해체 후 부지 지하수의 감마 및 베타방사선을 현장에서 실시간으로 모니터링할 수 있는 수중 베타 감마 통합 모니터링 시스템을 개발함 • 원전 해체 부지내 방대한 구역의 공간감마선량률을 현장에서 실시간으로 모니터링할 수 있는 차량 이동 감마선량률 스캐닝 기술을 개발함 • 고온열간정수압 방식을 사용하여 원전 해체시 발생하는 슬러지 폐기물의 부피를 감용하고 처분 요건을 충족하는 고화체를 생성하는 기술을 개발 중 • 원전 해체 방사성폐기물의 처리, 운반, 저장 및 처분 이력을 투명하고 왜곡됨이 없이 관리하기 위한 블록체인 기반의 IoT 플랫폼 구축 기술을 개발 중	
사용후 연료 (박재영)	• 사용후핵연료 및 방사성폐기물의 독성 및 부피를 줄이기 위해, 용융염 전기화학 및 액체금속 기반 고효율 원소 분리 기술을 개발 중 • 방사성폐기물의 안전한 처분을 위해, 지하수와 방사성폐기물의 화학적 상호작용, 물리적 건전성 등을 개선하기 위한 연구를 수행 중 • 사용후핵연료 재활용 기술을 스핀오프하여, 이산화탄소 포집–탄소 소재 생산 기술, 네오디뮴 자석 재활용 등의 환경을 위한 연구도 수행 중	

차세대 원자력 에너지와 탄소중립

2019년 12월 발생한 코로나19로 인해 전 세계는 현재 글로벌 재난 상황에 놓여 있으며, 충분히 예측하고 예방할 수 있었던 문제였음에도 불구하고 준비와 대응 부족으로 인류는 결국 크나큰 시련을 맞이하게 되었다. 빌 게이츠의 새로운 저서 《기후재앙을 피하는 법》은 새로운 글로벌 재난으로 예측되는 가장 힘든 시련이 바로 기후 재앙이며, 미리 준비하지 않으면 우리의 삶은 현재 코로나19로 겪는 어려움과는 비교할 수 없을 만큼 심각한 상황으로 치달을 수 있다고 경고하고 있다. 탄소중립은 에너지의 공급 문제, 즉 깨끗한 전기의 공급 문제와 맞닿아 있다. 2050년까지 탄소제로 사회를 구현하기까지 전기 수요가 2~3배 늘어나고, 인구 또한 세기말 100억 명에 이를 것으로 보고 있다.

이러한 가운데 각 나라마다 처한 상황과 땅 및 인구가 다르고 이웃국가와 전력의 공유 문제 등이 다른 상황에서 특정 에너지 기술,

즉 재생 에너지인 태양광, 풍력만으로 깨끗한 전기 수요 문제를 안정적이고 경제적으로 해결할 수 있다고 믿는 것은 우리 미래를 굉장히 어둡게 만들 수 있다. 재생 에너지만으로는 불가능하기 때문이다. 따라서 우리가 이용할 수 있는 기술을 모두 활용하고, 문제가 있다면 이를 해결할 수 있는 혁신 기술의 개발을 통해 우리의 탄소 제로 에너지 기술을 확보하고 증대해 나아가는 것이 실질적인 대안이 될 것이다.

국제사회에서 대한민국을 '탄소불량국가' 혹은 '기후 악당'이라고 지칭한다는 기사를 어렵지 않게 찾을 수 있다. 깨끗한 전기를 얻기 위한 탄소제로 에너지 기술 개발이 이제 우리가 추구해야 할 올바른 방향이라는 사실에는 이견이 없다. 그러나 이것을 위해, 전기 에너지를 저장하는 배터리에서 재생 에너지의 공간적 제약과 간헐성이라는 문제를 해결하는 데 필요한 혁신적 기술을 확보하지 않고 현재 가장 현실적인 대안인 원자력 기술을 포기한다는 것은 마치 코로나와 같은 글로벌 재난으로부터 우리를 지킬 수 있는 백신을 스스로 포기하는 것과 같다. 원자력 기술에서 문제로 지적되어 온 안전성 문제를 획기적으로 혁신할 수 있는 소형모듈형원자로SMR는 중·단기적으로 깨끗한 전기 공급 문제를 해결해 줄 수 있으며, 장기적으로 핵융합은 인류의 지속 발전 가능성을 더욱 향상시킬 것으로 기대된다.

차세대 원자력 에너지 분야에서 UNIST 연구가 탄소중립에 기여하는 바를 언급하며 이 장을 마무리하고자 한다. 원자력발전의 이산화탄소 배출량은 화석에너지 발전의 1%에 지나지 않는다. 따라서 석탄 발전소 1기를 원자력발전소로 대체할 경우 연간 약 860만 톤의 이산화탄소를 감축할 수 있다. IPCC는 2018년 보고서에서 원자력 및 재생 에너지의 경우 직접적으로 배출하는 이산화탄소가 전혀 없다고 밝히고 있다. 직접적인 발전으로 인한 것 이외에 공급과정에서 발생하는 이산화탄소까지 고려한다면 원자력 에너지가 재생 에너지보다 깨끗한 에너지라는 것이 핵심이다. 즉, 원자력 에너지의 이산화탄소 배출량은 1kWh당 12g 정도로, 이는 석탄(820g)은 물론 바이오매스(230g), 태양광(41g), 수소(24g)보다 낮고 풍력(11g)과 비슷한 정도다. 이러한 이유로 조 바이든 미국 대통령은 '차세대 원자력 에너지'를 핵심 혁신과제로 선정하고, 소형모듈형원자로SMR 개발을 지원할 계획을 밝힌 바 있다.

또 다른 한편으로, OECD 원자력기구NEA의 SMR 원자로 기술 및 경제성 분석 보고서에 따르면 설비용량 90MW급 SMR의 현재 단가는 kW당 647만 원, 이용률이 90%일 경우 발전단가는 kWh당 62원으로 산출된다. 설비용량이 1,400MW인 대형원전과 비교했을 때 건설단가는 2.5배, 발전단가는 1.8배 수준으로 추정된다.

UNIST는 이러한 탄소저감형 차세대 원자력 에너지의 경제성과 안전성을 향상시켜 kWh당 평균 10g 이하로 이산화탄소를 저감하고, 발전단가를 현재 대형원전과 같은 40원대로 낮추는 연구를 다양하고도 지속적으로 수행해 나갈 예정이다.

- 나쁜 탄소를 좋은 탄소로 바꾸는 탄소 선순환
- 탄소 선순환 핵심기술
- 탄소 선순환 분야의 이슈들
- 탄소 선순환 분야의 UNIST 연구 현황
- 탄소 선순환과 탄소중립

CHAPTER 5

탄소 선순환

| 김용환 · 서용원 |

Carbon Neutral

나쁜 탄소를 좋은 탄소로 바꾸는 탄소 선순환

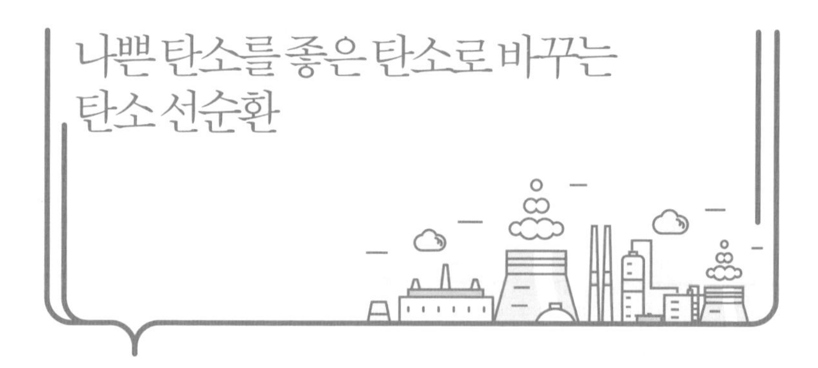

현재와 같은 상태로 이산화탄소 배출량을 줄이지 못할 경우, 2100년경에는 지구 기온이 산업화 이전 대비 약 6°C 상승해 돌이킬 수 없는 전 지구적인 재양이 몰아닥칠 것이라고 한다. 이에 탄소 배출을 줄이고 이미 배출된 탄소를 제거하는 기술 개발이 시급한 상황이다.

2030년까지 매년 60억 톤, 그리고 이후 2050년까지는 매년 100억 톤의 이산화탄소를 제거해야 파리협정에서 목표로 하는 지구 기온 상승을 산업화 이전 대비 1.5°C에서 2°C 이내로 유지할 수 있다고 한다. 이와 관련해 최근 테슬라 CEO 일론 머스크는 이산화탄소를 회수, 제거하는 혁신적 기술 개발에 총상금 미화 1억 달러(한화 약 1,200

억 원)를 기부했다.

발전소, 제철소, 석유화학 및 폐기물 등에서 배출되는 탄소 포함 가스성분(속칭 나쁜 탄소, Bad Carbon)을 생물학적, 화학적 방법을 통해 유용한 화학제품(속칭 좋은 탄소, Good Carbon)으로 거듭나게 하는 기술이 '탄소 선순환' 기술이다. 이 기술은 석유, 석탄과 같은 화석원료를 더 소모하지 않게 해 주어 탄소중립을 이루는 데 큰 도움이 될 것이다.

탄소중립을 이루는 데 가장 어렵고 비용이 많이 들며, 가장 난이도가 높아서 가장 늦어지는 부분에 대해서는 산업계에서 탄소 배출을 억제하는 것이라는 의견이 지배적이다.[1] 그 이유는 산업계에서

■ **탄소 선순환**

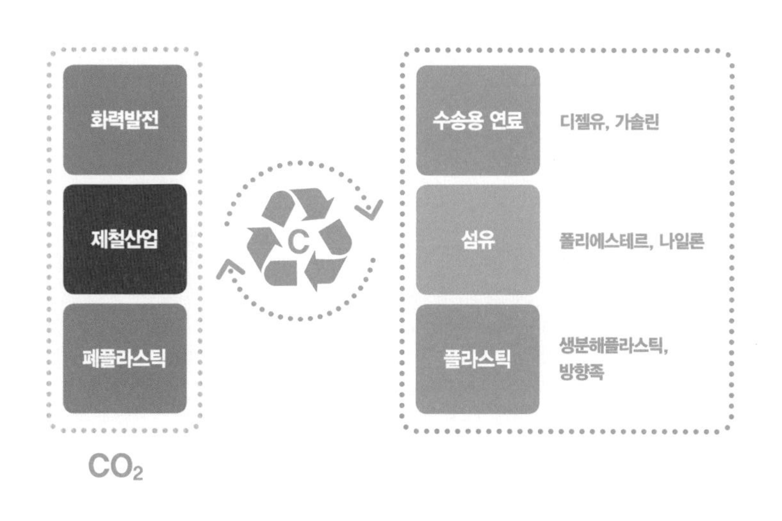

에너지를 소비할 때 단순 연소 과정에서 탄소를 배출하는 것은 물론, 제품 생산 과정에서도 탄소를 소재로 이용할 뿐만 아니라 탄소를 부생성물로 배출하는 등 배출 경로가 다양하기 때문이다.

이러한 배경에서 탄소중립 방안으로 제시되는 것이 바로, 배출되는 이산화탄소를 유용한 자원으로 재탄생시키는 탄소 포집/활용/저장CCUS: Carbon Capture Utilization and Sequestration 기술이다. CCUS는 탄소중립을 실현하는 데 필연적으로 수반되는 막대한 경제적 비용을 고려할 때 비용측면에서 이점을 지니고 있다. 따라서 산업계에서 탄소중립을 실현하는 데 드는 비용을 감축함으로써 산업계의 탄소중립 이행에 큰 기술적 수단을 제공할 것으로 기대를 모으고 있다. 이 장에서는 기체탄소를 이용하는 기술과 고체탄소를 이용하는 기술을 대별하여, 폐기 · 연소되어 나오는 탄소를 유용하게 자원화하고 선순환시켜 궁극적으로 탄소중립 실현에 경제적으로 도움을 주는 방향을 제시하고자 한다.

탄소 선순환 핵심기술

기체탄소 선순환

전 지구적인 범위에서 탄소 자원이 사용되고 폐기되는 것은 뒤에 나올 그림과 같이 나누어 볼 수 있다. 여기에서는 탄소 자원을 영구 폐기하지 않고 순환고리를 가지는 기술에 주안점을 두고 살펴보고자 한다. 그림의 ①, ②, ③에 해당하는 이 기술들은 기존 석유화학을 통해 생산되는 다종·다양한 탄소제품을 대체함으로써, 궁극적으로 석유와 같은 화석연료를 이용하지 않고 탄소 자원을 선순환시킬 수 있다는 장점이 있다.

① 이산화탄소를 이용하여 화학제품을 생산하는 기술

② 이산화탄소를 이용하여 내연기관용 연료를 생산하는 기술

③ 생물전환기술을 이용하여 대기 중의 이산화탄소로 화학제품을 생산하는 기술

■ **기체탄소 포집/활용(CCU) 기술 관련 개괄도**

출처: Hepburn(2019)[2]

이러한 기체탄소 자원을 선순환시키기 위한 핵심기술은 다음 두 가지로 크게 구분할 수 있다.

탄소 포집 / 활용 기술(CCUS)

- 기체탄소 자원 포집 기술
- 포집된 기체탄소 전환 기술

기체탄소(CO_2) 포집 기술

이산화탄소(CO_2)는 주로 전기 생산에 쓰이는 화석연료의 연소 과정과 시멘트, 철강 등 산업 공정 내 원료의 사용 과정에서 대량으로 배출되고 있다. CO_2 포집 기술은 일반적으로 연료의 연소 과정 중 포집 기술이 적용되는 위치에 따라서 연소 전pre-combustion, 연소 후 post-combustion, 순산소 연소oxy-fuel combustion로 분류되며 최근에는 직접 공기 포집direct air capture도 시도되고 있다.[3]

화석 연료를 사용하는 화력 발전소는 CO_2의 주요 배출원이며, 발전소의 배가스flue gas로부터 CO_2를 포집하기 위한 방법으로는 연소 후 포집 공정이 가장 보편적으로 적용된다. 산업 공정의 배가스에도 연소 후 포집 공정을 적용할 수 있다.

■ 포집경로에 따른 기술 분류

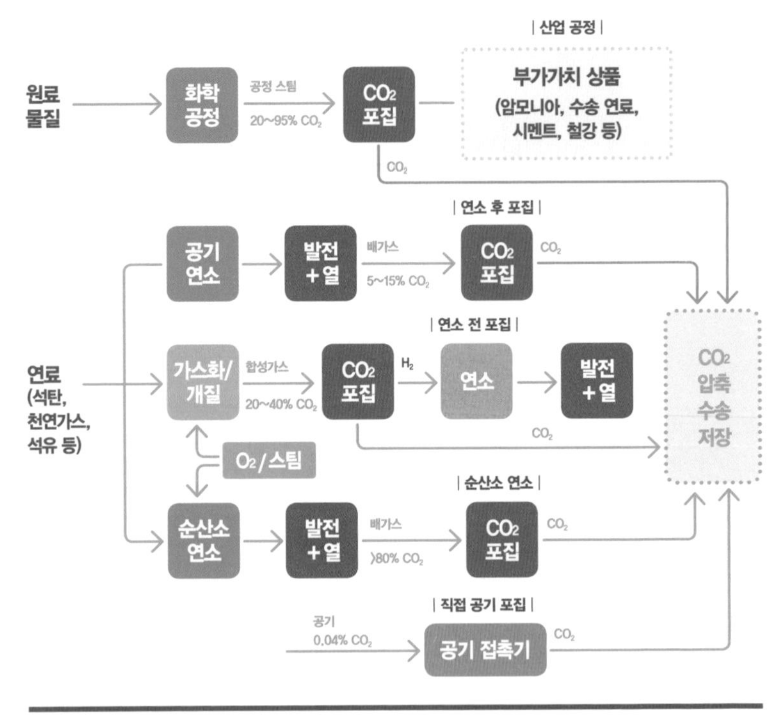

출처 : Government of Canada[4]

연소 전 포집(pre-combustion capture)

석탄, 천연가스 등의 연료를 고온 및 고압 상태에서 가스화gasification 또는 개질reforming하면 일산화탄소(CO)와 수소(H_2)로 구성된 합성가스syngas가 생산된다. 이 합성가스는 수성가스화 전환 반응water-gas shift reaction을 통해 CO_2와 H_2의 연료 가스fuel gas로 바뀌는데,

이 연료 가스에서 CO_2를 분리한다. 연료 가스(CO_2 + H_2)에서 CO_2 농도는 40%가량이며, 전기 생산을 위해 H_2가 가스 터빈에서 연소하기 전에 CO_2를 포집하기 때문에 연소 전 CO_2 포집 공정이라고 부른다.

연소 후 포집(post-combustion capture)

연료가 연소한 후 배출되는 배가스(CO_2 + N_2)로부터 CO_2를 포집하는 공정으로 일반적인 화력발전소에 적용되는 포집 기술이다. 상압 상태로 배출되는 연소 후 배가스의 CO_2 농도는 매우 낮은 수준(석탄 화력: 10~15%, 천연가스 화력: 4%)이다. 연소 후 CO_2 포집 공정은 화력 발전소에서 연소 배가스를 대기 중으로 배출하는 굴뚝 전단에 위치한다.

순산소 연소(oxy-fuel combustion)

연료의 연소에 공기 대신 산소만을 사용하는 공정이다. 배가스의 주요 성분은 CO_2, 물, 분진, SO_2 등이다. 분진과 SO_2는 기존의 전기 집진기와 배연탈황 장치를 사용해 제거할 수 있기 때문에 고농도의 CO_2(연료의 종류에 따라 80~98%)를 분리 공정 없이 바로 압축/수송하여 저장할 수 있는 장점이 있다.

직접 공기 포집(direct air capture)

현재 대기 중에는 약 400ppm(0.04%)의 CO_2가 존재하며 이를 직접 제거하면 지구온난화 완화에 즉각적인 효과를 얻을 수 있다. 하지만 공기 중의 CO_2 농도는 석탄 화력발전소에서 배출하는 배가스의 CO_2 농도보다 매우 낮고(약 1/300) 포집 대상 기체의 부피가 매우 크므로 직접 포집을 통해 대기 중 CO_2 농도를 낮추기 위해서는 많은 비용과 에너지를 소모해야 한다.

■ 연소 전 포집과 연소 후 포집 공정의 일반적인 기체 조성 및 조건

	기체 조성(%)	
	연소 전	연소 후
CO_2	38	10~15
H_2O	0.14	5~10
H_2	55.5	–
O_2	–	3~4
CO	1.7	20ppm
N_2	3.9	70~75
NOx	–	〈 800ppm
SOx	–	〈 500ppm
H_2S	0.4	–
조건		
압력 (기압)	30~50	1

출처: D'Alessandro et al.(2010)[5]

■ CO_2 포집 기술의 종류

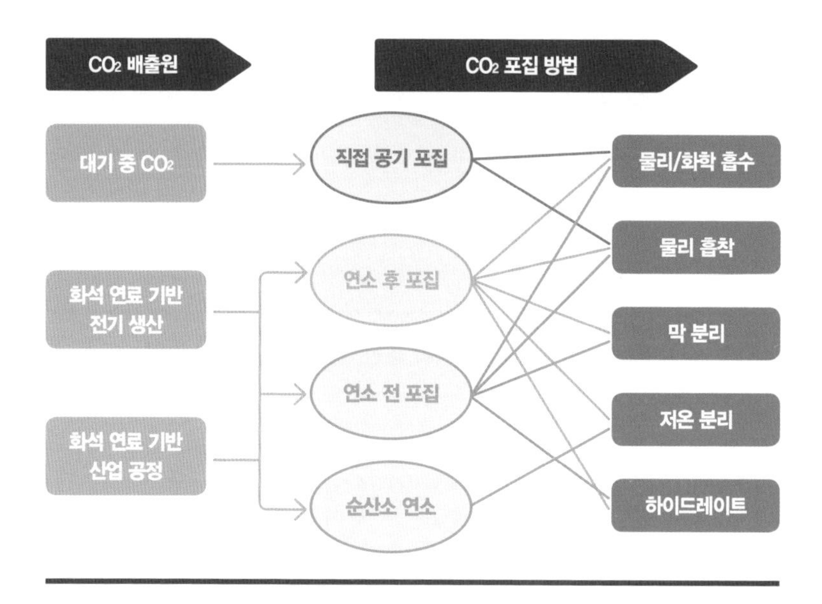

화학/물리 흡수(chemical/physical absorption)

화학흡수는 수용액 중의 아민amine이나 탄산 칼륨potassium carbonate이 CO_2와 가역적으로 반응하는 현상을 이용하는 것으로서, 기존 가스 처리 공정에서 CO_2나 황화수소(H_2S)를 제거하기 위해 사용하던 개념을 도입한 것이다. 흡수제와 CO_2가 저온에서 화학 반응을 통해서 화학 결합을 하고 고온의 재생 과정에서 이 결합이 붕괴되면서 고농도의 CO_2를 배출하게 된다. 아민은 모노에탄올아민

MEA: monoethanolamine과 디글리콜아민DGA: diglycolamine 등의 1차 아민, 디에탄올아민DEA: diethanolamine과 디이소프로필아민DIPA: di-isopropylamine 등의 2차 아민, 트리에탄올아민TEA: triethanolamine과 메틸디에탄올아민MDEA: methyl-diethanolamine 등의 3차 아민 등으로 분류되며, 이 중에서 1차 아민인 모노에탄올아민이 우수한 반응성, 빠른 반응속도, 낮은 가격 등의 특성으로 인해 널리 사용되고 있다.[6]

■ CO_2 화학 흡수의 반응 경로: a) 1차 또는 2차 아민, b) 3차 아민

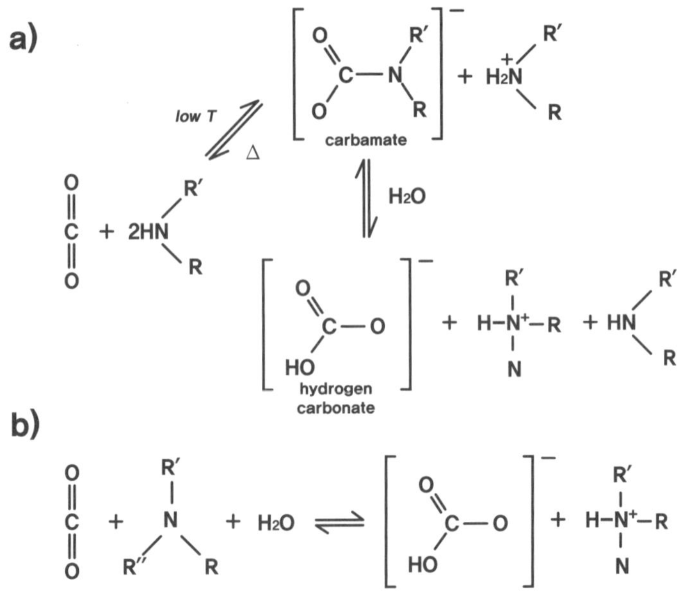

출처: D'Alessandro et al.(2010)[7]

그 외에도 1차 아민과 유사한 입체적인 형태를 지니는 2-아미노-2-메틸-1-프로판올(2-amino-2-methyl-1-propanol) 등의 입체장애아민 sterically hindered amine과 같은 새로운 아민 개발과 반응속도 향상을 위한 첨가제에 대한 연구가 활발히 진행 중이다. 아민을 이용한 습식 화학 흡수는 효과적으로 CO_2를 포집할 수 있는 장점이 있지만, 용액의 부식성이 크고 포집한 CO_2를 회수하기 위해 많은 열을 가해야 하므로 에너지 소비가 크다는 단점이 있다. 또한, 연소 후 포집에는 성공적으로 적용하고 있으나 가압 조건인 연소 전 포집에는 적용하

■ 아민 용액을 이용한 연소 후 CO_2 포집 공정의 개략도

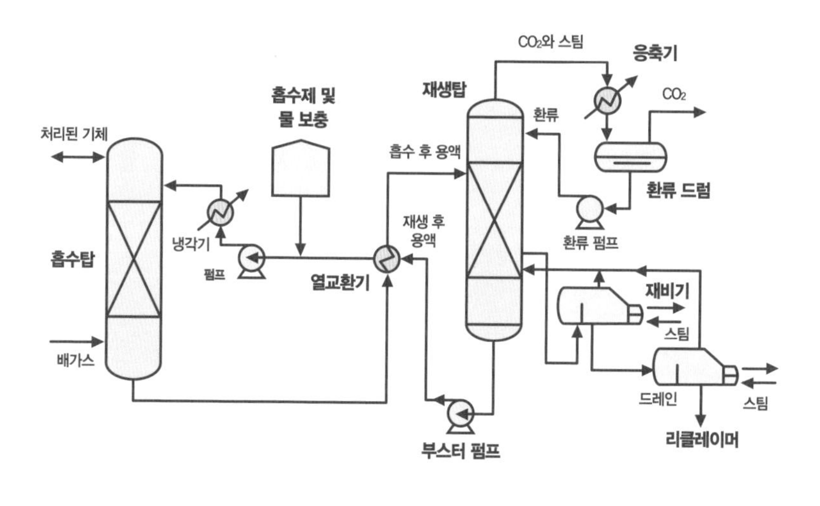

출처: Thitakamol et al.(2007)[8]

기 어려운 측면이 있다. 현재 국내에서는 한국에너지기술연구원을 중심으로 태안화력에서 새로운 아민 흡수제를 이용한 습식 연소 후 CO_2 포집 실증 연구를 진행 중이다.

건식 CO_2 포집 기술에서는 연소 전 또는 연소 후 가스 중에 포함된 CO_2를 포집하기 위해 고체 흡수제를 사용한다. 발전소에서 배출되는 대량의 배가스를 고체 흡수제로 처리하기 위해서는 흡수탑과 재생탑의 유동층 반응기 두 개로 이루어진 순환유동층 공정을 주로 이용한다.

■ **건식 고체 흡수제를 이용한 CO_2 포집 공정의 개념도**

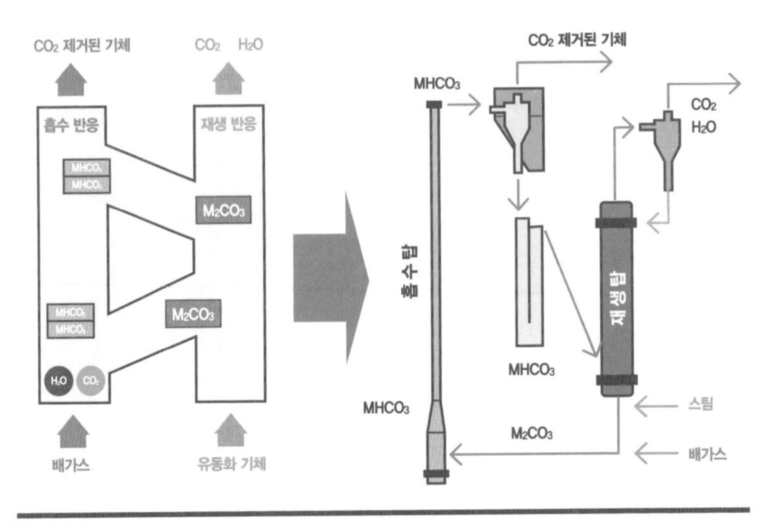

출처 : 이창근(2010)[9]

탄산 칼슘(K_2CO_3) 등의 알칼리 금속 또는 알칼리 토금속으로 구성된 건식 고체 흡수제를 이용한 포집 기술은 폐수가 발생하지 않고, 부식 문제가 적으며 흡수제의 재생 에너지를 낮출 수 있는 장점이 있어서 최근 들어 주목받고 있다. 건식 고체 흡수제는 두 개의 유동층 반응기를 순환하면서 흡수 반응기에서 배가스 중의 CO_2를 선택적으로 흡수하고, 재생 반응기에서 이 흡수제를 고온으로 가열해 CO_2를 배출하게 함으로써 재사용할 수 있다. 흡수 반응기에서는 CO_2를 제거한 가스를 배출하고 재생 반응기에서는 CO_2와 물을 배출하는데, 이때 물만을 응축하면 고농도의 CO_2를 얻을 수 있다.

건식 고체 흡수제를 이용한 연소 후 CO_2 포집을 위해 각 반응기에서 일어나는 반응은 다음과 같다.[10]

- 흡수 반응기: $M_2CO_3(s) + CO_2 + H_2O \rightarrow 2MHCO_3(s)$, 발열 반응
- 재생 반응기: $2MHCO_3(s) \rightarrow M_2CO_3(s) + CO_2 + H_2O$, 흡열 반응

* 여기에서 M은 일반적으로 Na(나트륨) 또는 K(칼륨)를 나타낸다.

건식 CO_2 포집에 사용되는 고체 흡수제는 빠른 CO_2 흡수속도, 높은 CO_2 흡수능력, 유동층 공정에 사용하기에 적합한 물성, 장기간 사용 가능한 내구성, 가격 경쟁력 등을 갖추어야 한다. 또한, 흡수제가 대량으로 필요한 발전소에 적용하려면 대량 생산이 용이하고 흡수

제의 성능 및 품질이 균일해야 한다. 특히 유동층 공정에 적용하기 위해서는 흡수제의 입자가 구형이고 밀도가 0.8g/cm^3 이상이며, 입자 크기의 분포가 좁고 평균 입경이 약 100㎛ 정도여야 한다.[11] 이러한 물성을 가진 고체 흡수제를 대량 생산하기 위해서 분무 건조 기술이 사용되고 있다. 건식 CO_2 포집 공정은 연소 전과 연소 후 포집에 모두 사용 가능하며, 현재 한국에너지기술연구원과 한전 전력연구원이 중심이 되어 하동화력에서 연소 후 CO_2 포집 실증 연구를 수행하고 있다.

한편, 물리 흡수는 고압 조건에서 CO_2를 용매에 녹여서 물리적으로 분리하는 방법이다. 석탄가스화복합발전IGCC: Integrated Gasification Combined Cycle 등의 연소 전 공정에서 높은 압력과 높은 CO_2 농도의 연료 가스가 배출되는데, 물리 흡수는 이러한 연료 가스로부터 CO_2를 포집하기에 적합하다. 일반적인 물리 흡수제로는 차가운 메탄올cold methanol(Rectisol 공정), N-메틸-2-피롤리돈N-methyl-2-pyrrolidone(Purisol 공정), 폴리에틸렌 글리콜의 디메틸 에테르dimethyl ether of polyethylene glycol(Selexol 공정), 프로필렌 카보네이트propylene carbonate(Fluor Solvent 공정) 등이 사용된다. 10기압의 흡수 공정에서 Rectisol 공정은 253K에서 36wt%의 흡수량을 보이고, Purisol 공정과 Selexol 공정은 313K에서 5~7wt%의 흡수량을 보인다.[12] 물리 흡수는 고압에서 이용이 가능하고 흡수 성능도 양호하나 일반적으로 저온에서 적용해야 하는 문제점이 있다.

물리 흡착(physical adsorption)

CO_2가 특정한 고체 흡착제의 표면에 물리적으로 부착되는 특성을 활용하는 기술로서 흡착과 탈착 공정을 반복 수행하여 CO_2를 연속적으로 포집할 수 있다. 이 기술은 다른 기술에 비해 에너지 소모가 적고 흡착제의 재사용이 쉬우며 부산물을 생산하지 않는 장점이 있으나, 흡착속도가 낮고 고체의 분리매체를 다루기 어려운 단점이 있다. CO_2를 탈착하는 방법에 따라 압력 순환 흡착PSA: Pressure Swing Adsorption, 온도 순환 흡착TSA: Temperature Swing Adsorption, 전기 순환 흡착ESA: Electric Swing Adsorption으로 분류된다. 표면적이 넓고 기공이 많은 활성탄, 실리카 에어로졸, 제올라이트, 금속유기골격체MOF: metal organic framework 등이 흡착제로 사용되고 있다.[13]

저온 분리(cryogenic separation)

매우 낮은 온도에서 CO_2의 선택적 응축을 통해 CO_2를 분리해 내는 방법이다. 매우 빠른 CO_2 회수 속도와 회수된 CO_2의 농도가 높다는 점이 가장 큰 장점이나, 저온 운전에 따른 높은 에너지 소모라는 단점을 동반한다. 또한, 저온 운전으로 인해 배관 내에서 물의 결빙에 의한 막힘 현상이 발생할 수 있다. 공정의 원활한 운전을 위해 압축기로 이송하기 전 배가스로부터 질소 산화물(NOx), 황 산화물(SOx), 물을 완벽히 제거해야 한다. 순산소 연소의 경우, 배가스의 CO_2 농도가 매우 높아서 저온 분리를 적용하기에 적합하다.[14]

막 분리(membrane separation)

서로 다른 투과성을 가진 기체를 분리막을 이용해 분리하는 기술이다. 막 분리는 상변화가 요구되지 않고 장치가 간단하며, 움직이는 부품이 없어서 에너지 소모가 적고 운전 및 제어가 용이하다는 장점이 있는 반면에, 분리를 위해 높은 압력이 요구되고 대용량화를 위한 분리막 제조가 어려우며 대부분의 분리막이 고가라는 단점이 있다. 연소 전 포집과 연소 후 포집 공정에 모두 적용 가능하며, 특히 연소 전 포집 공정에 CO_2 분리막 또는 H_2 분리막을 적용해 CO_2를 포집하는 동시에 고순도의 H_2를 생산할 수 있다.

■ 연소 전 포집을 위한 a) CO_2 분리막과 b) H_2 분리막

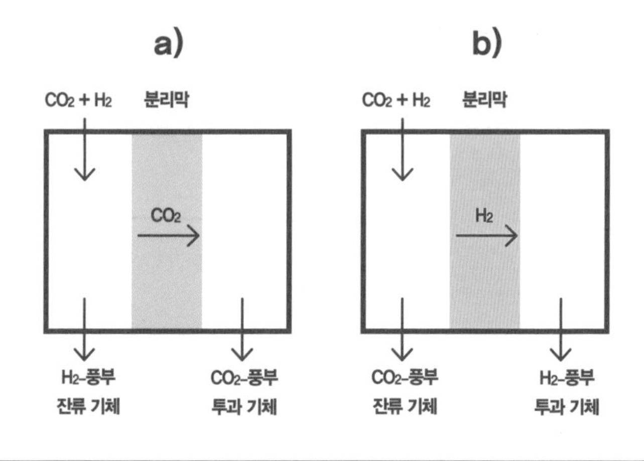

출처: 이신근, 박종수(2014)[15]

분리막의 분리 특성은 투과도permeability와 선택도selectivity에 의해 결정되며 분리막 제조에는 무기, 고분자, 탄소분자체, 실리카, 제올라이트 등의 소재가 사용된다.[16] 현재 선택도와 투과도가 높고 SOx, NOx 등의 오염물에 안정적이며 수분에 의해 분리 성능이 저하되지 않는 분리막 소재 개발을 위한 연구가 수행 중이다.

하이드레이트/클러스레이트(hydrate/clathrate) 기반 분리

가스 하이드레이트gas hydrate 또는 클러스레이트clathrate 기반의 분리법은 대상 기체의 하이드레이트 상평형 차이에 의해 CO_2가 하이드레이트의 격자 내로 선택적으로 포집되는 원리를 활용한 것이다.[17]

이 포집 기술의 장점은 물과 소량의 첨가제로 구성된 물질을 사용하기 때문에 아민 수용액을 이용하는 습식법의 단점인 부식 문제가 없고, 공정 운전이 단순하며 포집 대상 기체의 배출 압력을 이후 공정에 그대로 이용할 수 있는 장점이 있다. 포집된 CO_2는 고압으로 얻어지므로 이후의 수송 및 저장에 추가로 가압할 필요가 없어서 공정비용을 절감할 수 있다. 가스 하이드레이트의 형성 압력을 낮추기 위해 주입하는 다양한 첨가제에 대한 연구가 진행되고 있으며, 테트라하이드로퓨란THF: tetrahydrofuran과 같은 유기물질을 소량 넣어 주면 낮은 압력과 높은 온도에서 가스 하이드레이트가 생성될 수 있음이 보고되고 있다.[18]

■ 가스 하이드레이트(세미 클러스레이트)를 이용한 연소 전 CO_2 포집 개념도

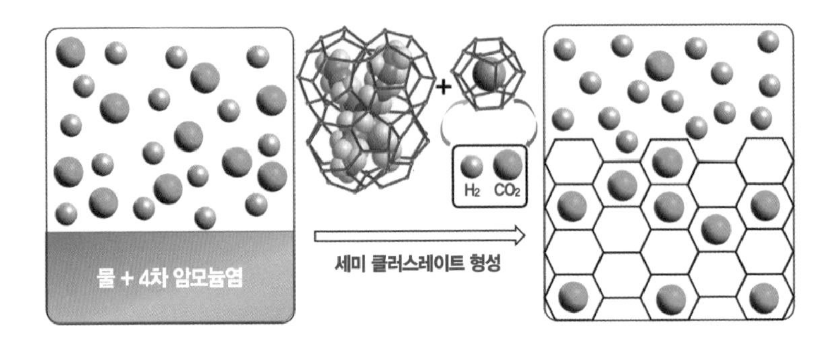

출처: Park et al.(2013)[19]

또한, TBABtetra-n-butylammonium bromide와 TBACtetra-n-butylammonium chloride 등의 4차 암모늄염QAS: quaternary ammonium salt을 첨가할 경우, 가스 하이드레이트와 유사한 세미 클러스레이트semi-clathrate를 형성해 유리한 조건에서 CO_2를 포집할 수 있다. 하지만 첨가제를 주입하더라도 상압으로 배출되는 연소 후 배가스에 하이드레이트 또는 세미 클러스레이트 기술을 적용하여 CO_2를 포집하기 위해서는 배가스를 20 기압 수준으로 압축해야 하는데, 이런 압축 비용을 고려하면 아민 습식법과 비교할 때 경제성이 떨어진다.

그러나 석탄가스화복합발전IGCC 또는 천연가스 개질을 통해 생성되는 연료 가스(H_2 + CO_2)는 고압(30~50 기압)으로 배출될 뿐만 아니라 CO_2 농도(40%)가 높아서 가스 하이드레이트 또는 세미 클러스레

이트를 적용하기에 매우 유리하다. 미국 회사 SIMTECHE는 가스 하이드레이트 슬러리를 이용한 연소 전 CO_2 포집공정을 설계/운전하였으며, IGCC의 연료 가스로부터 CO_2를 포집하기 위해 핵형성된 물을 순환하여 사용함으로써 공정비용을 낮출 수 있다고 밝혔다.[20]

가스 하이드레이트 또는 세미 클러스레이트 기술은 연소 후 포집에도 적용 가능하지만, 연소 전 공정의 연료 가스가 높은 CO_2 농도와 높은 압력 상태로 배출되는 것을 고려한다면 연소 전 포집에 이 기술을 적용할 경우 보다 높은 CO_2 분리 효율과 경제성을 얻을 수 있다.

■ SIMTECHE 공정의 개략도

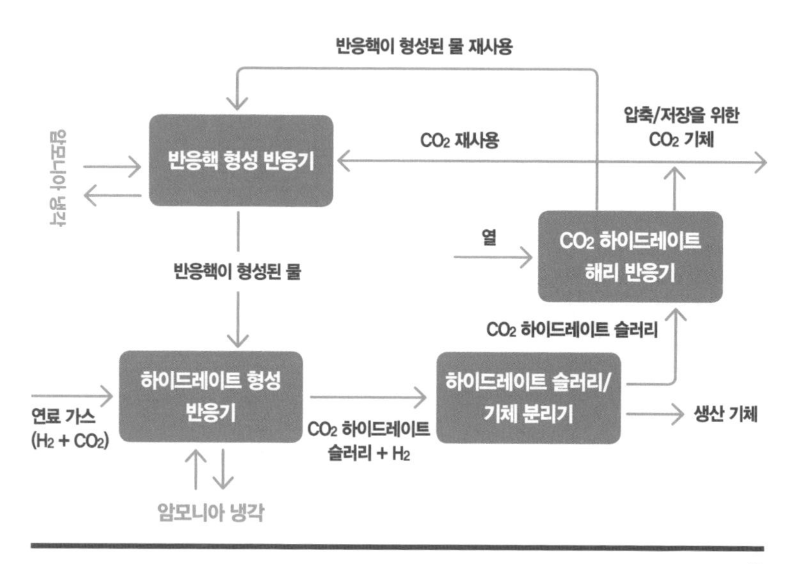

출처: Yang et al.(2011)[21]

다양한 기체탄소 포집 기술의 장단점을 정리하면 다음과 같다.

■ **각 포집 기술의 장단점**

		장점	단점
화학 흡수	습식	• 높은 기술 성숙도 • 저농도 CO_2에 적용 가능 • 대용량 처리 가능	• 높은 재생 에너지 • 장치 부식 • 흡수제의 열변성
	건식	• 폐수/부식 발생 없음 • 낮은 재생 에너지	• 고체 순환의 어려움 • 후발 기술, 경험 부족
물리 흡수		• 연소 전 포집에 최적 • 낮은 독성과 부식성	• 높은 투자비와 운영비
물리 흡착		• 낮은 재생 에너지 • CO_2와 H_2S 동시 포집 가능	• 고체 분리 매체 취급의 어려움 • 낮은 흡착 속도
저온 분리		• 고순도의 CO_2 획득	• 고에너지 소모 • 배가스의 전처리 필요
막 분리		• 장치 간단, 조작 용이 • 모듈화 가능	• 고가의 분리막 • 대용량 처리에 불리
하이드레이트		• 물을 분리 매체로 사용 • 가압 상태의 CO_2 회수	• 연속 공정 구성에 불리

포집한 기체탄소 전환 기술

앞에서 언급한 바와 같이 포집한 기체탄소를 유용한 물질로 전환하는 기술에 대해 소개하고자 한다.

이산화탄소를 이용하여 화학제품을 생산하는 기술

현대 화학제품은 석유, 석탄에서 유래한 환원된 상태의 탄소를 이용한다. 그리하여 환원된 상태의 탄소(일명 탄화수소)에서 별도의 큰 에너지 투입 없이 경제적으로 탄소를 기본으로 한 유기화학 소재를 만들 수 있다. 반면 이산화탄소에서 유기화학 소재를 생산할 경우, 이산화탄소가 산화된 상태이기 때문에 직접적으로 전환하기 위해서는 환원력이 직간접적으로 필요하다. 현재 이러한 이산화탄소를 탄소자원으로 이용하여 만들 수 있는 화학제품은 다양하다.

■ 이산화탄소로부터 생산되는 산업적 생산물

산업적 생산물	연간 생산량(백만 톤)	생산물에 포함된 이산화탄소량(백만 톤)
Urea	150	109.5
Methanol	4.4	6
Salicylic acid	0.17	0.054
유기 카보네이트	0.1	0.043~0.049
BPA polycarbonate	0.6	0.102
프로필렌 카보네이트	0.07	0.03

출처: Otto et al.(2015)[22]

현재까지 가장 성공적인 제품은 우레아urea로 연간 생산량이 1억 5,000만 톤이며, 제품에 포함된 이산화탄소 기준으로 연간 1억 900만 톤이 사용되고 소비되고 있다. 이 외에 유기 고분자인 유기 카보네이트 등의 생산에 이용하여 생분해 고분자를 만들려는 시도가 일부 진행되고 있다. 또한, 진기화학적인 방법을 통하여 CO, 개미산, 에틸렌 등의 다양한 화학소재를 생산하려는 시도 역시 활발히 진행 중이다.

경제성 비교를 위해 이산화탄소를 활용해 생산될 가능성 있는 소

■ 기체탄소 전환을 통해 생산될 가능성이 있는 화학소재(25가지)

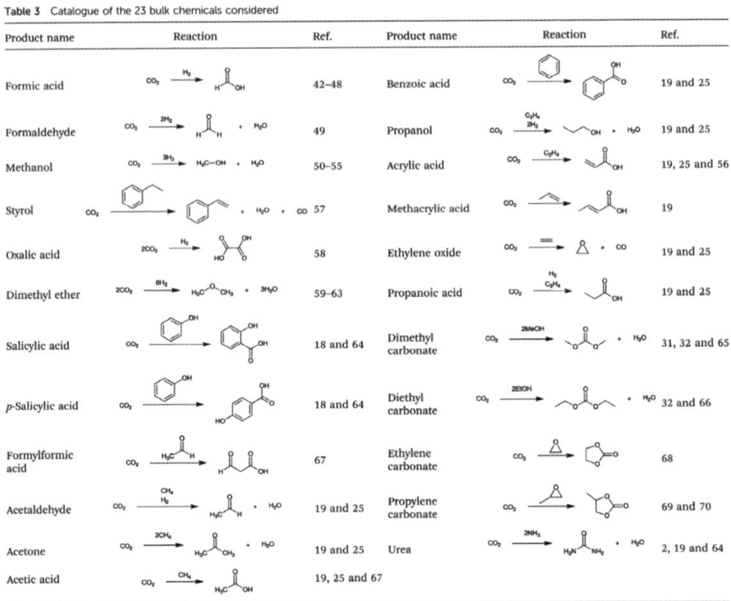

Table 3 Catalogue of the 23 bulk chemicals considered

Product name	Reaction	Ref.	Product name	Reaction	Ref.
Formic acid	$CO_2 \xrightarrow{H_2}$	42–48	Benzoic acid	$CO_2 \rightarrow$	19 and 25
Formaldehyde	$CO_2 \xrightarrow{2H_2}$ + H_2O	49	Propanol	$CO_2 \xrightarrow{C_2H_4,\ 2H_2}$ + H_2O	19 and 25
Methanol	$CO_2 \xrightarrow{3H_2} H_3C{-}OH + H_2O$	50–55	Acrylic acid	$CO_2 \xrightarrow{C_2H_4}$	19, 25 and 56
Styrol	$CO_2 \rightarrow$ + H_2O + CO	57	Methacrylic acid	$CO_2 \rightarrow$	19
Oxalic acid	$2CO_2 \xrightarrow{H_2}$	58	Ethylene oxide	$CO_2 \rightarrow$ + CO	19 and 25
Dimethyl ether	$2CO_2 \xrightarrow{6H_2} H_3C{-}O{-}CH_3 + 3H_2O$	59–63	Propanoic acid	$CO_2 \xrightarrow{H_2,\ C_2H_4}$	19 and 25
Salicylic acid	$CO_2 \rightarrow$	18 and 64	Dimethyl carbonate	$CO_2 \xrightarrow{2MeOH}$ + H_2O	31, 32 and 65
p-Salicylic acid	$CO_2 \rightarrow$	18 and 64	Diethyl carbonate	$CO_2 \xrightarrow{2EtOH}$ + H_2O	32 and 66
Formylformic acid	$CO_2 \rightarrow$	67	Ethylene carbonate	$CO_2 \rightarrow$	68
Acetaldehyde	$CO_2 \xrightarrow{CH_4,\ H_2}$ + H_2O	19 and 25	Propylene carbonate	$CO_2 \rightarrow$	69 and 70
Acetone	$CO_2 \xrightarrow{2CH_4}$ + H_2O	19 and 25	Urea	$CO_2 \xrightarrow{2NH_3}$ + H_2O	2, 19 and 64
Acetic acid	$CO_2 \xrightarrow{CH_4}$	19, 25 and 67			

출처: Otto et al.(2015)[23]

재 25가지를 소개한다.

이 중에서 제품에 포함된 이산화탄소 양, 이산화탄소 배출 억제 가능성, 현재 이산화탄소 가격을 고려한 부가가치, 화석연료 비의존도 등 4가지 가능성을 고려할 때 가장 가능성이 높은 CCU 소재로는 개미산/옥살산/포름알데히드〉메탄올〉우레아〉DME〉아크릴산〉DMC〉아세톤/초산/EO 등이다.

■ **기체탄소 전환을 통해 생산될 가능성이 높은 화학소재**

화학소재	포인트	화학소재	포인트
개미산	16	MAA	10
옥살산	16	스티롤	10
포름알데히드	16	DEC	9.5
메탄올	15	프로판올	9
우레아	14.5	EC	8
DME	14	salicylic acid	8
아크릴산	13	p-salicylic acid	8
DMC	12.5	프로피온산	8
아세톤	12	formylformic acid	7
초산	12	benzoic acid	7
EO	12	PC	5
아세트알데히드	11		

출처: Otto et al.(2015)[24]

이산화탄소를 이용하여 내연기관용 연료를 생산하는 기술

유기화학 소재 외에 이산화탄소를 탄소자원으로 이용하여 내연기관용 연료를 생산하는 기술도 현재 주목받고 있다. 그 이유는 기존 인프라 등을 이용하면서도 수송 분야에서 발생하는 이산화탄소 배출을 손쉽게 억제하는 효과를 가져올 수 있기 때문이다. 현재 배터리 및 수소연료전지 기술의 발전으로 인해 수송 분야에서 탄소중립이 실현될 것으로 예상되나, 인프라 및 에너지 밀도 등의 문제 등 아직까지 기술적으로 극복해야 할 장벽이 존재한다.

■ **연료별 에너지 밀도 비교**

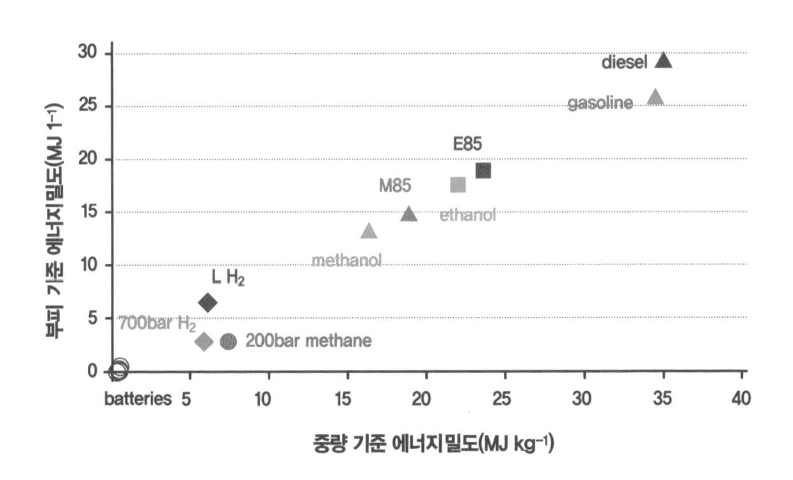

출처: Jiang et al.(2010)[25]

특히 항공 분야에서는 기존 화석연료 기반의 제트연료를 대체할 기술적 수단이 없다 보니, 이산화탄소 탄소자원을 이용한 내연기관용 연료 생산이 여전히 주목받고 있다.

산화된 상태의 이산화탄소를 내연기관용 연료로 전환하기 위해 수소와 같은 환원제를 투입하여 기존 디젤, 제트유와 같은 탄화수소를 생산한다. 물론 탄소중립을 위해서는 수소를 생산할 때 이산화탄소 생산이 수반되지 않는 소위 그린Green 수소 생산이 필수적이라고

■ 이산화탄소의 수송용 연료 전환 과정 모식도

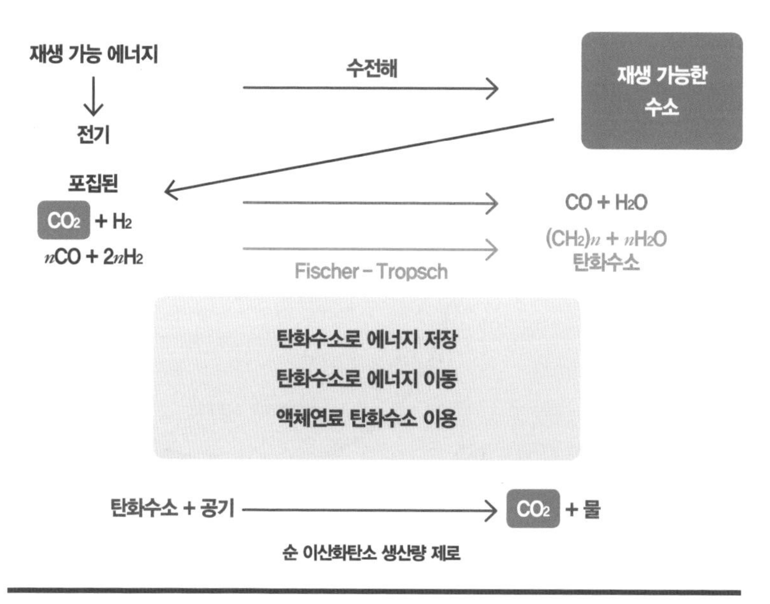

출처: Jiang et al.(2010)[26]

할 수 있다. 이후 수소와 이산화탄소는 Fisher-Tropsch 반응을 통해 다양한 액체 상태의 탄화수소로 전환되고 이후 디젤, 제트유로 이용된다.

물론 별도의 전기화학적 물분해 대신 직접 광촉매와 태양에너지를 이용하여 메탄올과 같은 연료(소위 solar fuel)를 생산하려는 기술 역시 연구 단계에서 시도되고 있다.

■ **광촉매를 이용한 solar fuel 생산**

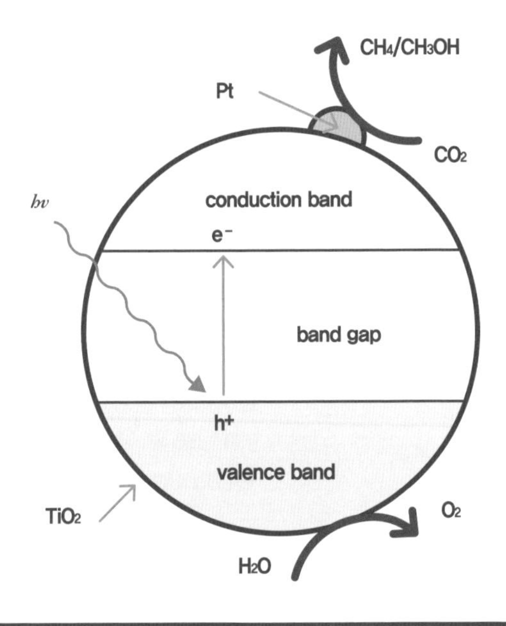

출처: Jiang et al.(2010)[27]

이를 위해 다양한 광촉매가 연구되고 있고, 앞으로도 더 효율이 높으면서도 가시광선 영역을 직접적으로 이용할 수 있는 광촉매가 개발될 것으로 예상된다.

■ 다양한 광촉매에 의한 태양광 스펙트럼에서 물분해 효율 비교

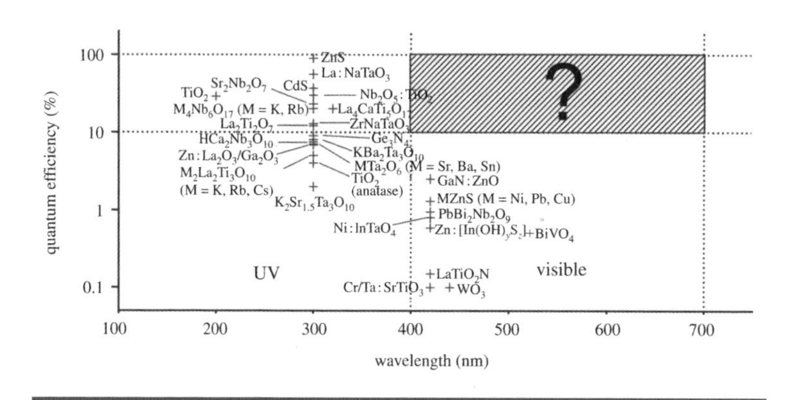

출처: Jiang et al.(2010)[28]

생물 전환 기술을 이용하여 대기 중의 이산화탄소를 활용해 화학제품을 생산하는 기술

별도의 이산화탄소 포집 없이 대기 중의 이산화탄소를 활용해 광합성을 거쳐 화학제품을 생산하는 기술이 존재한다. 식물은 광합성 과정에서 매우 효율적으로 광에너지를 흡수한 후 이를 이용하여 물을 분해하고, 생산물인 환원력을 이용하여 흡수한 이산화탄소를 환

■ 광합성을 통한 다양한 화합물(탄수화물, 지방산, 아미노산, 지질)

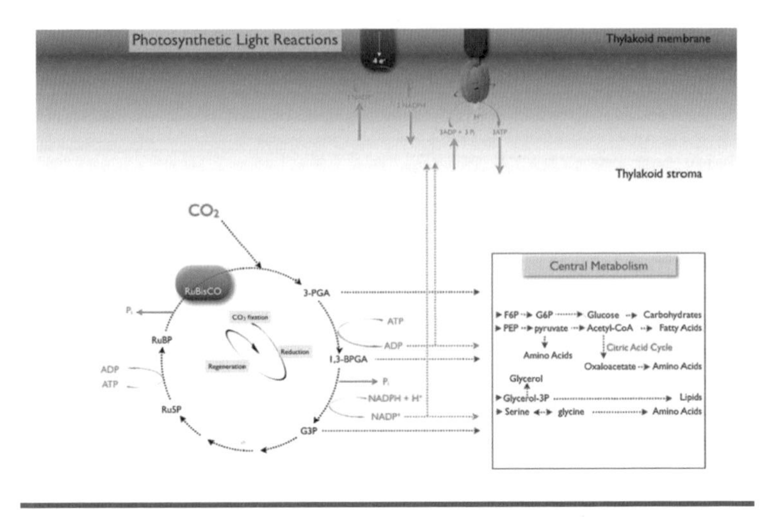

출처: Williams and Laurens(2010)[29]

원하여 다양한 산물을 생산할 수 있다.

물론 광의존도가 높기 때문에 생산되는 연료화합물의 생산성은 당연히 투입되는 광원 에너지 밀도에 좌우될 수밖에 없다. 다만 생산되는 지질이 바이오디젤(식물성 기름을 원료로 만든 것으로 경유를 대체할 친환경 연료로 주목받음)이 될 가능성이 있어서 높은 관심을 끌고 있으나, 다음 그림에서 볼 수 있듯이 식물이 생산하는 육탄당(예: 포도당) 생산효율에 비하면 어느 위도에서 광합성 기반 생물전환을 수행해도 지질류 생산효율은 낮은 것으로 나타나고 있다.

■ **위도에 따른 지질(바이오디젤) 생산 가능 효율**

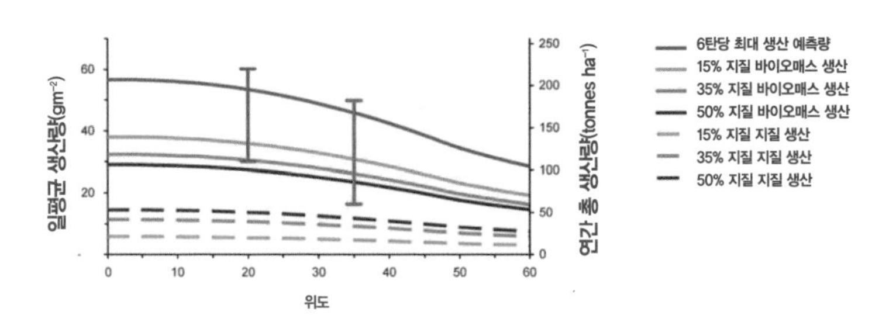

출처: Williams and Laurens(2010)[30]

광합성을 통해 생산된 지질류는 메탄올과 반응하여 바이오디젤로 전환되며, 이는 기존 디젤 원료를 대체하여 디젤기관 운전에 이용될 수 있다.

이렇게 전기화학적 방법을 통해 이산화탄소를 유용한 물질로 전환하는 기술은 신재생 에너지에서 생산된 전기 에너지와 쉽게 연계하여 운전이 가능하다. 이 기술은 기존의 수소를 환원제로 첨가하는 고온 반응과 달리, 물에서 수소를 직접 생산하여 이산화탄소에 저장하는 기술이다. 촉매, 전압 또는 전류 등의 운전 조건 등을 조절하여 일산화탄소, 개미산, 에틸렌, 에탄올 등의 고부가가치 생성물들을 얻을 수 있다. 상온·상압에서 반응을 진행하여 안정성이 높고, 시스템을 모듈화 또는 스택화하여 반응기의 규모를 조절하기도 쉽다.

현재 전기화학 반응을 이용한 이산화탄소 전환 기술은 상용화를 위한 높은 에너지 효율 및 전류밀도 달성이 가능하다는 점에서 탄소 중립 실현에 크게 기여할 수 있는 기술 중 하나로 주목받고 있다. 추후 기술진보 및 규모의 경제 달성 등으로 에너지 비용의 감소가 예상됨에 따라 전기화학적 방법을 통한 이산화탄소 전환기술은 더욱 경쟁력을 갖출 것으로 보인다.

전기화학적 이산화탄소 전환반응 중 대표적인 반응은 수용액 기반의 전해질을 사용하는 저온전해 기술이다. 저온전해 기술은 크게 두 가지로 나뉘는데, 이산화탄소를 수용액에 녹여서 반응하는 방법과 가스상의 이산화탄소를 직접 전환하는 방법이다. 이산화탄소를 수용액에 녹여서 전환하는 경우에는 이산화탄소의 낮은 용해도로 인해 물질전달에 한계가 발생한다. 이를 극복하기 위해 최근 들어 가스상의 이산화탄소를 직접 전환하는 연구가 활발히 진행 중이다.

전기화학적 이산화탄소 전환 반응의 성능을 평가할 때 주로 사용하는 지표는 전류효율(FE, %), 전류밀도(j, mA/cm^2), 그리고 과전압(η)이다. 다음 그림에서 볼 수 있듯 수계, 그리고 가스상 이산화탄소 전환 반응 결과의 가장 큰 차이점은 전류밀도다. 즉, 단위 시간 및 전극 면적당 생산할 수 있는 생성물의 속도가 수계보다 가스상 전환에서 약 10배 이상 높다. 따라서 전기화학적 이산화탄소 전환 기술을 활용하여 온실가스를 저감하기 위해서는 가스상의 이산화탄소를 전환하는 방향으로 기술을 개발할 필요가 있다.

전기화학적 이산화탄소 전환 반응 시 일반적으로 음극에서는 산

■ 전기화학적 이산화탄소 전환 관련 연구 성과 현황

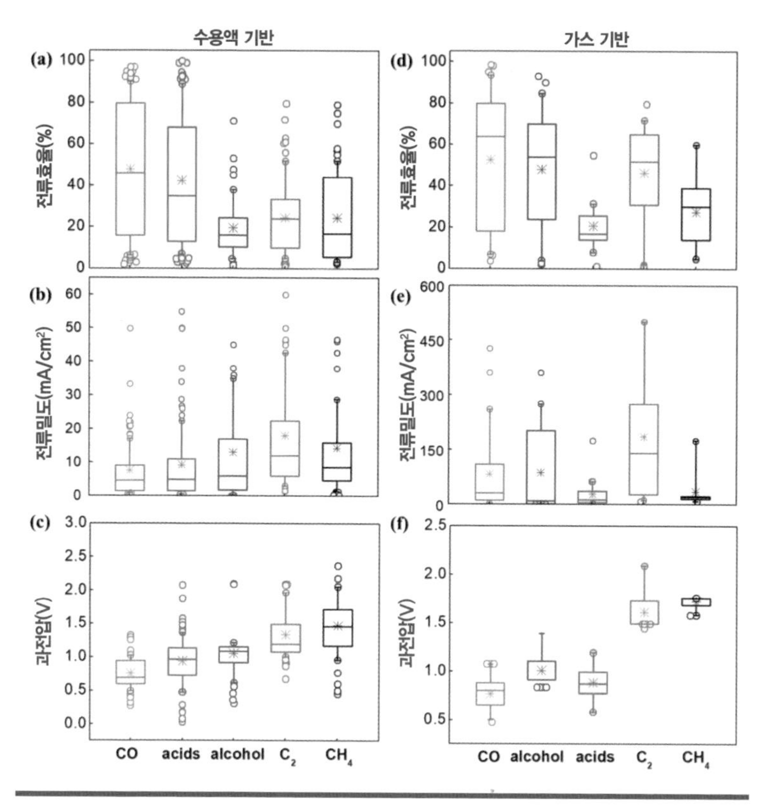

출처: Lee et al.(2020)[31]

화 반응이 일어나고, 물이 산화되면서 산소, 수소이온(H+), 그리고 전자를 생성한다. 이때 생성된 수소이온과 전자가 양극, 즉 환원전극으로 이동하여 이산화탄소와 반응해 고부가가치 생성물을 만든다.

이산화탄소의 환원 반응 생성물은 반응에 참여한 전자의 수에 따라서 달라진다.

■ 이산화탄소의 전기화학적 반응 주요 생성물과 그 반응 전위

Reaction	E0/V vs. RHE	Product
$CO_2 + 2H^+ + 2e^- \rightarrow HCOOH(aq)$	-0.12	Formic acid
$CO_2 + 2H^+ + 2e^- \rightarrow CO(g) + H_2O$	-0.10	Carbon monoxide
$CO_2 + 6H^+ + 6e^- \rightarrow CH_3OH(aq) + H_2O$	0.03	Methanol, MeOH
$CO_2 + 8H^+ + 8e^- \rightarrow CH_4(g) + 2H_2O$	0.17	Methane
$2CO_2 + 12H^+ + 12e^- \rightarrow C_2H_5OH(aq) + 3H_2O$	0.09	Ethanol, EtOH
$2CO_2 + 12H^+ + 12e^- \rightarrow C_2H_4(g) + 4H_2O$	0.08	Ethylene

출처: Nitopi et al.[32]

기체탄소 선순환에서는 이산화탄소 환원반응의 활성화 에너지를 낮추고 원하는 생성물의 선택성을 높이기 위해서 촉매를 사용하며, 사용하는 전해질과 반응 시스템 운전 조건도 반응 속도 및 생성물의 선택성에 영향을 준다. 따라서 높은 활성과 선택성을 지니는 촉매, 전해질의 개발, 그리고 반응 시스템의 최적화가 필요하며, 이와 관련된 연구가 세계적으로 활발히 진행되고 있다.

고체탄소(폐플라스틱) 선순환

플라스틱plastic이라는 단어는 그리스어 'plastikos'에서 유래한 것으로 자유자재로 성형할 수 있다는 의미를 지니고 있다. 지난 한 세기 동안 인류는 성형이 쉽고 우수한 물성을 가진 꿈의 소재인 플라스틱을 다양한 종류로, 그것도 매우 저렴한 가격에 마음껏 소비하는 행운을 누려왔다. 이로 인해 플라스틱은 대규모로 무분별하게 사용되었다. 사용량은 1950년 연간 200만 톤 규모에서 2015년 연간 4억 700만 톤으로 약 200배 이상 비약적으로 증가했고, 시장은 2015년 기준

■ **전 세계 플라스틱 생산량 규모**

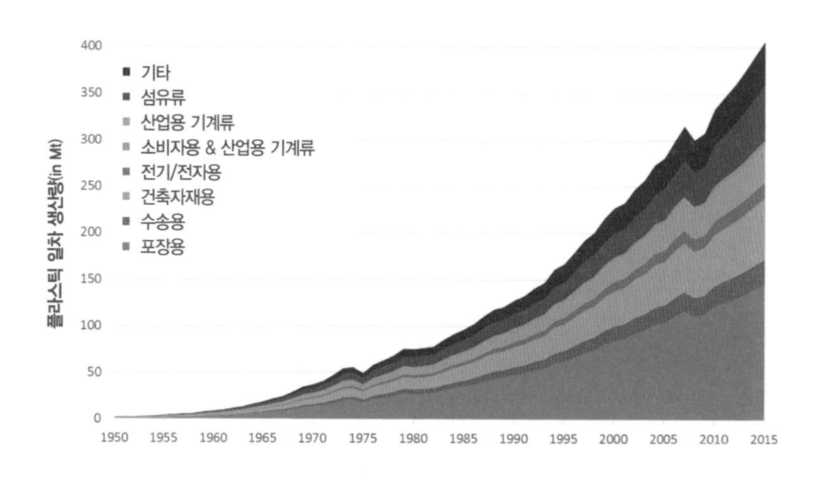

출처: Geyer et al.(2019)[33]

으로 미화 1조 달러(한화 1,200조 원)가 넘는 천문학적 규모에 이르렀다. 지금의 추세대로라면 2050년경에는 플라스틱 생산량이 약 11억 2,400만 톤까지 증가할 것으로 예상된다.

우리나라의 플라스틱산업도 석유화학산업의 발전과 맥을 같이하여 2016년 기준으로 생산량(1,500만 톤, 세계 전체 생산량의 3.7%)과 시장 규모(20조 원)에서 세계 4위에 올라 있다. 국내 플라스틱 제품은 단순 포장재, 의류, 건축 토목용은 물론 전방산업인 전기·전자, 자동차 등 국가 핵심산업에도 다량 사용되는 핵심 기초소재다. 따라서 플라스틱산업 없는 국내 석유화학산업은 상상하기 어려우며 이는 전기·전자, 자동차 등의 국가 핵심산업도 마찬가지 상황이다.

금속, 세라믹, 목재 등 다른 소재에 비해 매우 저렴한 플라스틱은 '일회용 상품' 시장이라는 전무후무한 시장을 인류에게 선사했고, 이로 인해 인류는 풍요한 플라스틱 소비시대를 향유해 왔다. 그러나 이렇게 대량생산/소비된 플라스틱이 적절한 재활용 등 처리 과정 없이 무분별하게 폐기되면서 자연환경의 오염은 물론 생태계 교란과 인류의 삶을 위협하는 존재가 되었다. 1950년부터 2015년까지 총 생산된 83억 톤 중에서 재사용된 플라스틱은 7.2% 미만인 6억 톤에 불과하고, 59%에 달하는 49억 톤은 단순 매립되거나 아무런 처리 없이 자연계로 방출되었다.

매립이나 자연계 특히 해양생태계로 배출된 폐플라스틱은 자연환경에서 거의 분해되지 않는다. 이로 인해 2050년경에는 바닷속에

■ 1950년에서 2015년까지 생산된 총 플라스틱 현황

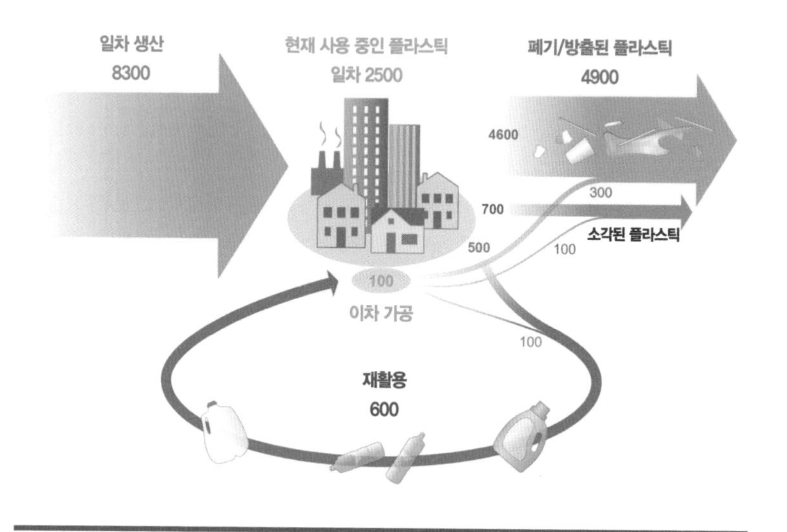

출처: Geyer et al.(2019)[34]

어류보다 폐기 축적된 플라스틱이 더 많아질 거라는 암울하고도 경악에 가까운 예상이 나오고 있다.

국내의 플라스틱 소비와 폐기 문제는 특히 심각하다. 우리나라의 일인당 플라스틱 소비량은 벨기에, 대만에 이어 세계에서 3번째로 높다고 알려져 있다. 플라스틱 및 석유화학 산업의 입장에서는 소비가 높을수록 좋지만, 플라스틱 폐기물 문제가 적절히 해결되지 않는다면 플라스틱산업 전체가 발전은커녕 오염의 주범으로 몰리며 사회적 비난과 각종 규제에 직면하게 될 것이다. 더 나아가 후방산업

■ 해양생태계로 배출된 플라스틱에 의한 생태계 교란 및 미래전망

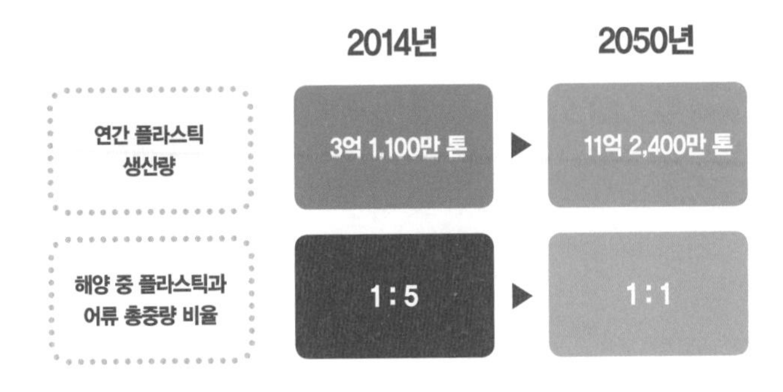

출처 : World Economic Forum(2016)[35]

■ 1인당 플라스틱 소비량(2015년)

(단위: kg/인)

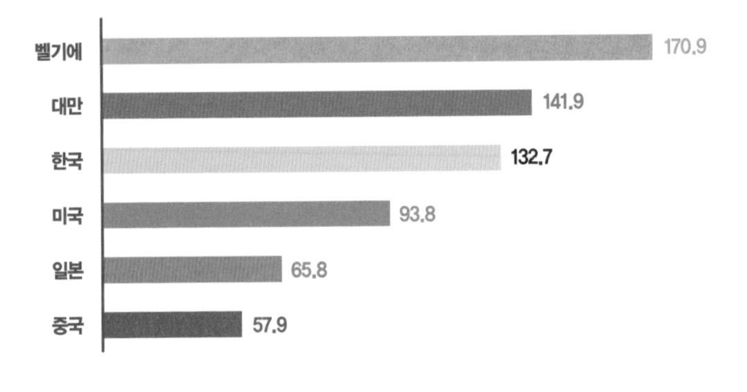

출처: PlasticsEurope(2017)[36]

인 석유화학산업까지도 심각한 부정적 영향을 받게 될 것이다.

최근 필리핀 등에 부정 수출되었던 폐기물이 반송된 것이라든지, CNN 방송을 통해 전 세계에 보도된 국내 쓰레기 산 문제의 기저에도 실상은 폐비닐을 포함한 플라스틱 폐기물 문제가 자리하고 있다. 국내의 경우 연안 어업의 보고인 바다는 물론 좁은 국토면적과 인구과밀로 인한 육상의 폐플라스틱 문제도 더없이 심각하다고 하겠다.

플라스틱 오염 문제 해결과 지속가능한 플라스틱산업 발전을 위해 2018년 다국적 화학기업 BASF의 주도로 'Alliance to End Plastic Waste'라는 다국적 비영리단체가 조직되었다. BASF, Dow 및 일본 미쓰비시, 스미토모 화학 등이 참여하며 5년간 15억 달러의 기금을 조성할 계획이다. 이렇듯 플라스틱 문제 해결을 위해 비영리단체를 조직하여 국제적인 연대를 구축했다고는 하나, 향후 기술개발의 진행 상황에 따라 미세플라스틱 문제를 무역에 연계시킬 가능성은 상존하고 있다.

최근 미국 에너지부DOE: Department of Energy에서도 '사용 후 플라스틱의 재이용 및 새로운 생분해성 플라스틱 개발에 관한 과제', 즉 'BOTTLE(Bio-Optimized Technologies to Keep Thermoplastics out of Landfills and the Environment)'을 2019년 12월 10일 공지하고 2020년부터 개발에 착수할 것을 선언했다. 또한, 일본에서는 2035년 일본 국내에서 사용 후 배출되는 플라스틱의 양을 '제로화'하는 원대한 연구목표를 설정하고, 2020년부터 연간 연구비 20억 엔 이상을 투입하는 혁신적이

■ 국제적인 다국적 화학회사의 움직임

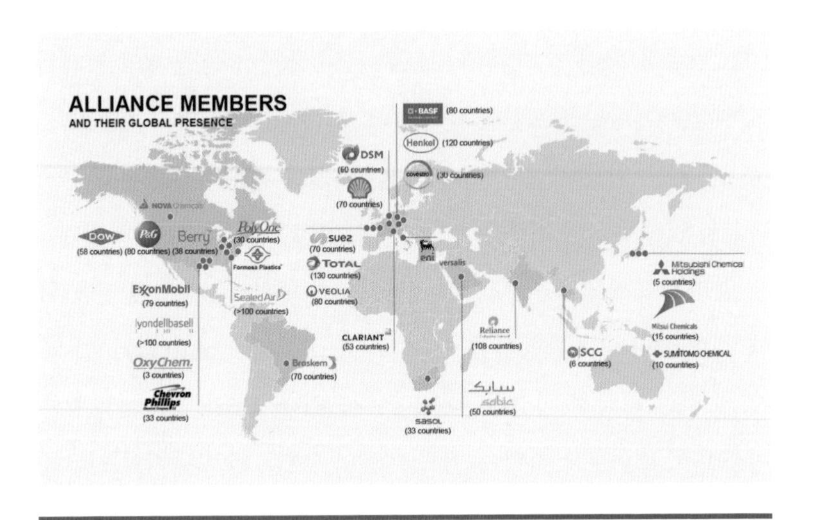

출처: Alliance to End Plastic Waste[37]

고 모험적인 과제인 Moon shot Research and Development Program을 시행하기로 하였다.

플라스틱에 포함된 탄소를 재순환시키기 위한 기술로는 크게 두 가지를 꼽을 수 있다. 이러한 기술은 플라스틱 외에 기타 유기탄소를 포함하는 생활 및 산업폐기물에도 적용할 수 있을 것으로 판단된다.

플라스틱의 열화학적 분해 방법은 연소, 열분해, 가스화 등의 공정을 포함하고 있다. 가연성 폐기물인 폐플라스틱은 일반적으로 소각 처리되지만, 연소 시 유해물질인 다이옥신 및 지구온난화의 요인

■ 국제적인 미세플라스틱 대응 연구동향

자원 재순환이 가능한 사회로의 혁신

바이오 기술을 이용한 청정환경 복원

출처: Cabinet Office[38]

■ 폐플라스틱의 열 이용 분해 및 선순환 공정

Combustion(연소)	Pyrolysis(열분해)	Gasification(가스화)
• 현실적인 방법이나 미세먼지, SOx, NOx, 다이옥신 배출에 대한 주민 민원이 큰 걸림돌	• 단일 성상의 플라스틱 처리 유리 • 왁스, 올레핀 및 모노머 회수 유리 • 다양한 종류의 혼합 폐플라스틱 처리 시 생성물 수율 및 성상의 불균일	• 혼합 폐플라스틱 처리 (열분해 대비 장점) • 대기오염 물질 발생량 (연소 대비 장점) • 합성가스: 다양한 파생제품 생산 가능
스팀, 전기	보일러유, 왁스, 올레핀	합성가스, 파생제품 (전기, 수소, 케미컬)

출처: ENERGY.GOV(2019.9.10)[39]

이 되는 이산화탄소를 발생시킨다. 또한, 같은 종류의 폐플라스틱이 대량으로 수집되면 재활용이 가능하지만 그런 경우는 드물다. 열분해 유화 공정의 경우 단일 성상의 플라스틱 처리에는 유용하나, 연속식 공정 구성이 어렵고 각종 유해물질 제거가 어려운 단점이 있다. 이에 혼합 폐플라스틱 처리가 가능하고 대기오염물질을 가스상으로 손쉽게 제거할 수 있는 방안으로 가스화 공정이 알려져 있다.

고체탄소(플라스틱) 열분해를 통한 탄소 선순환 기술

현재 BASF 등과 같은 글로벌 기업들을 중심으로 폐플라스틱의 화학적 재활용을 위한 계획들이 시도되고 있다. 특히 BASF사의 경우 다음에 나올 그림과 같이 폐플라스틱을 열분해한 후 이로부터 회수되는 액상의 원료유를 화학공정에 재사용하는 ChemCycling 프로젝트를 통해 파일럿 제품 생산을 시도하고 있다. 그러나 폐플라스틱의 열분해를 통해 회수되는 원료유를 화학 공정에 적용하기 위해서는 폐플라스틱 열분해 공정의 장기간 운전기술 확보를 통한 원료유의 안정적인 수급 문제의 해결과 함께, 화학 공정에서의 사용을 위한 염소 성분 등 원료유의 이물질 성분 제어 기술의 확보가 필요한 실정이다.

열분해 유화기술의 선도국인 독일 및 일본에서는 정책적으로나 기술적으로 고급 연료화 및 재활용 기술에 관한 관심이 높아 이미 사업화가 이루어졌다. 그러나 대상 원료 확보의 어려움과 초기 투자

■ **BASF사의 폐플라스틱 열분해를 통한 탄소 선순환 기술**

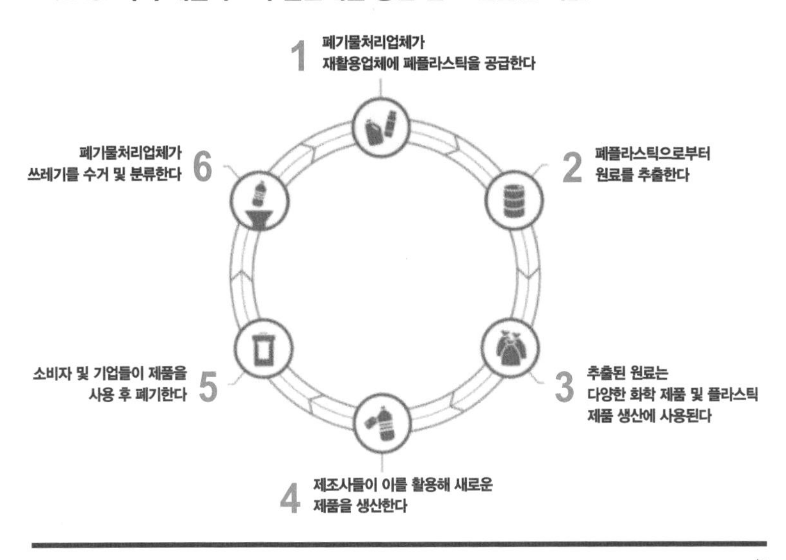

출처: BASF(2019.1.17)[40]

비 과다 및 높은 운영비로 인한 경제성 저하를 고려해 새로운 열분해 연료화 기술 요구가 증가하고 있다. 1996년을 기점으로 독일에서는 Schwarze pumpe AG사 등에서 5기의 파이롯 형태의 피드스톡 리사이클 장치를 가동했다. 1997년에 피드스톡 리사이클(유화)도 물질회수Material Recycle 범주에 포함했으며, 제철업에서 고로환원으로 이용하는 것도 피드스톡 리사이클로 보고 유화환원 범주에 넣고 있다. 1990년대 독일 BASF사에서 연간 8만 톤의 유화사업을 계획했으나 채산성이 맞지 않아 포기한 사례가 있으며, 여타 재활용 방법보다 경제성이 없는 것으로 평가되었다.

일본의 열분해 유화 실용화 사례로는 후지리사이클 프로세서가 유명하다. 후지리사이클 프로세서에서는 공업기술원, 신기술개발 사업단과 공동으로 PE, PP, PS를 주체로 하는 폐플라스틱을 원료로 열분해와 촉매분해를 결합하여 가솔린, 경유, 등유의 혼합물의 생성유를 얻고 있다. 촉매로는 합성제오라이트(ZMS-5)를 사용하며, 분해 온도는 열분해조 390℃, 접촉 분해조 310℃, 압력은 상압, 회수율은 80~90%다. 좀 더 유용한 제품을 획득하기 위해 교차 복분해와 같은 최신 열분해 및 촉매전환 기술을 사용 중인 것으로 보고되었다.

올레핀 복분해olefin metathesis는 두 개의 올레핀 탄화수소가 이중결합 위치가 교환된 두 개의 새로운 올레핀을 만들어내는 화학 반응이다. 기존의 고분자에 저탄소알칸을 첨가하여 탈수소화 반응을 일으키면 각각의 탄화수소에 이중결합이 형성되고, 여기에 올레핀 복분해 촉매에 의해 이중결합이 서로 배열을 이루어 자리를 바꾸면 보다 저분자의 올레핀이 형성되었다가, 다시 수소화 반응을 통해 이중결합이 단일결합으로 회복된다.

알칸 교차 복분해는 탈수소화 반응을 통해 포화탄화수소에 이중결합을 만들고, 복분해 반응을 통해 고분자 알칸이 저분자 알칸으로 변환되었다가, 다시 수소화 반응을 통해 포화탄화수소인 가벼운 저분자 알칸이 되면서 분해되는 원리로 이루어진다.

알칸 교차 복분해 반응은 최근 중국과학원Chinese Academy of

Sciences의 Zheng Huang 연구그룹에서 2016년에 발표한 Science Advances 논문에 자세히 소개되어 있다. 실제 폐플라스틱에 가벼운 알칸(C5~C8)과 Ir 유기금속 촉매, Re_2O_7/Al_2O_3 촉매를 혼합하여 175℃에서 4일간 반응시켜, 알칸 교차 복분해 반응으로 생성된 파라핀 혼합물인 왁스와 오일 생성물의 분포 및 분자량 분포의 추이를 조사했다.

실험결과를 살펴보면 최초 첨가된 고분자는 100% 분해되었으며, 그중 70% 이상의 생성물이 탄소 수 3~7개 및 9~22개가 분포하는 오일이고, 나머지는 탄소 수 23~41개 정도의 파라핀과 그보다 탄소 수

■ **알칸 교차 복분해 반응을 이용한 폐플라스틱의 선택적 분해 (시간에 따른 생성물의 선택성 변화 및 분자량 감소 추이)**

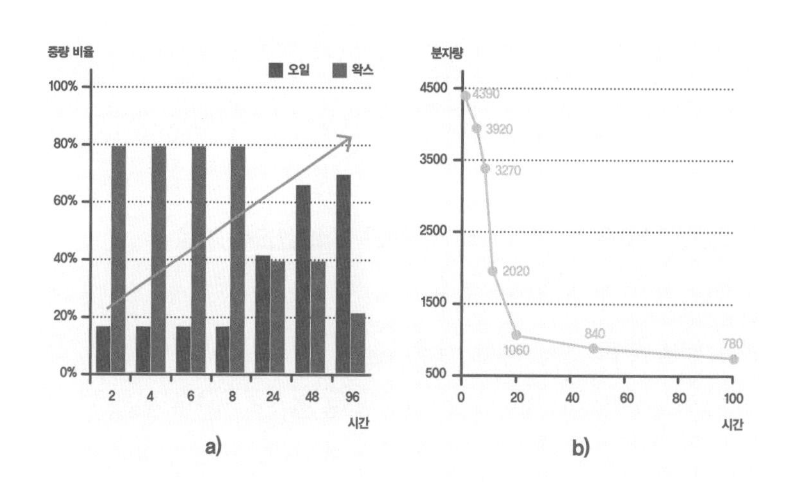

출처: Jia et al.(2016)[41]

가 높은 왁스 생성물이었다. 탄소 수가 9~22개인 생성물은 디젤 영역의 오일로 쉽게 분리할 수 있으며, 시간에 따라 생성물의 선택성은 왁스에서 오일로 더 분해되는 방향으로 진행되고 20시간이 지난 후에는 분자량이 1,000 이하로 감소하는 것으로 분석되었다.

최근에 개발된 알칸 교체 복분해 반응은 기존의 열분해와 촉매분해 반응과 비교할 때 온화한 반응조건과 선택성 측면에서 분명 새로운 접근 방법을 제시하지만, 공정효율을 높이기 위해서는 많은 부분에서 요소 기술개발이 필요하다. 우선 균질계 Ir촉매 사용은 촉매제조 비용 및 회수 측면에서 한계를 나타낸다. 따라서 보다 향상된 기술개발을 위해 균질계 Ir촉매를 고체에 고정하거나, 비슷한 성능을 나타내는 비균질계 담지체 촉매를 개발할 필요가 있다.

또한, 탈수소화반응 촉매와 복분해 반응촉매가 적절한 연속적 효과를 나타낼 때만 알칸 교차 복분해가 가능하기 때문에 촉매개발뿐만 아니라 개별 반응의 연결을 통한 공정개발도 함께 이루어져야 한다.

고체탄소(플라스틱) 가스화를 통한 탄소 선순환 기술

가스화란, 부분 산화를 통해 탄화수소계 유기물을 CO, H_2 및 CH_4 등과 같은 혼합가스 형태로 전환하는 공정이다. 기존 가스화 공정의 목적은 주로 석유 대체였다. 그러나 최근 폐플라스틱을 포함한 폐기물의 연소로 발생하는 환경적 요인 및 기술적인 문제를 해결하기 위해 폐플라스틱의 가스화 공정 기술개발이 이루어지고 있다. 특히 사용 후 플라스틱으로부터 합성가스를 생산할 경우, WGS 및 PSA 공정을 연계하여 수소를 생산하거나 기존에 개발된 Fischer-Tropsch 공정을 비롯한 촉매 공정을 통해 기름 등의 유용한 화합물을 생산할 수 있으며, 미생물 공정과 연계해 유용한 유기산, 알코올 등을 생산할 수 있다.

외국의 경우, 유럽 Polygen 컨소시엄이 폐기물 가스화 플랜트 건설 프로젝트를 제안하여 현재 진행 중이고, 캐나다 Enerkem사는 앨버타주 에드먼트 지역에 매립 폐기물을 처리하는 가스화 플랜트를 건설하여 에탄올 및 메탄올 생산에 성공적으로 이용하고 있다. 국내에서는 한국에너지기술연구원 및 국가 연구소가 중심이 되어 폐플라스틱의 가스화 공정을 활발히 개발하고 있다.

가스화 공정은 일반적으로 폐기물로의 열전달을 통한 건조과정, 폐기물로부터의 휘발성 유기물질 및 합성가스의 발생과 타르tar 및 촤char가 발생되는 과정을 거치게 된다. 플라스틱 재활용 과정에서 발생하는 타르는 대표적으로 생산되는 불순물로, 낮은 온도에서 응축되어 배관 및 엔진 등에 막힘 현상을 일으킨다. 장비와 배관에 응축된 타르는 부식이나 막힘을 유발하여 전체적인 공정 효율 감소와 운영비용 증가 등의 문제점을 야기하므로, 효과적인 타르 저감기술의 개발이 필요하며 이를 통해 안정적인 합성가스 생산이 가능하다. 생산된 합성가스는 정제공정을 거친 후 FT 전환 반응을 통해 다양한 화학소재로 전환되어 탄소 선순환을 이룰 수 있다.

■ 국외 플라스틱 폐기물 가스화 연구개발 현황

해외기관	R&D 방향 및 현 단계	장/단점
Second University of Naples Italy	혼합 폐플라스틱 100 kg/h급 기포유동층 가스화 설비	**장점** | 다양한 폐플라스틱 유동층 가스화 운전 경험(ER, 온도, 타르저감 첨가제 투입) **단점** | 56~99g/m^3 타르 발생으로 3시간 운전 한계(후단설비: 사이클론-스크러버)
Conanta CLEERGAS process USA	폐플라스틱 포함 MSW 처리를 위한 330 TPD moving grate type 가스화기+연소기로 구성	**장점** | 2년 운전경험 보유, 하부에서 MSW 가스화 후 생성된 H_2, CO, CH_4는 상부에서 연소하여 생성되는 열로 스팀 생산하여 전기 생산 **단점** | Moving bed type으로 낮은 열전달, MSW 성분 불균질 시 잦은 hot-spot 발생 가능성, MSW와 산화제 컨택이 원활하지 않을 때 일시적으로 미세먼지 전구체인 NOx가 다량 발생되어 제어가 필요
Enerkem process Canada	폐플라스틱 포함 MSW 처리를 위한 300 TPD 기포유동층 가스화 공정	**장점** | 연료 전처리, 가스화,정제, 촉매합성 공정으로 구성, 실증 테스트 완료 **단점** | 생성된 H_2, CO를 합성하여 에탄올 합성(최근 에탄올 가격 하락)
Showa Denko's Kawasaki plant Japan	폐플라스틱 가압 내부 순환유동층 가스화 공정	**장점** | 19기 운영 중, 유동층을 이용함에 따라 열/물질 분포가 균일 **단점** | Oxygen+Steam 사용으로 인해 시설+운영비 비쌈, 전기 생산량이 9~17%로 매우 낮으며 용융시스템에 필요한 에너지가 큼, Slag 생성 및 배출을 위해 다량 폐수 발생
Thermoselect Swiss	MSW 압축설비, 용융, 가스화, 응축 및 스크러빙 공정으로 구성	**장점** | MSW 전처리가 필요 없으며 3,500~8,000 Btu/lb 연료 사용 가능, 110 TPD 실증 후 JFE 포함 9기 상용 운전 경험, Material/Mineral 회수 **단점** | Oxygen 사용으로 인해 시설+운영비 비쌈, 최근 몇 기는 운영 중단, 유럽에서는 환경문제 제기

해외기관	R&D 방향 및 현 단계	장/단점
Plasco Energy CHO-Power-Europlasma	플라스마 이용 가스화, 현재 상업운전 계획 중	**장점** | 높은 온도로 인한 타르 저감, 합성 가스 생산량 증가, 독성물질 파괴, Slag 판매 가능 **단점** | 전기소모량이 큼, 현재 상업 운전을 계획 중으로 상용화에 시간 소요

최근에는 저온/저압에서 합성가스를 미생물로 전환하여 에탄올과 같은 산물로 손쉽게 전환하는 연구 또한 활발하게 진행되고 있다.

미국 LanzaTech사는 미생물을 이용하여 합성가스를 에탄올로 전환하는 과정에서 부산물인 2, 3－butanediol(BDO)을 생산하는데, 두 제품 모두 협력 회사들의 도움을 통해 제트 연료로 전환되는 것으로 보고되고 있다.

미생물을 이용한 합성가스 발효는 합성 가스/폐가스를 생물학적으로 전환하는 기술이다. 저탄소 생물 연료 및 화학제품의 생산 가능성과 관련해 많은 각광을 받으면서 연구와 개발 및 상업화가 진행되고 있다. 가스 발효는 아세토젠acetogen이라는 초산을 혐기 소화의 산물로 배출하는데 아세토젠 미생물은 에너지와 탄소원으로 다양한 화합물을 사용한다. 가장 잘 알려진 대사경로는 이산화탄소를 탄소원으로, 수소를 에너지원으로 이용하는 경로다.

일산화탄소가 풍부한 산업 폐가스로부터 C. autoethanogenum 균주를 이용하여 에탄올과 2, 3－BDO, 초산을 생산할 수 있다. 그

■ **LanzaTech사의 합성가스 발효 전환을 통한 에탄올, 2, 3-BDO 생산 개념도**

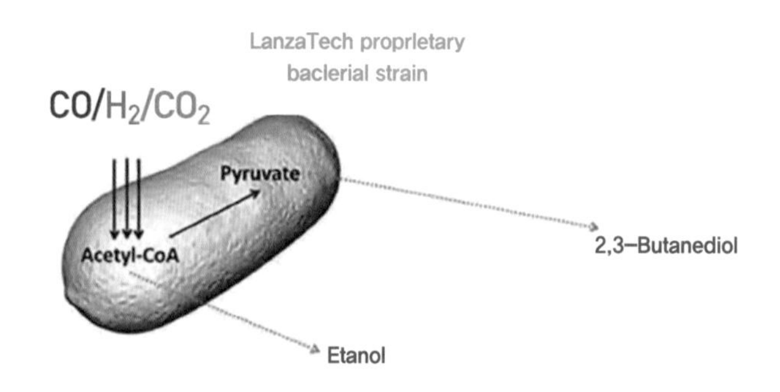

출처: Trend in White Biotech(2018)[42]

간 연구실 수준의 실험과 실증 설비를 통해서 아세토젠 미생물을 활용해 합성가스(CO, CO2, H2의 혼합 가스)를 에탄올과 2, 3－BDO, 뷰티레이트butyrate, 뷰탄올butanol, 젖산lactate 등을 비롯한 탄소 함유 화합물로 전환하려는 시도들이 있어 왔다. 이러한 생물 전환 공정은 온도와 압력이 온화한 조건에서 진행되므로 기존의 열화학 공정에 비해서 장점을 갖고 있다. 또한, 특정한 일산화탄소/수소의 비율이 정해져 있지 않아서 공정 면에서도 유연성을 지니고 있다.

■ 합성가스 이용 미생물 대사경로

Wood-Ljungdahl 경로	Reverse Tricarboxylic acid 경로	Reverse Pentose phosphate 경로
• 100 % 수소 수율 (이론치) • Clostridia	• 83% 수소 수율 (실험으로 증명) • Hydrogenobacter thermophilus	• 62% 수소 수율 (실험으로 증명) • Cupriavidus necator

출처: Trend in White Biotech(2018)[43]

탄소 선순환 분야의 이슈들

기체탄소 선순환

앞에서 언급한 바와 같이 화석원료에서 유래한 탄화수소에 비해 이산화탄소는 매우 산화되어 있어서, 에너지 측면에서 상당히 안정적인 상태다. 시장에서 요구하는 환원된 상태의 유기화학 소재로 탄소를 재순환하기 위해서는 어떠한 형태로든 환원제를 투입해야 하며, 이때 환원제 생산에 이산화탄소 생산이 수반되지 않아야 한다. 따라서 다음과 같은 문제점들이 해결되어야 기체탄소 선순환이 경제성 및 실용성을 가질 수 있을 것으로 판단된다.

▶ 현재 기체탄소 포집 비용이 과다하다. 따라서 기체탄소 포집/저장/운반 관련 비용을 최소화할 수 있는 혁신적인 기술 개발이 필요하다. 여기에는 공기 중의 이산화탄소를 직접적으로 포집할 수 있는 모험기술 역시 포함된다.

▶ 이산화탄소를 배출하지 않으면서 매우 저렴한 수준으로 환원제를 생산할 수 있는 기술이 필요하다. 100% 재생 에너지를 이용하여 생산되는 수소 및 전기를 이용한 전기화학적 물분해 및 이때 생산된 전자를 효율적으로 이용할 수 있는 기술을 개발해야 한다. 물론 포집하지 않고 직접 공기 중에 희박한 상태로 있는 이산화탄소를 직접 전환할 수 있게 된다면 기술·경제적 우월성을 가질 수 있을 것이다.

▶ 이산화탄소로부터 생산된 제품의 고부가가치화를 통해 조기에 경제성을 확보할 필요가 있다. 이를 위해 화학전환과 생물전환, 전기화학전환과 생물전환의 융합적 접근이 필요할 것으로 판단된다.

고체탄소 선순환

고체탄소의 경우 이미 환원된 상태의 탄소를 포함하므로 별도의 환원제가 필요하지는 않으나, 고체 형태의 고분자 화합물로 구성되어 있어서 이를 효율적으로 분해할 필요가 있다. 또한, 단일 상태의 고분자가 아니고 다종의 고분자가 상호 섞여서 들어 있으며, 심지어

음식물과 같은 유기물에 의해 오염되는 경우도 흔하다. 따라서 다음과 같은 혁신적이 기술이 필요할 것으로 예상된다.

▶ 혼입물이 포함되거나 오염된 상태의 플라스틱 고체탄소 분해물을 이용할 수 있는 기술이 필요하다. 그렇지 않을 경우 순수 플라스틱 분리, 수거, 선별에 상당한 자원이 투입될 것이며, 순수 플라스틱의 경우 별도의 열화학적 분해 없이 단순 상변이만으로도 물질 재활용이 가능할 것이기 때문이다.

▶ 가스화 공정의 경우 일정한 형태의 가스 조성물을 유지하는 기술이 필요하며, 이후 생산된 가스를 이용하여 고부가가치화합물로 탄소를 선순환시킬 수 있는 혁신 기술이 필요할 것이다.

탄소 선순환 분야의 UNIST 연구 현황

기체탄소 선순환

포집

| 세미 클러스레이트를 이용한 이산화탄소 포집 연구(서용원) |

세미 클러스레이트semi-clathrate는 TBABtetra-n-butylammonium bromide와 TBACtetra-n-butylammonium chloride 등의 4차 암모늄염quaternary ammonium salt이 물과 결합해 형성하는 함유 화합물이다. 가스 하이드레이트와 유사한 물리화학적 특성을 지니지만, 주체 구성 물질과 객체 분자 사이에 수소결합 또는 이온결합 등의 상호작용이 일어난다는 점에서 차이가 있다. 이 4차 암모늄염은 상온·상압에

■ 세미 클러스레이트를 이용한 CO_2 포집 개념도

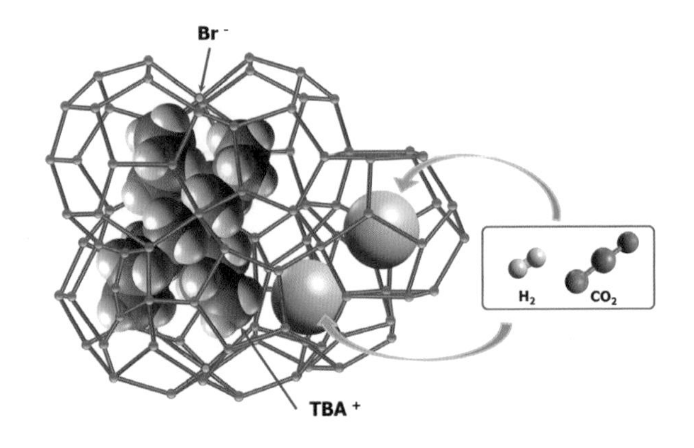

출처: Lee et al.(2017)[44]

서 물과 반응해 슬러리 형태의 이온성 세미 클러스레이트 결정을 형성하면서 4차 암모늄염 분자가 채워지지 않은 여러 개의 빈 동공을 제공한다. 이 빈 동공의 기체 포집 특성을 활용하면 CO_2를 선택적으로 회수할 수 있다.[45] 연소 전 포집 공정에 이를 적용하면 고가의 분리막이나 흡착제 및 흡수제를 사용하지 않아, 저비용/저에너지 CO_2 포집 공정을 구성할 수 있음을 실험실 규모에서 확인한 바 있다.

이 기술은 물과 4차 암모늄염으로 구성되는 단순한 공정과 4차 암모늄염의 비휘발성/불변성 특성, 그리고 포집 후 CO_2가 가압 상태로 배출되는 것을 고려할 때 연소 전 CO_2 포집 공정에 적용할 수 있

는 신기술이라고 할 수 있으며, 향후 연속 공정 구성과 스케일-업을 위한 연구를 진행할 계획이다.

활용/자원화

| 이산화탄소의 태양광 그린 수소 이용 메탄올/디젤유 생산 연구(곽자훈, 이재성) **|**

이산화탄소와 수소로 탄화수소를 만드는 반응은 이미 나와 있지만 중간에 일산화탄소를 거친다는 게 단점이다. 이에 UNIST에서는 이 과정을 생략하고 바로 탄화수소를 만드는 촉매 시스템을 개발하

■ 이산화탄소, 태양광, 그린 수소를 이용한 액체 연료 생산 개념도

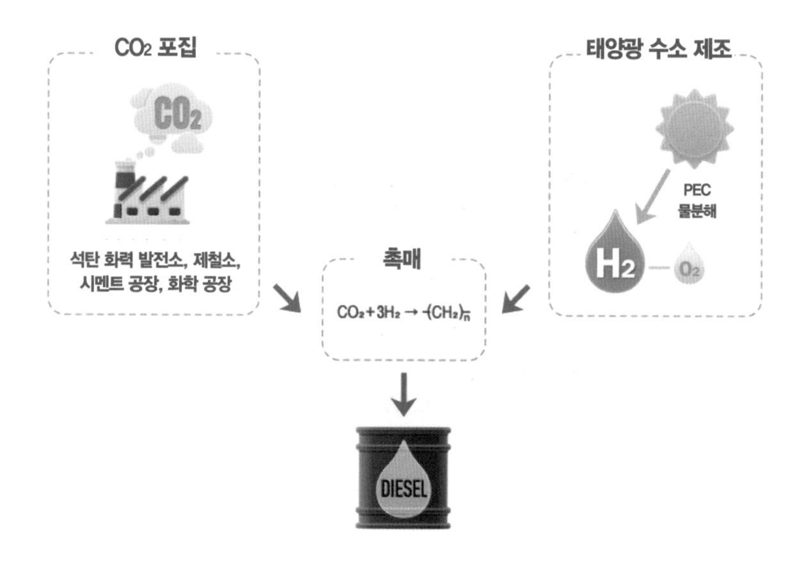

는 데 성공했다. 게다가 구리와 철 같은 흔한 금속을 써서 델라포사이트delafossite라는 독특한 구조로 합성한 촉매를 사용하므로 상용화 가능성이 그만큼 더 높다. 향후 이 시스템을 좀 더 개량한 뒤 제철소나 화력발전소에 데모플랜트demo plant(반응 규모를 키운 설비로 상업화 여부를 최종적으로 검토하는 단계)를 지어 운영할 계획이다.

| 철강부생가스 중 폐탄소 자원의 선순환을 통한 개미산 및 생분해플라스틱 생산 연구(김동혁, 김용환 박성훈, 이성국) |

철강산업체 등에서 나오는 일산화탄소/이산화탄소 가스에 효소

■ 철강부생가스의 생물 전환을 통한 생분해플라스틱 생산 개념도

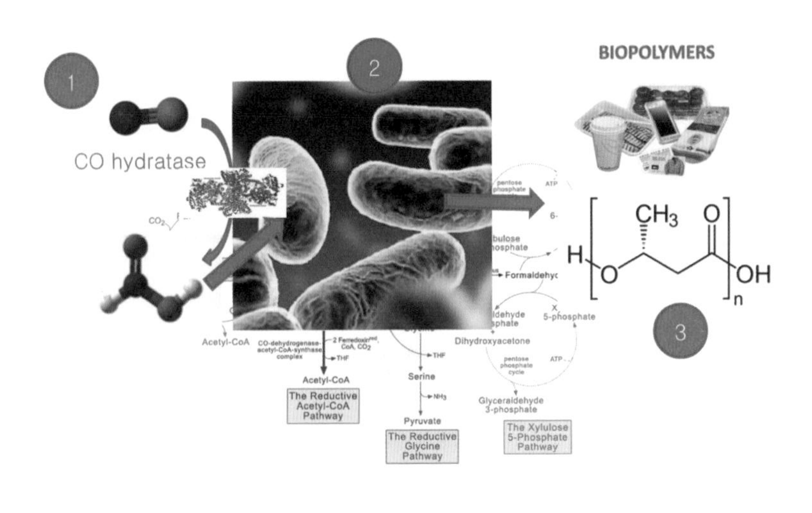

CO hydratase를 이용하여 별도의 에너지 및 환원제 투입 없이 개미산을 생성한 후, 이를 미생물에 탄소원으로 투여해 생분해플라스틱(PHB)을 만드는 기술이다. UNIST에서는 핵심 반응인 CO 수화 반응을 하는 효소를 최초로 발견하고, 이를 이용해 고농도의 개미산 및 50% 이상의 세포 내 축적 생분해플라스틱을 생산할 수 있음을 확인했다. 실제로 현대제철 LDG 가스를 이용해 실험할 경우 별도의 전처리 없이 개미산이 원활하게 생산되는 것을 확인한 바 있다. 이를 바탕으로 현재 10L 및 1,000L 반응기 설계 및 현장 설치 운전을 계획 중이다. 앞으로 이러한 계획이 원활하게 진행될 경우 철강산업체의 탄소중립에 크게 기여할 것으로 기대된다.

| 이산화탄소의 전기화학적 전환 반응을 통한 개미산/CO 생산 연구(김용환, 류정기) **|**

이산화탄소의 전기화학적 전환에서 핵심은 고효율로 이산화탄소를 전환하여 목표 화합물을 만드는 것이다. UNIST에서 개발한 신규 효소촉매(MeFDH1)는 다른 촉매와는 달리 낮은 에너지(이산화탄소 이론 환원 전위)에서 1.7M 이상의 개미산을 생산할 수 있으며, 이때 패러데이 효과(자기장 내의 투명물질이 광회전성을 나타내는 현상)는 100%에 달할 정도로 완벽한 선택성을 보인다. 향후 효소의 안정성을 높이면서 동시에 스케일업이 가능한 공정으로 개발한 후 공기 중 미량 포함되어 있는 이산화탄소 전환에 직접 적용할 예정이다.

■ 효소를 이용한 CO_2 전환 기술 개념도

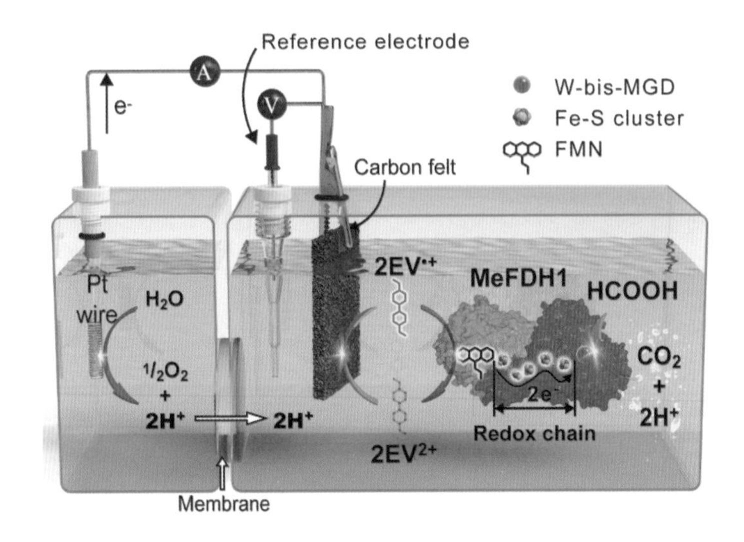

| 가스상 이산화탄소의 전기화학적 직접전환을 통한 고부가 화합물 대량 생산 연구(권영국) |

기체 확산전극 전해시스템을 활용하여 높은 선택도와 전류밀도로 개미산, 일산화탄소, 에틸렌/에탄올 등의 고부가가치 생성물을 대량으로 얻는 기술이다. 기존 수계 반응에서는 이산화탄소의 낮은 용해도와 물질 전달의 근본적인 한계로 인해 산업에서 요구하는 수준의 전환속도에 도달하지 못했다. 이러한 한계를 극복하기 위해 이산화탄소를 기체 확산 전극 표면으로 직접 전달하는 새로운 방법을 도입한 것이 이 기술이다. 기체 확산 전극을 활용하여 가스상 이산화탄소를 직접 전환하는 방법을 활용하면 이산화탄소의 물질전달 한계를 극복할 수 있어, 산업적으로 이용 가능한 수준인 200 mA/cm^2를 초과하는 전류밀도와 높은 선택도로 생성물을 얻을 수 있고, 특히 이산화탄소 환원과 경쟁하는 수소생성 반응을 크게 억제할 수 있다. 향후 신재생 에너지와 이 기술이 결합한다면 탄소중립의 실현에 크게 기여할 것으로 기대된다.

고체탄소 선순환

| 고체탄소(플라스틱)의 가스화 및 생분해플라스틱으로의 선순환(김동혁, 김용환, 이성국, 박성훈) **|**

타르 저생산형 장기운전 가능형 플라스틱 가스화기 개발 및 이를 통하여 생산된 CO, CO_2, H_2의 효소 및 미생물 생물전환을 통한 생분해플라스틱 소재 개발을 특징으로 한다. 플라스틱에서 유래한 탄소 자원을 효율적으로 이용함으로써 플라스틱의 단순소각 시 발생하는 환경 문제를 해결함과 동시에, 비분해성 플라스틱의 문제인 플라스틱에 의한 환경오염 문제를 해결하는 것을 목표로 한다. 현재는 개념을 실험실 수준에서 확인하는 단계이나, 향후 목표로 하는 효소 및 생물 전환 시스템 개발 시 플라스틱 탄소의 선순환에 크게 기여할 것으로 기대된다.

■ 폐플라스틱의 생물/화학 융·복합 기술을 통한 탄소 선순환 기술 개념도

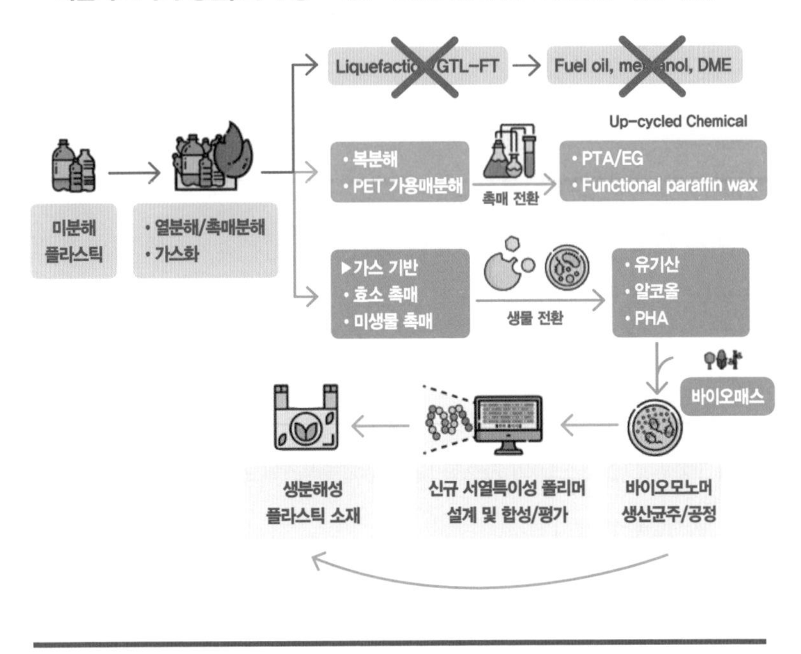

| 고체탄소(플라스틱)의 열분해 및 복분해를 통한 유용 화합물로의 탄소 선순환(안광진) |

글리콜리시스glycolysis는 PET와 EG가 반응하여 분해됨으로써 BHET 단위체를 생성한다. 이 과정에서 촉매는 필수적인데, 촉매가 없을 경우 글리콜리시스 반응은 매우 낮은 PET 전환과 BHET 수율을 나타낸다. 따라서 글리콜리시스 반응을 위한 촉매의 개발이 필수적이다. 초기에는 에스터 교환 반응 촉매로 사용되는 Zn-, Co-, Mnacetate와 같은 금속 아세테이트 계열 촉매가 많이 사용되었고, 이 중 Zn-acetate는 가장 높은 BHET 수율을 나타낸다고 보고되었다.

하지만 이러한 균일계 촉매의 특성상 회수 및 재사용이 어려운 탓에 이를 극복하기 위해 산화철, 코발트 등의 담지 촉매가 지속적으로 개발되었다. 특히 철 기반 촉매로서 Fe_3O_4/CNT, Fe_3O_4/SiO_2 등은 우수한 글리콜리시스 촉매 성능과 더불어 높은 재사용률을 보여주었는데, 강한 자성을 지닌 철 촉매는 자석으로 쉽게 회수가 가능하다는 큰 이점을 가지고 있다.

탄소 선순환과 탄소중립

2020년에 발표된 맥킨지 보고서에서는 2050년 유럽에서 탄소중립을 이루는 데 탄소 포집·활용·저장CCUS 기술이 최대 10% 수준의 탄소 감축에 기여할 것으로 예측하고 있다. 세계 각국의 탄소 배출량을 추적하는 국제과학자그룹 '글로벌 카본 프로젝트GCP: Global Carbon Project'가 공개한 자료에 따르면, 한국은 지난해 화석연료와 시멘트 생산 과정 등에서 6억 1,100만 톤가량의 이산화탄소를 배출해 세계 9위 이산화탄소 배출국에 올랐다. 단순히 10%에 해당하는 양을 CCUS가 감당할 경우 6,100만 톤의 이산화탄소를 선순환시켜야 한다는 결론에 도달하게 된다.

현재 UNIST에서 제시한 기술이 완전하게 적용되어 이산화탄소 배출량을 10% 감축할 수 있다고 가정하면, 연간 2,180만 톤의 이산화탄소를 감축하는 데 기여할 것으로 예상된다. 물론 이는 경제성 및 사회적 수용성 등을 아직 고려하지 않은 수치이나, UNIST에서 기술 개발을 통해 이산화탄소를 감축하는 데 기여하는 비율이 매우 큰 분야를 연구 중임을 알 수 있으며 상당히 고무적인 결과로 판단된다.

■ 이산화탄소 감축 최대 예측량

분야	기술	연간 사용량 및 배출량	CO_2 감축량(연간)
디젤 연료	태양광 수소 이용 이산화탄소 선순환	2,000만 kL	6,000만 톤 × 10% = 600만 톤
철강 산업 배출 가스	생물학적 전환	8,700만 톤	8,700만 톤 × 10% = 870만 톤
석유화학 산업 배출 가스	생물/전기화학적 전환	7,100만 톤	7,100만 톤 × 10% = 710만 톤
총합			**2,180만 톤**

결언

탄소중립과 미래, 그리고 못다한 말

이제까지 탄소중립을 달성하기 위한 과학기술 분야 핵심 연구주제의 현황과 전망을 소개했습니다. 물론 이 책에서 탄소중립과 관련한 모든 과학기술 분야를 다룬 것은 아닙니다. 화석연료를 대체할 에너지원으로서 수소, 태양광, 차세대 원자력 에너지를 설명했으나 풍력 에너지는 소개하지 않았습니다. 고정식 또는 부유식 풍력 발전은 우리가 주목해야 할 또 하나의 친환경 에너지입니다.

또한, 기체 및 고체 내 탄소를 저감하기 위한 포집 및 전환 기술을 다루었으나 현 산업 및 공정에서의 탄소중립 기술에 관한 연구는 소개하지 못했습니다. 대표적으로 제철 공업의 코크스cokes, 석유화학 공정의 나프타naphtha, 건설 산업에서의 시멘트cement를 최소한으로 사용하거나 아예 사용하지 않는 기술 개발은 탄소중립을 달성하는 데 매우 중요합니다. 코크스, 나프타, 시멘트는 해당 산업 그 자체라고 말해도 지나치지 않은 재료로서 이것을 사용하지 않는 기술을 개발하기란 대단히 어렵습니다. 우리는 이른 시기에 이들 연구주제에 대해서도 다룰 수 있기를 희망합니다.

축산 및 비료와 같은 1차 산업에서의 탄소중립, 자동차와 배, 비행기와 같은 수송에서의 탄소중립, 일반 시민이 일상과 사회활동에서 실행할 수 있는 탄소중립 또한 다루지 않았습니다. 중요하지 않아서가 아니라 이에 대한 논의는 해당 분야 전문가의 몫으로 남겨 두기 위함입니다.

탄소중립을 이야기할 때 빼놓을 수 없는 것이 정책입니다. 서언에서도 언급했듯이 탄소중립은 정책이 – 그에 따른 규제와 함께 – 기술개발의 방향과 속도를 제어하는 특징을 가지고 있습니다. 탄소중립 정책은 법률, 무역, 산업, 조세, 기술 등 많은 분야에 걸쳐 있습니다. 예를 들어, 자동차 연비 및 배출가스에 대한 규제 정책이 해당 연구개발을 가속화하고 현 자동차산업 발전을 견인했듯이, 제조업의 탄소 배출량에 관한 적절한 규제 정책을 개발해 기술적 난제를 극복하고 해당 업종이 경쟁력을 가질 수 있도록 견인해야 합니다.

이때 해당 기술의 개발수준과 전망, 규제가 산업에 미칠 영향, 해당 산업 인력의 재편, 사회적 합의 및 안전망 구축 등 많은 부분을 꼼꼼하게 검토하여야 할 것입니다. 그리고 이를 위해 과학기술 전문가뿐 아니라 사회 각계각층의 전문가가 머리를 맞대고 지혜를 모아야 할 것입니다.

탄소중립과 관련한 과학기술, 정책, 환경 이슈는 개별적으로 본다면 새로운 것이 아닙니다. 예를 들어, 태양광 발전은 이미 1970년대부터 시작되었고 온실가스 배출 규제나 지구온난화 이슈도 오래전부터 시행되고 논의되어 왔습니다. 그럼에도 오늘날 탄소중립이 해결하기 어려운 시대적 과제가 된 이유는 개별적인 기술개발 또는 정책만으로는 해결할 수 없으며, 사회적 역량을 총집결하여 시급하고도 조화롭게 추진해야 하는 사안이기 때문일 것입니다.

이 책의 집필은 이러한 문제의식에서 시작되었습니다. UNIST는 우리가 가장 잘 알고 잘하는 과학기술 분야에 대해서 소개함으로써 탄소중립을 위한 사회적 역량 집결에 기여하고자 했습니다. 우리의 노력이 하나의 시발점이 되어, 이 책에서 미처 다루지 못한 풍력 발전, 현 제조업에서의 탄소중립, 1차 산업과 교통 분야, 그리고 시민 참여방안 등이 향후 사회적으로 폭넓게 다뤄지길 희망하며, 해당 전문가들의 연구결과와 전망 도출로까지 이어지길 바랍니다.

또한, 이 책이 일반 독자들께 탄소중립과 기술개발에 대한 관심을 불러일으키고, 정책 입안자들이 옆에 두고 들춰볼 수 있는 의미 있는 자료가 되길 기대해 봅니다.

원고 집필을 끝낸 뒤에야 책 제목을 고민하게 되었습니다. 책 제목이 의미하는 바를 독자들께 설명할 필요는 없으리라 봅니다. 지구와 그 속에서 살아가는 모든 생명에게 사과하고 또 화해하고 싶습니다. 자, 우리와 함께하시죠.

—— UNIST 공과대학장 김성엽

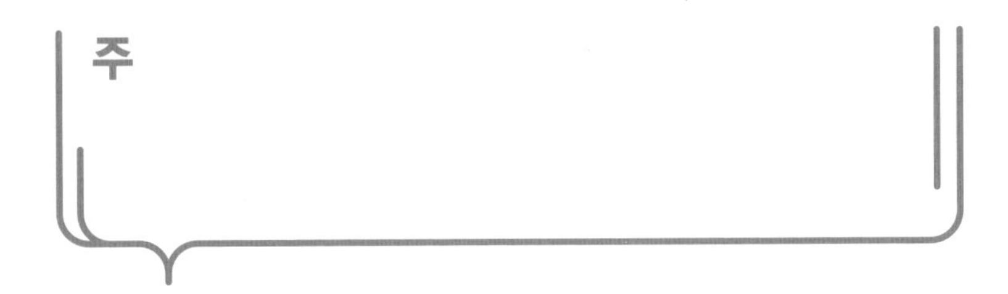

주

CHAPTER 1 | 기후위기와 탄소중립

1 IPCC (2018), *Special Report Global Warming of 1.5℃*, Chapter 1, 57.

2 Bindoff, N. L. et al. (2013), *Detection and Attribution of Climate Change: from Global to Regional. In: Climate Change 2013: The Physical Science Basis. Contribution of Working Group I to the Fifth Assessment Report of the Intergovernmental Panel on Climate Change*, Cambridge University Press, 869.

3 기상청 (2020),「한국 기후변화 평가보고서 2020」, 6.

4 IPCC (2018), *Special Report Global Warming of 1.5℃*, Chapter 1, 82.

5 IPCC (2018), *Special Report Global Warming of 1.5℃*, Chapter 3, 246.

6 IPCC (2018), *Special Report Global Warming of 1.5℃*, SPM, 9-12.

7 IPCC (2018), *Special Report Global Warming of 1.5℃*, SPM, 17.

8 WWF-Korea (2020),「글로벌 기후위기 대응: 재생에너지 확대를 중심으로」, 13.

9 외교부 기후환경과학외교국 (2019), "한눈에 보는 2019 유엔 기후행동 정상회의", https://www.mofa.go.kr/www/brd/m_20152/view.do?seq=367839, 6.

10 이상엽 (2020),「2050 장기저탄소발전전략(LEDS)의 논의과정과 특징」, 에너지경제연구원, 26.

11 이상엽, 전호철, 김이진 (2017),「신기후체제 대응을 위한 2050 저탄소 발전 전략 연구 I.」, 한국환경정책 · 평가연구원, 8-10.

12 대한민국정부 (2020),「지속가능한 녹색사회 실현을 위한 대한민국 2050 탄소중립 전략」, 49-96.

13 EY (2020), "기후변화 규제가 한국수출에 미치는 영향분석: 주요 3개국(美 · 中 · EU)을 중심으로", 그린피스, https://www.greenpeace.org/static/planet4-eastasia-stateless/e4816a93-report-climate-change-regulation-and-its-impact-on-the-korean-economy.pdf, 35.

14 EY (2020), "기후변화 규제가 한국수출에 미치는 영향분석: 주요 3개국(美 · 中 · EU)을 중심으로", 그린피스, https://www.greenpeace.org/static/planet4-eastasia-stateless/e4816a93-report-climate-change-regulation-and-its-impact-on-the-korean-economy.pdf, 23.

15 EY (2020), "기후변화 규제가 한국수출에 미치는 영향분석: 주요 3개국(美 · 中 · EU)을 중심으로", 그린피스, https://www.greenpeace.org/static/planet4-eastasia-stateless/e4816a93-report-climate-change-regulation-and-its-impact-on-the-korean-economy.pdf, 24.

16 KRX 배출권시장 정보플랫폼 (2020.1.30), "2019년 배출권시장 운영리포트", https://ets.krx.co.kr/board/

ETS03020000/bbs#view=7.

17 안승광 (2010.9.10), "탄소배출권과 탄소시장", 한국기업지배구조원, http://www.cgs.or.kr/CGSDownload/eBook/REV/C201009003.pdf, 27.

18 환경부 온실가스종합정보센터 (2020.9.29), "2020년 국가 온실가스 인벤토리(1990-2018) 공표", http://www.gir.go.kr/home/board/read.do?pagerOffset=0&maxPageItems=10&maxIndexPages=10&searchKey=&searchValue=&menuId=36&boardId=51&boardMasterId=2&boardCategoryId=.

19 환경부 온실가스종합정보센터 (2020.9.29), "2020년 국가 온실가스 인벤토리(1990-2018) 공표", http://www.gir.go.kr/home/board/read.do?pagerOffset=0&maxPageItems=10&maxIndexPages=10&searchKey=&searchValue=&menuId=36&boardId=51&boardMasterId=2&boardCategoryId=을 기반으로 재작성.

20 환경부 온실가스종합정보센터 (2020.9.29), "2020년 국가 온실가스 인벤토리(1990-2018) 공표", http://www.gir.go.kr/home/board/read.do?pagerOffset=0&maxPageItems=10&maxIndexPages=10&searchKey=&searchValue=&menuId=36&boardId=51&boardMasterId=2&boardCategoryId=을 기반으로 재작성.

21 대한민국 정책브리핑 (2020.12.7), "2050 탄소중립 추진전략", https://www.korea.kr/archive/expDocView.do?docId=39241, 5.

22 대한민국 정책브리핑 (2020.12.31), "우리나라 국가온실가스감축목표[NDC] 및 장기저탄소발전전략[LEDS] 유엔기후변화협약사무국 제출", https://www.korea.kr/news/pressReleaseView.do?newsId=156430221&call_from=rsslink.

23 대한민국 정책브리핑 (2020.12.7), "2050 탄소중립 추진전략", https://www.korea.kr/archive/expDocView.do?docId=39241, 4를 기반으로 재작성.

24 대한민국 정책브리핑 (2020.12.7), "2050 탄소중립 추진전략", https://www.korea.kr/archive/expDocView.do?docId=39241, 23-24를 기반으로 재작성.

25 대한민국 정책브리핑 (2020.7.22), "한국판 뉴딜 종합계획", https://www.korea.kr/archive/expDocView.do?docId=39081, 91.

26 에너지경제연구원 (2020.11), "한국판 그린 뉴딜의 방향: 진단과 제언", http://www.keei.re.kr/keei/download/KEIB_201202.pdf, 6.

27 대한민국 정책브리핑 (2020.7.22), "한국판 뉴딜 종합계획", https://www.korea.kr/archive/expDocView.do?docId=39081, 43.

28 대한민국 정책브리핑 (2020.7.22), "한국판 뉴딜 종합계획", https://www.korea.kr/archive/expDocView.do?docId=39081, 15를 기반으로 재작성.

29 대한민국 정책브리핑 (2020.12.7), "2050 탄소중립 추진전략", https://www.korea.kr/archive/expDocView.do?docId=39241, 3.

CHAPTER 2 | 수소 에너지

1 Pivovar, B., N. Rustagi, and S. Satyapal, (2018), "Hydrogen at Scale(H2@Scale): Key to a Clean, Economic, and Sustainable Energy System", *The Electrochemical Society Interface*, 27, 47-52.

2 한국에너지공단 신·재생에너지센터, "신·재생에너지 소개 - 석탄가스화/액화", https://www.knrec.or.kr/energy/coalgas_summary.aspx.

3 CE Delft (2018), "Feasibility study into blue hydrogen", 9.

4 Buttler, A. and H. Spliethoff, (2018), "Current Status of Water Electrolysis for Energy Storage, Grid Balancing and Sector Coupling Via Power-to-Gas and Power-to-Liquids: A Review", *Renewable and Sustainable Energy Reviews*, 82(3), 2440-2454.

5 Hwang, H. T. and A. Vanrma, (2014), "Hydrogen Storage for Fuel Cell Vehicles", Current Opinion in Chemical Engineering, 5, 42-48.

6 월간수소경제 (2019.11.5), "한국고체수소, '수소저장합금'으로 '안전 · 경제성 · 품질'잡는다", http://www.h2news.kr/news/article.html?no=7924.

7 윤창원 외 (2019), "액상유기수소운반체(LOHC) 기반 대용량 수소저장기술 현황", 「NICE」, 37(4), KIST 수소 · 연료전지연구단, 472-476.

8 성윤모 (2019), "수소 안전관리 종합대책", 「학하 수소충전소에 대해 일일 안전점검」, 2019.12.26, 개최지: 산업통상자원부, 29.

9 한국수소산업협회, "수소충전소 정보", http://www.h2.or.kr/.

10 H2KOREA (2019.4.25), "국내 수소충전소 보급현황", http://www.h2korea.or.kr/sub/sub04_03.php?boardid=stats&sk=&sw=&category=&offset=10.

11 대한민국정부 (2019), 「수소경제 활성화 로드맵」, 관계부처 합동, 19.

12 한국에너지공단 신 · 재생에너지센터 (2020), "2019년 신 · 재생에너지 보급통계", 19.

13 한국에너지공단 신 · 재생에너지센터 (2019), "2019년 신 · 재생에너지 보급통계", 3.

14 여천NCC, "석유가 우리생활에서 쓰이기 까지의 과정", https://www.yncc.co.kr/ko/product/chemistry/oil2.do.

15 맥킨지 (2018), "한국 수소산업 로드맵 한국의 미래", 34.

16 기획재정부 (2020.9.1), "2021년도 예산안 인포그래픽", https://www.moef.go.kr/pl/budget/detailComtnbbs.do?searchBbsId1=MOSFBBS_000000000028&searchNttId1=MOSF_000000000045123&menuNo=5110200&paAt3=2&searchYear=2021.

CHAPTER 3 | 태양광 에너지

1 Wikipedia (2021.5.11), "Solar energy", https://en.wikipedia.org/wiki/Solar_energy.

2 Wikipedia (2021.5.14), "Vanguard 1", https://en.wikipedia.org/wiki/Vanguard_1.

3 주민규 외 (2019), "태양전지 연구 최신동향", 「물리학과 첨단기술」, 28(5), 한국물리학회, 2-5.

4 Lee, S. H. (2021), "Development of High-Efficiency Silicon Solar Cells for Commercialization", Journal of the Korean Physical Society, 39(2), 369-373.

5 Lee, S. H. (2021), "Development of High-Efficiency Silicon Solar Cells for Commercialization", Journal of the Korean Physical Society, 39(2), 369-373.

6 Nakamura, J. et al. (2014), "Development of Heterojunction Back Contact Si Solar Cells", *IEEE Journal of Photovoltaics*, 4(6), 1491-1495.

7 이선주 (2017), "비납 페로브스카이트 태양전지", 「한국태양광발전학회지」, 3(1), 한국태양광발전학회, 7.

8 Jeon, N. J. et al. (2014), "Solvent Engineering for High-Performance Inorganic-Organic Hybrid Perovskite Solar Cells", *Nature Materials*, 13(9), 897-903.

9 Jeon, N. J. et al. (2015), "Compositional Engineering of Perovskite Materials for High-performance Solar Cells", *Nature*, 517(7535), 476-480.

10 Chen, B. et al. (2016), "Efficient Semitransparent Perovskite Solar Cells for 23.0%-Efficiency Perovskite/Silicon Four-Terminal Tandem Cells", *Advanced Energy Materials*, 6(19), 1601128.

11 박익재, 김동회 (2019), "고효율 적층형 태양전지를 위한 유무기 페로브스카이트", 「세라미스트」, 22(2), 한국세라믹학회, 46-169.

12 Bush, K. A. et al. (2017), "23.6%-Efficient Monolithic Perovskite/Silicon Tandem Solar Cells with Improved Stability", *Nature Energy*, 2(4), 17009.

13 McMeekin, D. P. et al. (2016), "A Mixed-Cation Lead Mixed-Halide Perovskite Absorber for Tandem Solar Cells", *Science*, 351(6269), 151-155.

14 Kim, D. et al. (2020), "Efficient, Stable Silicon Tandem Cells Enabled by Anion-Engineered Wide-Bandgap Perovskites", *Science*, 368(6487), 155-160.

15 Wnag, Z. et al. (2020), "27%-Efficiency Four-Terminal Perovskite/Silicon Tandem Solar Cells by Sandwiched Gold Nanomesh", *Advanced Functional Materials*, 30(4), 1908298.

16 Xu, J. et al. (2020), "Triple-Halide Wide Bandgap Perovskites with Suppressed Phase Segregation for Efficient Tandems", *Science*, 367(6482), 1097-1104.

17 Li, C. et al. (2018), "2Thermionic Emission-Based Interconnecting Layer Featuring Solvent Resistance for Monolithic Tandem Solar Cells with Solution-Processed Perovskites", *Advanced Energy Materials*, 8(36), 1801954.

18 Zhao, D. et al. (2017), "Low-Bandgap Mixed Tin-Lead iodide Perovskite Absorbers with Long Carrier Lifetimes for All-Perovskite Tandem Solar Cells", *Nature Energy*, 2(4), 17018.

19 Li, C. et al. (2020), "Low-Bandgap Mixed Tin-Lead Iodide Perovskites with Reduced Methylammonium for Simultaneous Enhancement of Solar Cell Efficiency and Stability", *Nature Energy*, 5(10), 768-776.

20 Lin, R. et al. (2019), "Monolithic All-Perovskite Tandem Solar Cells with 24.8% Efficiency Exploiting Comproportionation to Suppress Sn(II) Oxidation in Precursor Ink", *Nature Energy*, 4(10), 864-873.

21 Xiao, K. et al. (2020), "All-Perovskite Tandem Solar Cells with 24.2% Certified Efficiency and Area over 1cm^2 Using Surface-Anchoring Zwitterionic Antioxidant", *Nature Energy*, 5(11), 870-880.

22 Mailoa, J. P. et al. (2015), "A 2-Terminal Perovskite/Silicon Multijunction Solar Cell Enabled by a Silicon Tunnel Junction", *Applied Physics Letters*, 106(12), 121105.

23 Sahli, F. et al. (2018), "Fully Textured Monolithic Perovskite/Silicon Tandem Solar Cells with 25.2% Power Conversion Efficiency", *Nature Materials*, 17(9), 820-826.

24 Al-Ashouri, A. et al. (2020), "Monolithic Perovskite/Silicon Tandem Solar Cell with 〉29% Efficiency by Enhanced Hole Extraction", *Science*, 370(6522), 1300-1309.

25 광주과학기술원(GIST) 차세대 에너지 연구소(RISE)

26 Lee, K. et al. (2020), "Neutral-Colored Transparent Crystalline Silicon Photovoltaics", *Joule*, 4(1), 235-246.

27 Hwang, I. et al. (2018), "Flexible Crystalline Silicon Radial Junction Photovoltaics with Vertically Aligned Tapered Microwires", *Energy & Environmental Science*, 11(3), 641-647.

28 Shin, S. S. et al. (2017), "Colloidally Prepared La-Doped $BaSnO_3$ Electrodes for Efficient, Photostable

Perovskite Solar Cells", *Science*, 356(6334), 167-171.

29 Kim, G. et al. (2020), "Impact of Strain Relaxation on Performance of α-Formamidinium Lead Iodide Perovskite Solar Cells", *Science*, 370(6512), 108-112.

30 Kim, M. et al. (2019), "Methylammonium Chloride Induces Intermediate Phase Stabilization for Efficient Perovskite Solar Cells", *Joule*, 3(9), 2179-2192.

31 Jeong, J. et al. (2021), "Pseudo-Halide Anion Engineering for α-$FAPbI_3$ Perovskite Solar Cells", *Joule*, 592(7854), 381-385.

32 Jeong, M. et al. (2020), "Stable Perovskite Solar Cells with Efficiency Exceeding 24.8% and 0.3-V Voltage Loss", *Science*, 369(6511), 1615-1620.

33 Kim, C. U. et al. (2019), "Optimization of Device Design for Low Cost and High Efficiency Planar Monolithic Perovskite/Silicon Tandem Solar Cells", *Nano Energy*, 60, 213-221.

34 Choi, I. Y. et al. (2019), "Two-Terminal Mechanical Perovskite/Silicon Tandem Solar Cells with Transparent Conductive Adhesives", *Nano Energy*, 65, 104044.

35 퀀텀닷 태양전지는 퀀텀닷을 광활성층으로 이용하는 태양전지다. 퀀텀닷은 아주 작은 무기물 반도체 입자를 가리킨다. 흡수할 수 있는 파장대를 조절할 수 있고, 가벼우며 제조공정이 간단하다.

36 National Renewable Energy Laboratory (2021.4.1), "Best Research-Cell Efficiency Chart", https://www.nrel.gov/pv/cell-efficiency.html.

37 Aqoma, H. et al. (2017), "High-Efficiency Photovoltaic Devices Using Trap-Controlled Quantum-Dot Ink Prepared Via Phase-Transfer Exchange", *Advanced Materials*, 29(19), 1605756.

38 Azmi, R. et al. (2018), "High-Efficiency Air-Stable Colloidal Quantum Dot Solar Cells Based on a Potassium-Doped ZnO Electron-Accepting Layer", *ACS Applied materials Interfaces*, 10(41), 35244-35249.

39 Aqoma, H. et al. (2020), "High-Efficiency Solution-Processed Two-Terminal Hybrid Tandem Solar Cells Using Spectrally Matched Inorganic and Organic Photoactive Materials", *Advanced Energy Materials*, 10(37), 2001188.

40 Aqoma, H. et al. (2020), "Efficient Hybrid Tandem Solar Cells Based on Optical Reinforcement of Colloidal Quantum Dots with Organic Bulk Heterojunctions", *Advanced Energy Materials*, 10(7), 1903294.

CHAPTER 4 | 차세대 원자력 에너지

1 Wikipedia, "Nuclear binding energy", https://en.wikipedia.org/wiki/Nuclear_binding_energy.

2 IAEA (2014.9.18), "Physics Section", http://www-naweb.iaea.org/napc/physics/fusion-faq.htm.

3 한국핵융합에너지연구원, "KSTAR", https://www.kfe.re.kr/kor/post/photo?clsf=photo02.

4 ITER, https://www.iter.org/doc/all/content/com/gallery/media/7%20-%20technical/tkmandplant_2016_72dpi.jpg.

5 ITER, " ITER GOALS", https://www.iter.org/sci/Goals.

6 Wikipedia, "Apollo program", https://en.wikipedia.org/wiki/Apollo_program.

7 Wikipedia, "Manhattan Project", https://en.wikipedia.org/wiki/Manhattan_Project.

8 Wikipedia, "Iraq War", https://en.wikipedia.org/wiki/Iraq_War.

9 ITER, https://www.iter.org/faq.
2021년 2월 현재, 건설비(17B 유로) + 20년간 운영 및 해체 비용(1B 유로)

10 핵분열 원자력 발전소의 시스템 코드들의 경우, 발전소 내부뿐만 아니라 발전소 주변 방사성 환경평가를 위한 라이브러리 또한 존재한다.

11 터빈을 통한 전기 발생을 가정했을 경우에 해당한다. 증기로부터 전기를 생산하는 방식은 효율이 낮기 때문에(~30%), 전하를 띤 플라스마를 직접 뽑아내서 전기를 발생시키는 직접 변환(direct conversion, 〉90%)이 제안되기도 했다. 하지만 실제 상용로에 이용하려면 더 많은 연구가 필요하다.

12 IAEA (2020.4.20), "New Recommendations on Safety of SMRs from the SMR Regulators' Forum, https://www.iaea.org/newscenter/news/new-recommendations-on-safety-of-smrs-from-the-smr-regulators-forum.

13 한국원자력연구원, "스마트 종합효과시험", http://www.thsard.re.kr/en/research-development/rd-activities/smart-integral-effect-test/.

14 Oak Ridge National Laboratory (2016.12), "Spent Nuclear Fuel Transportation", https://www.ornl.gov/division/rnsd/projects/spent-nuclear-fuel-transportation.

15 Carelli, M. D. and D. T. Ingersoll (2015), "Handbook of Small Modular Nuclear Reactors", Woodhead Publishing Series in Energy: Number 64.

16 Carelli, M. D. and D. T. Ingersoll (2015), "Handbook of Small Modular Nuclear Reactors", Woodhead Publishing Series in Energy: Number 64.

CHAPTER 5 | 탄소 선순환

1 D'Aprile, P. (2019), "Net-Zero Europe: Mckinsey Report", https://www.mckinsey.com/business-functions/sustainability/our-insights/how-the-european-union-could-achieve-net-zero-emissions-at-net-zero-cost#.

2 Hepburn, C. et al. (2019), "The Technological and Economic Prospects for CO_2 Utilization and Removal", Nature 575:87.

3 Kenarsari, S. D. et al. (2013), "Review of Recent Advances in Carbon Dioxide Separation and Capture", RSC Advances 3, 22739-22773.

4 Government of Canada, "CO_2 Capture Pathways", https://www.nrcan.gc.ca/energy/energy-sources-distribution/coal-and-co2-capture-storage/carbon-capture-storage/co2-capture-pathways/4289를 기반으로 재작성.

5 D'Alessandro, D. M. et al. (2010), "Carbon Dioxide Capture: Prospects for New Materials", Angewandte Chemie International Edition, 49, 6058-6082를 기반으로 재작성.

6 정순관 (2012), "이산화탄소 회수 및 저장 최신기술동향분석", CHERIC 전문연구정보.

7 D'Alessandro, D. M. et al. (2010), "Carbon Dioxide Capture: Prospects for New Materials", Angewandte Chemie International Edition, 49, 6058-6082를 기반으로 재작성.

8 Thitakamol, B. et al. (2007), "Environmental Impacts of Absorption-Based CO_2 Capture Unit for Post-Combustion Treatment of Flue Gas from Coal-Fired Power Plant", International Journal of Greenhouse Gas Control, 1, 318-342를 기반으로 재작성.

9 이창근 (2010), "건식흡수제 이용 연소배가스 이산화탄소 포집기술", Korean Chemical Engineering Research, 48, 140-146을 기반으로 재작성.

10 이창근 (2010), "건식흡수제 이용 연소배가스 이산화탄소 포집기술", Korean Chemical Engineering Research, 48, 140-146을 기반으로 재작성.

11 백점인 (2014), "발전소 CO_2 포집비용 절감을 위한 건식 CO_2 포집기술", News & Information for Chemical Engineers, 32, 38-44.

12 Kenarsari, S. D. et al. (2013), "Review of Recent Advances in Carbon Dioxide Separation and Capture", RSC Advances 3, 22739-22773.

13 정순관 (2012), "이산화탄소 회수 및 저장 최신기술동향분석", CHERIC 전문연구정보.

14 강성필 (2014), "CCS(CO_2 포집, 수송 및 저장) 기술 동향보고", The Gas Safety Journal.

15 이신근, 박종수 (2014), "수소분리막을 이용한 연소전 이산화탄소 포집기술", News & Information for Chemical Engineers, 32, 45-50을 기반으로 재작성.

16 이신근, 박종수 (2014), "수소분리막을 이용한 연소전 이산화탄소 포집기술", News & Information for Chemical Engineers, 32, 45-50.

17 Kim, S. et al. (2017), "CO_2 Capture from Flue Gas Using Clathrate Formation in the Presence of Thermodynamic Promoters", Energy, 118, 950-956.

18 Park, S. et al. (2013), "CO_2 capture from Simulated Fuel Gas Mixtures Using Semiclathrate Hydrates Formed by Quaternary Ammonium Salts", Environmental Science & Technology, 47, 7571-7577.

19 Park, S. et al. (2013), "CO_2 Capture from Simulated Fuel Gas Mixtures Using Semiclathrate Hydrates Formed by Quaternary Ammonium Salts", Environmental Science & Technology, 47, 7571-7577을 기반으로 재작성.

20 Nexant and Los Alamos National Laboratory (2006), *SIMTECHE Hydrate CO_2 Capture Process*, Technical Report, United States.

21 Yang, D. et al. (2011), "Kinetics of CO_2 Hydrate Formation in a Continuous Flow Reactor", Chemical Engineering Journal, 172, 144-157을 기반으로 재작성.

22 Otto, A. et al. (2015), "Closing the Loop: Captured CO_2 as a Feedstock in the Chemical Industry", Energy Environmental Science, 8:3284.

23 Otto, A. et al. (2015), "Closing the Loop: Captured CO_2 as a Feedstock in the Chemical Industry", Energy Environmental Science, 8:3285.

24 Otto, A. et al. (2015), "Closing the Loop: Captured CO_2 as a Feedstock in the Chemical Industry", Energy Environmental Science, 8:3292.

25 Jiang, Z. et al. (2010), "Turning Carbon Dioxide into Fuel", Phil. Trans. R. Soc. A, 368:3346.

26 Jiang, Z. et al. (2010), "Turning Carbon Dioxide into Fuel", Phil. Trans. R. Soc. A, 368:3348.

27 Jiang, Z. et al. (2010), "Turning Carbon Dioxide into Fuel", Phil. Trans. R. Soc. A, 368:3357.

28 Jiang, Z. et al. (2010), "Turning Carbon Dioxide into Fuel", Phil. Trans. R. Soc. A, 368:3359.

29 Williams, P. and L. Laurens (2010), "Microalgae as Biodiesel & Biomass Feedstocks: Review & Analysis of the Biochemistry, Energetics & Economics", Energy Environ. Sci. 3:564.

30 Williams, P. and L. Laurens (2010), "Microalgae as Biodiesel & Biomass Feedstocks: Review & Analysis of the Biochemistry, Energetics & Economics", Energy Environ. Sci. 3:576.

31 Lee, M. Y. et al. (2020), "Current Achievements and the Future Direction of Electrochemical CO_2 Reduction", Crit. Rev. Environ. Sci. Technol. 50:769.

32 Nitopi, S. et al. (2019), "Progress and Perspectives of Electrochemical CO_2 Reduction on Copper in Aqueous Electrolyte", Chemical Reviews 119:7610.

33 Geyer, R. et al. (2019), "Production, Use, and Fate of All Plastics Ever Made", Sci. Adv. 3:e1700782.

34 Geyer, R. et al. (2019), "Production, Use, and Fate of All Plastics Ever Made", Sci. Adv. 3:e1700782.

35 World Economic Forum (2016), "The New Plastics Economy".

36 PlasticsEurope (2017), "Plastics-the Facts".

37 PlasticsEurope (2017), "Plastics-the Facts".

38 Cabinet Office, "Moonshot Research and Development Program", https://www8.cao.go.jp/cstp/english/moonshot1.pdf, 8.

39 ENERGY.GOV(2019.9.10), "New Notice of Intent for Joint Funding Opportunity to Advance DOE's Plastics Innovation Challenge", https://www.energy.gov/eere/articles/new-notice-intent-joint-funding-opportunity-advance-doe-s-plastics-innovation을 기반으로 재작성.

40 BASF(2019.1.17), "바스프, 첫 켐사이클링(ChemCycling)제품 생산으로 지속가능성 새로운 장 열어", https://www.basf.com/kr/ko/media/news-releases/kr/2019/01/P-19-02.html.

41 Jia, X. et al. (2016), "Efficient and selective degradation of polyethylenes into liquid fuels and waxes under mild conditions", Sci. Adv., 2: e1501591.

42 Trend in White Biotech (2018), 80: 34.

43 Trend in White Biotech (2018), 80: 31.

44 Lee, H. K. et al. (2017), "Science Walden: Exploring the Convergence of Environmental Technologies with Design and Art", Sustainability, 9, 35를 기반으로 재작성.

45 Kim, S. and Y. Seo (2015), "Semiclathrate-Based CO_2 Capture from Flue Gas Mixtures: An Experimental Approach with Thermodynamic and Raman Spectroscopic Analyses", Applied Energy, 154, 987-994.

감사의 말

이 책이 나오기까지 많은 분들의 노력과 도움이 있었습니다. 이 자리를 빌려 감사를 표합니다.

먼저 기획에서부터 탈고에 이르기까지 하나하나 세심하게 검토하고 지원해 주신 연구처 사업유치팀 조현래 팀장님과 강원향 선생님께 감사드립니다. 이분들이 없었으면 이 책은 출간되기 어려웠을 것입니다. 또한, 서언과 결언을 맛깔나게 써주시고 지속적으로 격려해 주신 김성엽 공과대학 학장님과 출판과 관련하여 전문적인 도움을 주신 김령은 공과대학 교학팀장님께도 감사를 드립니다.

이 책이 다루는 기술의 범위가 넓고 전문적이다 보니 방향과 내용을 설정하는 데 어려움이 있었습니다. UNIST 공과대학의 많은 교수님들께서 직접 논의에 참여하고 조언해 주신 덕분에 명확하게 방향을 잡을 수 있었습니다. 특히 태양광 에너지 부분의 석상일·서관용·양창덕·최경진·장성연 교수님, 탄소 선순환 분야의 권영국·김동혁·류정기·박성훈·안광진·이성국 교수님, 기후위기 분야의 대기 및 환경과학 교수님, 차세대 원자력에너지 분야의 원자력공학과 교수님, 수소 에너지 분야의 수소 관련 전공 교수님께 감사드립니다. 이분들의 조언과 검토로 전문적인 기술개발 현황 및 내용을 보다 알기 쉽게 설명할 수 있었습니다.

일부 부족한 자료를 수집하고 기술개발의 내용을 독자가 이해하기 쉽도록 도식화하는 과정에도 역시 많은 분들의 도움이 있었습니다. 기후위기 분야 폭염연구센터의 이준리·최낙빈·김혜림 박사님과 박내현 학생, 수소 에너지 분야 SPADE 연구실의 학생, 태양광 에너지 분야 NGEL의 안나경 박사님과 장형수·손중건 학생, 차세대 원자력 에너지 분야 원자력공학과의 학생, 탄소 선순환 분야의 김석민 박사님과 김성우·김한나·이종혁·임준규 학생께 특별한 감사를 표합니다.

디박스의 김혜영 실장님과 관계자분들께도 큰 감사를 드립니다. 집필과 출판에 문외한인 우리들에게 전문적이고 시의적절한 가이드를 주시고, 집필된 원고를 세심하게 교정하고 편집해 주신 덕택에 이 책이 나오게 되었습니다. 또한, 출판과 유통을 맡아주신 도서출판 씨아이알의 관계자분들께도 감사드립니다.

마지막으로 기획부터 출판까지 과분한 응원과 격려를 보내주신 모든 UNIST 구성원께 감사함을 전하며, 이들과 함께 부대끼면서 함께 연구할 수 있다는 사실에 깊은 감사를 표합니다.

—— 저자 일동

찾아보기